Synchrotron-basierte in situ Analyse wellenlängenabhängiger Prozessphänomene beim Laserstrahlschweißen von Kupfer

Synchrotron-Based In Situ Analysis of Wavelength-Dependent Process Phenomena for Laser Beam Welding of Copper

Von der Fakultät für Maschinenwesen
der Rheinisch-Westfälischen Technischen Hochschule Aachen
zur Erlangung des akademischen Grades eines
Doktors der Ingenieurwissenschaften
genehmigte Dissertation

vorgelegt von

Marc Daniel Hummel

Berichter/in:

Univ.-Prof. Dr. rer. nat. Constantin Leon Häfner
Univ.-Prof. Dr.-Ing. Uwe Reisgen

Tag der mündlichen Prüfung: 18. Dezember 2024

Diese Dissertation ist auf den Internetseiten der Universitätsbibliothek online verfügbar.

ERGEBNISSE AUS DER LASERTECHNIK

Marc Daniel Hummel

Synchrotron-basierte in situ Analyse wellenlängenabhängiger Prozessphänomene beim Laserstrahlschweißen von Kupfer

Bibliografische Information der Deutschen Nationalbibliothek
Die Deutsche Nationalbibliothek verzeichnet diese Publikation in der Deutschen Nationalbibliografie; detaillierte bibliografische Daten sind im Internet über https://portal.dnb.de abrufbar.

Marc Hummel:

Synchrotron-basierte in situ Analyse wellenlängenabhängiger Prozessphänomene beim Laserstrahlschweißen von Kupfer

1. Auflage, 2025

Gedruckt auf holz- und säurefreiem Papier, 100% chlorfrei gebleicht.

Wissenschaftsverlag des Instituts für Industriekommunikation und Fachmedien an der RWTH Aachen
Steinbachstr. 25, 52074 Aachen, Deutschland
Internet: www.apprimus-verlag.de, E-Mail: info@apprimus-verlag.de

Druck: CPI Druckdienstleistungen GmbH
Ferdinand-Jühlke-Straße 7 | 99095 Erfurt | Deutschland

ISBN 978-3-98555-269-6

D 82 (Diss. RWTH Aachen University, 2024)

Kurzfassung

Der steigende Bedarf an elektrischen Systemen und Batteriespeichern bedarf hochqualitativer und effizienter Schweißprozesse für Kupfermaterialien. Diese bieten höchste elektrische Leitfähigkeit, sind aber gleichzeitig, auf Grund ihrer hohen Reflektivität für Laserstrahlung im nahen Infrarotbereich, herausfordernd zu bearbeiten. Neuartige Laserstrahlquellen im sichtbaren Wellenlängenbereich von 515 nm bieten, auf Grund des höheren Grundabsorptionsgrads, eine Alternative für etablierte Schweißprozesse. Damit diese Laserstrahlquellen industriell eingesetzt werden können, müssen grundlegende Prozessphänomene verstanden und Unterschiede zu dem aktuellen Stand der Technik bekannt sein.

In dieser Arbeit wird das Laserstrahlschweißen von Kupferbasislegierungen in Form von CuSn6 und Cu-ETP mit Laserstrahlquellen von 515 nm und 1030/1070 nm Laserstrahlwellenlänge betrachtet. Dazu wird auf Basis von Phasenkontrast-Bildgebung mit Synchrotronstrahlung eine Diagnosemethodik für den Spezialfall des Laserstrahlschweißens ausgelegt. Dabei werden zeitliche Auflösungen von 5000 Hz und örtliche Auflösungen von 6 µm erreicht. Mit diesem Ansatz werden grundlegende Prozessphänomene in situ beim Schweißen, unter Einsatz der zwei verschiedenen Laserstrahlwellenlängen, untersucht. Im Fokus der Betrachtung stehen dabei die qualitätsbestimmenden Faktoren wie Einschweißtiefe, Schweißnahtbreite und Porosität. Zusätzlich wird durch die hochaufgelöste Visualisierung der inneren Prozessphänomene die Laser-Material-Wechselwirkung in Abhängigkeit von Laserprozessparametern wie Laserleistung und Vorschubgeschwindigkeit analysiert.

Durch Einsatz der gewonnen Erkenntnisse wird die Weiterentwicklung einer Schweißmethodik mit überlagerter örtlicher und zeitlicher Leistungsmodulation durchgeführt. Dadurch wird eine Verbesserung der Einschweißtiefenkonstanz am Schweißnahtgrund erreicht und eine flexible Steuerung der Einschweißtiefe ermöglicht. Anhand einer artungleichen Fügekonfiguration aus Kupfer und Edelstahl im Stumpfstoß, wird die Schweißmethode in der Anwendung demonstriert. Durch eine kombinierte Herangehensweise aus Grundlagenuntersuchung und konsequentem Transfer des Wissens in die Anwendung, trägt diese Arbeit zur Erweiterung des Prozessverständnisses für das Laserstrahlschweißen von Kupfer bei.

Abstract

The increasing demand for electrical systems and battery storage requires high-quality and efficient welding processes for copper materials. These offer maximum electrical conductivity but are also challenging to process due to their high reflectivity for laser radiation in the near infrared range. Novel laser beam sources in the visible wavelength range of 515 nm offer an alternative for established welding processes due to their higher absorptivity on copper. For these laser beam sources to be used industrially, fundamental process phenomena must be understood and differences to the current state of the art must be known.

In this work, the laser beam welding of copper-based alloys in the form of CuSn6 and Cu-ETP with laser beam sources of 515 nm and 1030/1070 nm laser beam wavelength is examined. For this purpose, a diagnostic methodology for the special case of laser beam welding is designed on basis of phase-contrast imaging with synchrotron radiation. Temporal resolutions of 5000 Hz and spatial resolutions of 6 µm are achieved. This approach is used to investigate fundamental process phenomena in situ during welding, using the two different laser beam wavelengths. The focus is on quality-determining factors such as welding depth, weld seam width and porosity. In addition, the high-resolution visualization of internal process phenomena is used to analyse the laser-material interaction as a function of laser process parameters such as laser power and feed rate.

The knowledge gained will be used to further develop a welding methodology with superimposed spatial and temporal power modulation. The result is an improvement of the welding depth consistency at the weld seam root and enables flexible control of the welding depth. The welding method is demonstrated in application using a dissimilar joining configuration of copper and stainless steel in butt joint configuration. Through an approach of combined basic research and consistent transfer of knowledge into application, this work contributes to the expansion of process understanding for laser beam welding of copper.

Danksagung

Mit der Fertigstellung dieser Dissertation geht ein intensiver und lehrreicher Lebensabschnitt zu Ende, der ohne die Unterstützung und Ermutigung vieler Menschen nicht möglich gewesen wäre. An dieser Stelle möchte ich meinen herzlichen Dank aussprechen.

Mein besonderer Dank gilt meinem Doktorvater, Prof. Dr. rer. nat. Constantin Häfner, für seine wissenschaftliche Begleitung, seine Geduld und seine inspirierenden Anregungen. Durch seine fachliche Expertise und sein Vertrauen in meine Arbeit, besonders für neue Forschungsfelder, hat er mich stets motiviert, einen Schritt weiter zu streben.

Ebenso möchte ich mich bei Dr.-Ing. Arnold Gillner bedanken. Durch deine Entscheidung, mich 2018 in den SFB1120 aufzunehmen, wurde mir erst die Möglichkeit gegeben, diese Arbeit durchzuführen. Dein tiefes Vertrauen in mich, haben den Weg für die mittlerweile institutsübergreifenden Versuchskampagnen am Deutschen Elektronen-Synchrotron in Hamburg geebnet. Gleichermaßen gilt mein Danke Dr.-Ing. Alexander Olowinsky, der mir durch seine Förderung und das Schaffen eines unterstützenden Umfelds ermöglicht hat, meine Forschung in einem produktiven Rahmen voranzutreiben. Deine Ratschläge und die konstruktiven Diskussionen waren für mich von unschätzbarem Wert.

Besonders möchte ich mich bei André Häusler für die stetige Unterstützung und den Austausch bedanken. Deine Art das Team zu leiten und uns den benötigten Freiraum für Kreativität und Innovationen zu lassen, hat meine Zeit am Fraunhofer ILT besonders bereichert. Ein großes Dankeschön gilt in diesem Zuge auch meinen Teamkolleginnen und Teamkollegen, die mich während dieser Zeit begleitet haben. Eure Unterstützung, besonders bei unserem gemeinsamen Versuchsdurchführungen am DESY in Hamburg, der fachliche Austausch und die gemeinschaftliche Atmosphäre, haben meine Arbeit bereichert und zu einer ganz besonderen Zeit gemacht.

Meiner Familie möchte ich meinen tiefen Dank aussprechen. Ihr seid stets an meiner Seite gewesen und habt mir mit eurer unerschöpflichen Geduld und Ermutigung den Rücken gestärkt. Ohne eure Unterstützung wäre dieser Erfolg nicht möglich gewesen.

Nicht zuletzt danke ich meiner Partnerin Nanja, die mir während der gesamten Zeit eine unersetzliche Stütze war. Dein Verständnis, deine Motivation und dein Glaube an mich haben mir immer wieder Kraft gegeben, auch in schwierigen Phasen weiterzumachen.

Inhaltsverzeichnis

Abkürzungs- und Symbolverzeichnis

Formelzeichen	Beschreibung	Einheit
α	Kapillarfrontwinkel	$°$
$\Delta\alpha$	Änderungswinkel zur ursprünglichen Ausbreitungsrichtung	rad
$\Delta\theta_S$	Vertikaler Öffnungswinkel Synchrotronstrahlung	rad
$\Delta\theta_{hor}$	Horizontaler Öffnungswinkel	rad
$\Delta\theta_U$	Vertikaler Öffnungswinkel Undulator	rad
$\Delta\lambda/\lambda$	Relative Bandbreite	–
$\delta(x,y)$	Delta-Funktion	$1/m$
δ	Brechungsindex Realteil	–
Γ	Inverse Stoßzeit	Hz
$\Gamma_{Zerfall}$	Zerfallszeit	s
γ	Lorentzfaktor	–
ϵ^i	Imaginärteil dielektrische Funktion	–
ϵ_0	Elektrische Feldkonstante	$As/(Vm)$
$\epsilon_{gebunden}$	Elektrische Suszeptibilität (gebundene Elektronen)	–
ϵ_r	Realteil dielektrische Funktion	–
ϵ_{tilde}	Dielektrische Funktion (komplex)	–
ξ_L	Elektrische Suszeptibilität	–
ξ_t	Transversale Kohärenz	m
η	Einkoppelgrad	$\%$
Θ	Heaviside- (Theta-) Funktion	
Θ_F	Theta Funktion feste Materialphase	–
Θ_P	Theta Funktion Pore (gasförmige Materialphase)	–
κ	Brechungsindex Imaginärteil (=Extinktionskoeffizient)	–
λ	Wellenlänge	m
λ_O	Ortswellenlänge	m

Formelzeichen	Beschreibung	Einheit
λ_{th}	Wärmeleitfähigkeit	W/mK
λ_U	Periodenlänge Undulator	m
μ	Massenabschwächungskoeffizient	$1/m$
ρ	Massendicht	kg/m^3
σ	Oberflächenspannung	J/m^2
σ_{el}	Elektrische Leitfähigkeit	$A/(Vm)$
σ_t	Kennwert Einschweißtiefendifferenz	–
Σ	Symmetriekennwert Schweißnaht	–
φ	Einfallswinkel	°
φ	Phasenwinkel	°
$\Delta\varphi$	Phasenwinkelverschiebung	°
Φ	Phase	–
Φ_γ	Elektronenfluss	Hz
Φ_P	Porosität	%
ω	Kreisfrequenz	Hz
ω_P	Plasmafrequenz	Hz
Ω	Winkelelement	rad^2
A	Fläche	m^2
A	Absorptionsgrad	%
$A_{ö}$	Amplitude örtliche Leistungsmodulation	mm
A_z	Amplitude zeitliche Leistungsmodulation	W
B	Brillanz	$(s \cdot mm^2 \cdot 0{,}1\%\, bw)^{-1}$
$B_{Röhre}$	Brillanz einer Röntgenröhre	$(s \cdot mm^2 \cdot 0{,}1\%\, bw)^{-1}$
b_S	Schweißnahtbreite	mm
B_S	Brillanz eines Synchrotrons	$(s \cdot mm^2 \cdot 0{,}1\%\, bw)^{-1}$
B_0	Magnetische Feldstärke	T
c	Lichtgeschwindigkeit	m/s
c_p	Spezifische Wärmekapazität	kJ/kgK
$\bar{D}$	Hintergrundbild mit Synchrotronstrahl	–

Formelzeichen	Beschreibung	Einheit
$\boldsymbol{d}$	Dicke der Probe	m
$\boldsymbol{d_B}$	Bildgröße	m
$\boldsymbol{d_f}$	Fokusdurchmesser	μm
$\boldsymbol{d_L}$	Strahldurchmesser	m
$\boldsymbol{d_P}$	Objektgröße	m
$\boldsymbol{d_Q}$	Quellgröße	m
$\boldsymbol{d_Z}$	Zielgröße	m
$\boldsymbol{\delta(k)}$	Umgeformter Realteil des Brechungsindex	–
$\boldsymbol{e}$	Elementarladung	C
$\boldsymbol{E}$	Streckenenergie	J/mm
$\boldsymbol{E(x,y)}$	Elektrischer Feldvektor	V/m
$\boldsymbol{E_0}$	Elektrische Feldamplitude	V/m
$\boldsymbol{E_0^r}$	Elektrische Feldamplitude (reflektiert)	V/m
$\boldsymbol{E_{kin}}$	Kinetische Energie	J
$\boldsymbol{E_{ph}}$	Photonenenergie	keV (J)
$\boldsymbol{E_{str}}$	Stromerzeugung (elektrische Energie)	TWh
$\boldsymbol{F}$	Fresnel Zahl	–
$\boldsymbol{F}$	Querschnittsfläche Schweißnaht	mm^2
$\boldsymbol{\overline{F_J}}$	Hintergrundbild ohne Synchrotronstrahl	–
$\boldsymbol{f_K}$	Bildrate Kamera	Hz
$\boldsymbol{f_{ö}}$	Frequenz örtliche Leistungsmodulation	Hz
$\boldsymbol{f_z}$	Frequenz zeitliche Leistungsmodulation	Hz
$\boldsymbol{G(x,y)}$	Normierte Gaußfunktion	$1/m^2$
$\boldsymbol{h}$	Planck'sches Wirkungsquantum	Js
$\boldsymbol{h_s}$	Spezifische Schmelzenthalpie	kJ/kg
$\boldsymbol{h_v}$	Spezifische Verdampfungsenthalpie	kJ/kg
$\boldsymbol{i}$	Imaginäre Zahl	–
$\boldsymbol{K}$	Deflection Parameter Synchrotronstrahlung	–
$\boldsymbol{k_w}$	Wellenvektor	$1/m$
$\boldsymbol{z_k}$	Dampfkapillartiefe	m
$\boldsymbol{z_s}$	Einschweißtiefe	m

Formelzeichen	Beschreibung	Einheit
L	Abstand Probe-Szintillator	m
L_{ertrag}	Lichtertrag	$1/keV$
L_P	Abstand Probe-Undulator	m
L_U	Länge Undulator	m
M	Molare Masse	kg/mol
m_0	Ruhemasse	kg
m_e	Elektronenmasse	kg
m_0	Effektive Masse	kg
n	Brechungsindex Realteil	$-$
n^L	Brechungsindex Luft	$-$
N_A	Avogadro Konstante	$1/mol$
N_j	Normiertes Bild nach Weißabgleich	$-$
N_{ph}	Anzahl Photonen	$-$
n_{tilde}	Komplexer Brechungsindex	$-$
N_U	Anzahl Perioden Undulator	$-$
n_e	Elektronendichte	$1/m^3$
n_L	Leitungselektronendicht	$1/m^3$
P	Undulatorleistung	W
P_A	Absorbierte Leistung	W
P_{ch}	Chemische Prozessleistung	W
P_G	Laserleistung Gaußstrahl	W
P_j	Prozessbild	$-$
P_k	Konvektive Leistung	W
P_L	Laserleistung	W
P_N	Nutzleistung	W
P_R	Reflektierte Leistung	W
P_r	Abgestrahlte Leistung	W
P_V	Wärmeleitungsverlustleistung	W
P_{WV}	Wärmeverteilungsleistung	W
P_P	Leistung Synchrotronstrahl auf Probe	W
P_P	Prozessleistung	W

Formelzeichen	Beschreibung	Einheit
P_σ	Polarisation Leitungselektronen	As/m^2
Pe	Peclet-Zahl	$-$
p_{abl}	Ablationsdruck	Pa
p_{dyn}	Dynamischer Druck	Pa
p_σ	Druck durch Oberflächenspannung	Pa
p_h	Hydrostatischer Druck	Pa
p_o	Umgebungsdruck	Pa
p_v	Dampfdruck	Pa
R	Reflexionsgrad	$-$
$R(x,y,z)$	Abstand Punkt auf Probe und Punkt auf Szintillator	m
R_S	Radius Synchrotron	m
R_S	Reflexionsgrad für senkrechte Polarisation	$\%$
R_p	Reflexionsgrad für parallele Polarisation	$\%$
$\bar{R}$	Statistisch gemittelter Reflexionsgrad	$\%$
r_e	Elektronenradius	m
r_P	Radius der Pore	m
s	Ausbreitungsvektor	$1/m$
T	Temperatur	K
T_N	Nenntemperatur	K
T_P	Prozesstemperatur	K
T_S	Schmelztemperatur	K
t	Zeit	s
T	Transmissionsgrad	$\%$
Ü	Überlappgrad	$\%$
v	Vorschubgeschwindigkeit	m/s
$v_{D,E}$	Kapillarfrontgeschwindigkeit	m/s
v_z	Vertikale Geschwindigkeit	m/s
$v_{1,2}$	Symmetriewert Schweißnaht	$-$
x	Ort / x-Koordinate	m
Δx	Distanz Laserstrahl zu Kapillarfront	μm

Formelzeichen	Beschreibung	Einheit
$\boldsymbol{y}$	Ort / y-Koordinate	m
$\boldsymbol{z}$	Ort / z-Koordinate	m
$\boldsymbol{z_k}$	Dampfkapillartiefe	mm
$\boldsymbol{z_s}$	Einschweißtiefe	mm

1 Einführung

1.1 Einleitung und Motivation

Globale Entwicklungen wie der Klimawandel und die Urbanisierung führen zu gesellschaftlichen Herausforderungen, für die neue und innovative Lösungen in der Elektromobilität und dem Energiesektor nötig sind. Durch strengere Abgasnormen und die steigende Sensibilität der Bevölkerung bezüglich dieser Themen, ist die Entwicklung neuer Mobilitätskonzepte und Energiespeicher von großer Wichtigkeit. Im gleichen Maße müssen diese neuen Technologien auch ökonomisch und technologisch konkurrenzfähig zu aktuellen sein.

Eine Schlüsselrolle spielt dabei die Elektrifizierung des Straßenverkehrs, um lokal geringere Abgas- und Geräuschemissionen zu erreichen. In aktuellen Entwicklungsprojekten werden dafür gezielt Batteriespeichersysteme weiterentwickelt. Ziel dabei ist, Fahrzeuge mit höherer Leistung und Energiedichte als zum heutigen Zeitpunkt zu ermöglichen [THI17, S.4]. Parallel wird der Einsatz von Hochleistungselektronik auf Basis von Kupferverbindern für die mobile Anwendung unverzichtbar, da diese eine hohe elektrische Leitfähigkeit und somit minimale Verluste garantieren.

Zu den zuvor genannten Trends zeigt eine Studie der Internationalen Energie Agentur in Bild 1, dass beim Wandel von fossilen hin zu erneuerbaren Energieträgern besonders die heutigen Schwellen- und Entwicklungsländer eine entscheidende Rolle spielen.

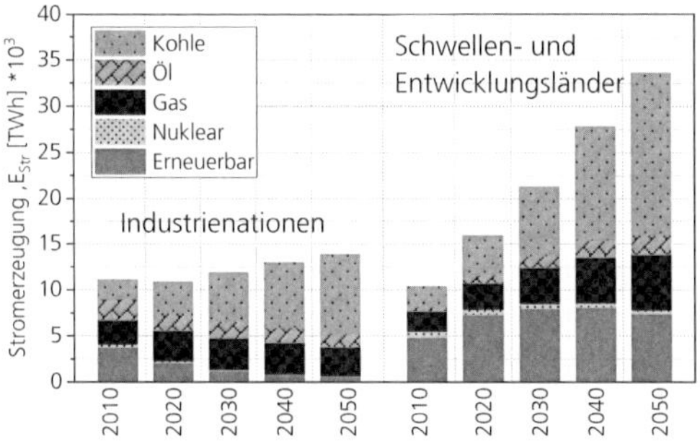

Bild 1: Energie- und Ressourcenbedarf für elektrische Anwendungen im Energie- und Automobilsektor bis 2050

[IEA21, S. 163, 39]

Diese werden bis zum Jahr 2050 einen mehr als doppelt so hohen Strombedarf haben als die heutigen Industrienationen. Zur Deckung dieses Bedarfs muss, zur

Einhaltung von Umweltstandards, bereits frühzeitig auf den Einsatz erneuerbarer Energieträger gesetzt werden. Um diese Technologien attraktiv für heutige Märkte zu gestalten, müssen diese ökonomisch rentabel sein. Preisgetriebene Marktpenetration kann, neben einer Subventionierung, auch durch kostengünstige Produkte erzielt werden. Lösungsansätze hierfür sind beispielsweise die Reduktion der Material- als auch Produktionskosten. Wobei dies in der gesamten Wertschöpfungskette von großer Wichtigkeit ist. Im Sinne einer modernen und effizienten Kreislaufwirtschaft müssen die Menge an eingesetzten Materialien reduziert, die Fertigungseffizienz und -qualität gesteigert und der Ausschuss in der Produktion minimiert werden. Die dafür erforderlichen Materialbearbeitungsprozesse müssen höchste Reproduzierbarkeit und Qualität aufweisen.

In der Produktion der Elektromobilitätskomponenten ist die Lasermaterialbearbeitung eine der Schlüsseltechnologien zum Erreichen dieser Ziele. Laserstrahlquellen werden dabei sowohl für das Zuschneiden der Materialien, die Fertigung der Zellgehäuse und die Kontaktierung der elektrischen Verbinder an die Batteriezellen verwendet. Besonders für die Kontaktierung einzelner Zellen zu Modulen und Packs ist das Laserstrahlschweißen hinsichtlich Prozesszeit, Automatisierbarkeit und dem elektrischen Widerstand der Zellverbinder von Vorteil. [SCH15, S.44] [HÜG09, S.15] Beim Laserstrahlschweißen sind Laserstrahlquellen mit einer Laserstrahlwellenlänge im nahen Infrarotbereich (1030-1070 nm) heutiger Stand der Technik. In diesem Wellenlängenbereich liegt der Grundabsorptionsgrad der Laserstrahlung auf den verwendeten Kupferwerkstoffen im Bereich von < 5%. Durch die Entwicklung hochleistungsfähiger Laserstrahlquellen im Bereich der grünen Laserstrahlwellenlänge (515 nm - 532 nm), wird die Materialbearbeitung mit einem Grundabsorptionsgrad von 50-60% ermöglicht [HEß12, S.13]; [ENG15, S.9]. Dieser grundlegende Unterschied kann für die Entwicklung neuer Fertigungsprozesse für die Bearbeitung von Kupferwerkstoffen genutzt werden [KAI14b, S.6]. Dadurch besteht das Potential, energieeffizientere und kostengünstigere Laserstrahlschweißprozesse, im Vergleich zum Stand der Technik, zu entwickeln.

Die bei Lasermaterialbearbeitungsprozessen auftretenden Prozesswechselwirkungen, sind in Bild 2 anhand eines Prozessdiagramms aufgezeigt. Der Überblick in Bild 2 ermöglicht die in der Literatur gängig diskutierten Einflussfaktoren und zu untersuchenden Phänomene übersichtlich darzustellen und in Zusammenhang zu bringen.

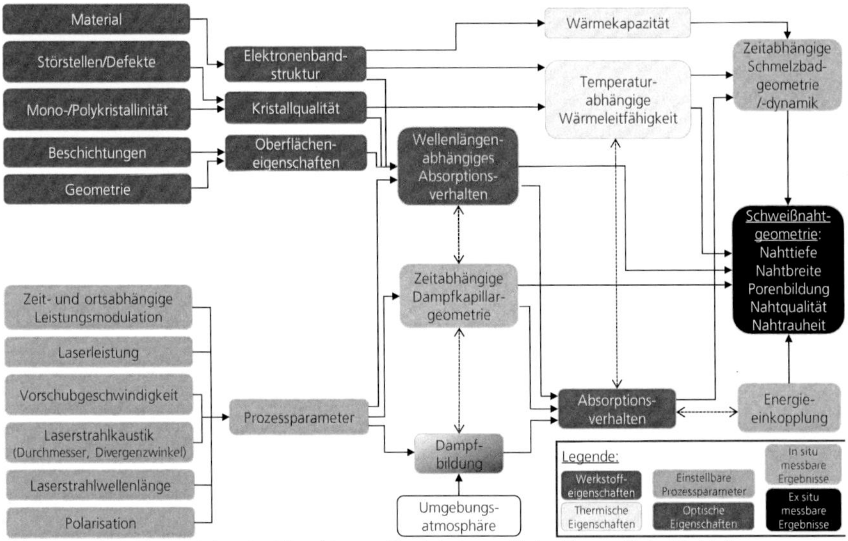

Bild 2: Wechselwirkung zwischen Material- und Prozessgrößen beim Laserstrahlschweißen metallischer Werkstoffe
Nach: [BER08, S.22]; [HEL22, S.14]; [POP05, S.14]; [ENG15, S.8]; [HÜG22, S.310]

Die beiden Haupteinflussfaktoren sind dabei auf der einen Seite der Werkstoff und dessen physikalische Beschaffenheit, auf der anderen Seite stehen die Prozessparameter, mit denen der Werkstoff bearbeitet wird. Eine trennscharfe, alleinstehende Betrachtung dieser beiden Bereiche ist nicht möglich. Vielmehr muss die Wechselwirkung auf Basis der auftretenden Prozessphänomene immer in Bezug auf deren gegenseitige Beeinflussung betrachtet werden.

1.2 Aufbau der Arbeit

Diese Arbeit behandelt das Thema der Energiesektortransformation aus dem fertigungstechnischen Blickwinkel des Laserstrahlschweißens. Dafür wird die Weiterentwicklung des Laserstrahlschweißens für die Bearbeitung von Kupfer adressiert. Diese Entwicklung wird ausgerichtet mit dem Ziel wichtige Qualitätsmerkmale der Schweißnaht, wie die Einschweißtiefenkonstanz, die Einschweißtiefensteuerung und die Porosität, zu verstehen und gezielt zu beeinflussen. Anhand dieser Größen werden Parametereinflüsse quantifizierbar gemessen und für den Einsatz bei der Bearbeitung von Kupferwerkstoffen bewertet. Die gewonnen Erkenntnisse werden abschließend genutzt, um die zuvor genannten qualitätsbestimmenden Merkmale zu verbessern.

Für die grundlegende Möglichkeit präziser Analysen wird eine hochdynamische Prozessvisualisierung im ersten Schritt der Arbeit definiert und für die in situ Anwendung beim Laserstrahlschweißen von Kupfer optimiert (Kapitel 4). Diese basiert auf dem Einsatz kohärenter Röntgenstrahlung (Synchrotronstrahlung) zur Nutzung von Interferenzeffekten in Form der sogenannten Phasenkontrast-Bildgebung. Daran anschließend werden im Rahmen der Untersuchungen die prinzipiellen, metallographischen Unterschiede in Schweißnähten, gefertigt mit 515 nm und 1030/1070 nm Laserstrahlwellenlänge, untersucht (Kapitel 5.1). Diese Unterschiede werden mittels des Einsatzes von Synchrotronstrahlung am Speicherring Petra 3 des Deutschen Elektronen-Synchrotrons in Hamburg detailliert visualisiert und analysiert (Kapitel 5.2 und 5.3). Die Ursache für unterschiedliche Dynamiken im Schweißprozess soll dadurch erklärt werden. Im letzten Schritt werden die Eigenschaften der jeweiligen Laserstrahlwellenlänge bei der Bearbeitung von Kupfer und Kupferbasislegierungen aufgezeigt. In Bild 3 ist der strukturelle Aufbau der Arbeit dargestellt.

Bild 3:
Struktur und Aufbau der Arbeitsinhalte

Im letzten Schritt werden die gewonnen Erkenntnisse genutzt, um eine Verbesserung der Einschweißtiefenkonstanz beim Einsatz von örtlicher und zeitlicher Leistungsmodulation zu erreichen und eine Steuerung der Einschweißtiefe zu ermöglichen (Kapitel 6.1). Die Methodik wird abschließend beim Schweißen von artungleichen Materialkombinationen von Kupfer und Edelstahl im Stumpfstoß demonstriert (Kapitel 6.2).

Die Aufteilung der Arbeit orientiert sich an einer dreistufigen Herangehensweise, welche unterteilt ist in die Analyse, das Verstehen und die finale Steuerung. Folgende Schritte stehen in den jeweiligen Teilen im Fokus der Betrachtung:

- **Analysieren**: Die Analyse von wellenlängenabhängigen Prozessphänomenen bildet die Grundlage für die präzise Prozessentwicklung. Für die Ermittlung von Prozessparametereinflüssen beim Schweißen mit 515 nm und 1030-1070 nm Laserstrahlwellenlänge auf Kupferbasislegierungen werden grundlegende Unterschiede metallographisch bewertet.
- **Verstehen**: Die ermittelten, grundlegenden Unterschiede im Prozess zwischen den beiden Laserstrahlwellenlängen werden mittels Phasenkontrast-Bildgebung im Synchrotron verglichen, um Lösungsansätze abzuleiten und bestehende Laserstrahlschweißprozesse weiterzuentwickeln.
- **Steuern**: Abschließend werden die Eigenschaften der jeweiligen Laserstrahlwellenlänge gegenübergestellt und für den Einsatz zur Steuerung der Einschweißtiefe entsprechend eingesetzt.

Bei den Betrachtungen dienen Einschweiß-/Dampfkapillartiefe, Einschweißtiefen-/Dampfkapillartiefenkonstanz, Schweißnahtbreite, Kapillarfrontwinkel und die Position des Laserstrahls zur Kapillarfrontwand als messbare Größen.

2 Grundlagen und Stand der Technik

2.1 Grundlagen des Laserstrahlschweißens

Das Laserstrahlschweißen von Kupferwerkstoffen gewinnt in Elektromobilitätsanwendungen an Wichtigkeit, da Kupfer zur elektrischen Kontaktierung von Batterie- oder Brennstoffzellen genutzt wird. Durch die sich steigernde Elektrifizierung des Straßenverkehrs ist die Weiterentwicklung von Schweißprozessen, mit welchen eine hohe Reproduzierbarkeit und Schweißnahtqualität erreicht wird, um Kosten und Defekte zu reduzieren, von großer Wichtigkeit. [SCH18b, S.719] [HÄU17, S.145]

Im Folgenden wird auf die grundlegenden physikalischen Vorgänge beim Laserstrahlschweißen eingegangen, um die Wichtigkeit für die Verwendung neuer Laserstrahlquellen für die Kontaktierung von elektrischen Komponenten zu erörtern. Dazu zählen die Absorption und die Einkopplung der Laserstrahlenergie, das Wärmeleitungs- und Tiefschweißen sowie die örtliche Leistungsmodulation zur Steuerung der Schweißnahtgeometrie in Anbetracht der benötigten Anforderungen.

Eine allgemeine Betrachtung des Aufschmelzvorgangs liefert in erster Näherung einen Überblick über die Leistungsbilanz in einem laserbasierten Schmelzprozess. Diese Betrachtungsweise ist dabei unabhängig vom eigentlich Laserstrahlverfahren, sondern lediglich eine Bilanzierung im Bereich der Prozesszone. In Bild 4 sind die eingehenden und ausgehenden Leistungsanteile beim Auftreffen eines Laserstrahls auf der Materialoberfläche dargestellt.

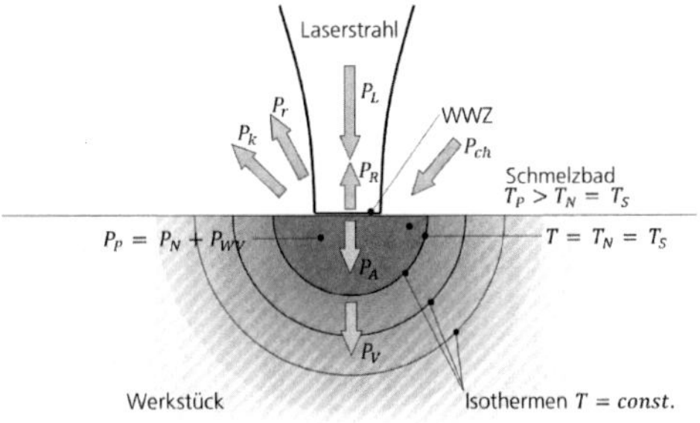

Bild 4: Leistungsbilanz des Aufschmelzprozesses bei der Lasermaterialbearbeitung

Nach [HÜG22, S.132]

Diese Betrachtungsweise erlaubt ein Verständnis für die im statischen Gleichgewichtszustand zu beachtenden Mechanismen im Gesamtprozess. Die einzelnen Teilströme beschreiben die anteiligen Mechanismen innerhalb des Prozesses. P beschreibt die eingestrahlte Leistung durch den Laserstrahl, P_A die freigesetzte Wärmeleistung im Material (durch Absorptionsprozesse im Dampf, Plasma, Schmelze und Festkörper), P_R die reflektierte Laserleistung aus der Prozesszone und P_V der Wärmeleitungsverlust in das Material. Nicht die gesamtheitlich freigesetzte Leistung P_A steht dabei als Prozessleistung P_P für den Prozess zur Verfügung. Weitere Mechanismen spielen dabei eine Rolle wie die chemische Prozessleistung P_{ch} durch von außen zugeführten Gasen, die abgestrahlte Leistung P_r durch die Schwarzkörperstrahlung des Materials und die konvektiv dissipierte Leistung an die Umgebung P_k. Die einzelnen Leistungsanteile können auf Grund von Dynamiken im Prozess fluktuieren. Gesamtheitlich kann die Bilanz beschrieben werden durch

(2.1)

$$P_P = P_L + P_{ch} - P_R - P_V - P_r - P_k.$$

[HÜG22, S.133]

P_P: aufgewendete Prozessleistung [W]; P_L:Laserleistung [W]; P_{ch}:chemische Prozessleistung [W]; P_R:reflektierte Laserlseitung [W]; P_V:Wärmeleitungsverlust [W]; P_r:abgestrahlte Leistung [W]; P_k:konvektive Leistung [W]

Die im Prozess vorherrschende Temperatur T_P ist auf Grund des vorherrschenden Wärmetransports größer als die Nutztemperatur T_N, welche der Schmelztemperatur T_S auf der Mantelfläche des bearbeitenden Volumens entspricht. Die Isothermen im Material bilden sich radial um den Interaktionspunkt zwischen Material und Laserstrahl aus, wobei der eigentliche Bereich des Schmelzvorgangs durch die Schmelzisotherme T_S begrenzt ist. Innerhalb des Schmelzbades kann beim Tiefschweißen die mittlere Temperatur $\overline{T_P}$ des Schmelzbads als Mittelwert zwischen der Verdampfungstemperatur T_V und der Schmelztemperatur T_S angenommen werden.

Die für den Prozess aufgewandte Laserleistung P_P lässt sich material- und prozessspezifisch, unabhängig der ein- und ausgehenden Ströme [POP11, S.100], beschreiben durch

(2.2)

$$P_P = F\, v\, \rho\, (c_P \Delta T_P + \xi_s h_s + \xi_V h_V).$$

[HÜG22, S.129]

P_P: aufgewendete Prozessleistung [W]; F: Querschnittsfläche der Schweißnaht [m^2]; v: Vorschubgeschwindigkeit [m/s]; ρ: Dichte des Materials [kg/m^3]; c_P: Wärmekapazität des Materials [J/kg K];T_P: Temperatur des Materials [K]; h: Enthalpie für Aufschmelzung und Verdampfung [kJ/kg]; ξ: Faktor zur Berücksichtigung von anteiliger Schmelze- und Dampfbildung [-] < 1

In dieser Betrachtung beschreibt $c_P \Delta T_P$ den Energieanteil für die Temperaturerhöhung des Materials, $\xi_s h_s$ den Energieanteil für den Phasenübergang fest - flüssig und $\xi_V h_V$ den Energieanteil für den Phasenübergang flüssig – gasförmig. Die prozessspezifische Vorschubgeschwindigkeit v, die Querschnittsfläche der Schweißnaht F und die Dichte des Materials ρ beschreiben gesamtheitlich die pro Zeiteinheit bearbeitete Materialmenge im Prozess. [HÜG22, S.129]

Bei näherer Betrachtung der zuvor beschriebenen Mechanismen für einen Laserstrahlschweißprozess, kann detaillierter auf die speziellen Prozessphänomene eingegangen werden. Das Laserstrahlschweißen wird im Allgemeinen in Wärmeleitungsschweißen und Tiefschweißen unterteilt [SCH12, S.18] Beim Wärmeleitungsschweißen erfolgt die Energieeinkopplung über die Bauteiloberfläche, an der die Energie absorbiert wird. Dabei wird der Werkstoff über die Schmelztemperatur erwärmt. Durch die Wechselwirkung zwischen Laser und Material wird die Geometrie und Qualität des Schmelzbades bestimmt. Ausschließlich die Wärmeleitung ins Bauteilinnere bestimmt dabei das Aspektverhältnis (Einschweißtiefe zu Nahtbreite) der Schweißnaht, welches im Bereich von ~1 liegt [HÜG22, S.300].

Durch Überschreitung der Schmelztemperatur des Materials, nimmt die Absorption des Materials sprunghaft zu [HEI18, S.34]. Dadurch wird im Zentrum die Verdampfungstemperatur erreicht und ein Tiefschweißprozess setzt ein. [POP11, S.273];[HÜG22, S.299] Die schematische Darstellung eines Wärmeleitungs- und Tiefschweißprozesses ist in Bild 5 dargestellt.

Bild 5: Schematische Darstellung von Wärmeleitungsschweißen und Tiefschweißen

[POP11, S.266, 277]

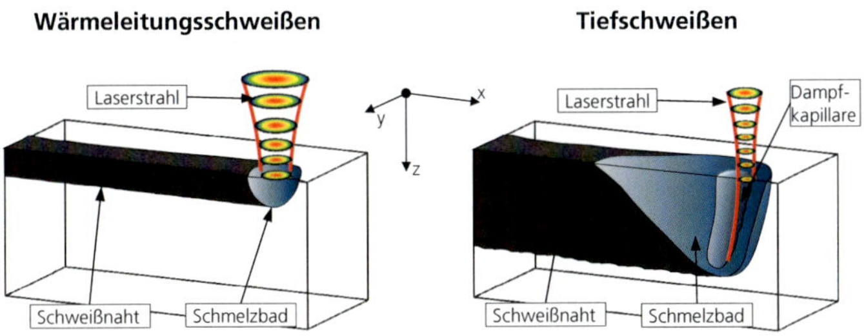

Um vom Wärmeleitungsschweißen in das Tiefschweißen überzugehen, wird die lokale Laserstrahlintensität so weit erhöht, um die Verdampfungstemperatur des Werkstoffs zu überschreiten. Durch den dabei entstehenden Ablationsdruck wird die Oberfläche der Metallschmelze durch den abströmenden Metalldampf eingedrückt. Dadurch entsteht in dem Schmelzbad eine mit Metalldampf gefüllte Kapillare, in welcher die einfallende Strahlung mehrfach an den Kapillarwänden reflektiert wird. Für einen gaußförmigen Laserstrahl gilt dabei für die spezifische Laserleistung, abhängig vom Laserstrahldurchmesser, der Zusammenhang

(2.3)

$$\frac{P_G}{d_f} = \frac{\lambda_{th}\,(T - T_0)}{A} \cdot \frac{\pi}{\sqrt{8}} \cdot \sqrt{\frac{Pe}{4} + \frac{\pi}{4}},$$

[HÜG22, S.299]

P_G: Laserleistung für Gaußstrahl[W]; d_f: Laserstrahldurchmesser [m]; λ_{th}: Wärmeleitfähigkeit [W/m·K];T: Temperatur des Materials [K]; A: Absorptionsgrad [%]; Pe: Peclet-Zahl [-] wobei die Peclet-Zahl das Verhältnis der Energiemenge, die durch Konvektion und Diffusion im betrachteten Volumenelement transportiert wird, angibt und definiert ist als

(2.4)

$$Pe = \frac{dx \cdot \rho \cdot c_p \cdot v \cdot \nabla T_{-v}}{\lambda_{th} \nabla T_{-v}} = \frac{dx \cdot v}{k}.$$

[HÜG22, S.177] [DOW17, S.36]

Pe: Peclet-Zahl [-]; dx: Bestrahlte Länge während linearer Bewegung [m]; ρ: Dichte des Materials [kg/m³]; c_p: spezifische Wärmekapazität [J/kg·K]; v: Vorschubgeschwindigkeit [m/s]; ∇T_{-v}: örtlich und zeitlicher Temperaturgradient [K/mm]; λ_{th}: Wärmeleitfähigkeit [W/m·K]; k: Temperaturleitfähigkeit [mm²/s]

Dabei entspricht die charakteristische Weglänge dx dem Durchmesser des Laserstrahls d_f. Die Peclet-Zahl und die Bestimmung der spezifischen Prozessgrenze darf dabei nur auf reine Wärmeleitungsbedingungen angewandt werden. Zustände in denen Konvektiver Wärmetransport durch Strömungs- oder Verdampfungsphänomene auftreten, können damit nicht abgebildet werden. Ist die charakteristische Intensitätsschwelle erreicht, kann eine grobe Abschätzung der Einschweißtiefenänderung im Bauteil abhängig der Schweißparameter vorgenommen werden. Durch den Zusammenhang

(2.5)

$$z_k \sim \frac{P_L}{d_f \cdot v}$$

[WEB10, S.43]

z_k: Kapillartiefe [m]; P_L: Laserleistung [W]; d_f: Fokusdurchmesser [m]; v: Vorschubgeschwindigkeit [m/s];

wird ersichtlich, dass eine Änderung der Einschweißtiefe bei konstantem Tiefschweißprozess in grober Betrachtung lediglich von den drei Einstellgrößen Laserleistung, Fokusdurchmesser und Vorschubgeschwindigkeit abhängt. Die Kapillarfront stellt sich unter einem Winkel α ein, unter diesem der Laserstrahl auf die Kapillaroberfläche auftrifft. Dieser ist nach Ergebnissen von Weberpals abhängig von Fokusdurchmesser, Vorschubgeschwindigkeit und Laserleistung.

(2.6)

$$\alpha \sim \frac{{d_f}^2 \cdot v}{P_L} \sim \frac{v}{I_0}$$

[WEB10, S.34]

α: Kapillarfrontwinkel [°];P_L: Laserleistung [W]; d_f: Fokusdurchmesser [m]; v: Vorschubgeschwindigkeit [m/s];

In Abhängigkeit der Schweißparameter stellen sich unterschiedliche Prozessregime ein. Diese Prozessregime sind analytisch untersucht und geben an, ob das ausgewählte Prozessfenster stabil oder instabil ist (siehe Bild 6).

Bild 6:
Einteilung der Prozessregime beim Laserstrahlschweißen

R: Rosenthal Regime
S: Single-Wave Regime
E: Elongated Keyhole
P: Pre-Humping Regime
H: Humping Regime

Nach
[FAB10, S.5]

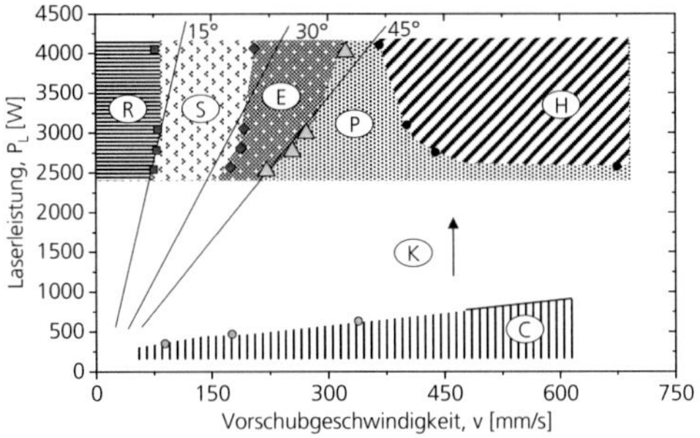

Der Bereich C im Diagramm stellt dabei die Grenze zwischen Wärmeleitungs- und Tiefschweißen dar. Oberhalb dieses Bereichs bildet sich dauerhaft eine Dampfkapillare aus (K). Die fünf Regimebereiche R, S, E, P und H stellen die bewerteten Bereiche dar. Zusätzlich sind die Neigungswinkel der Kapillarfront in den unterschiedlichen Bereichen mit 15° - 45 ° angegeben.

Das Rosenthal-Regime R entsteht bei Vorschubgeschwindigkeiten von $v \leq 83$ mm/s (5 m/min) und ist charakterisiert durch ein kreisrundes Schmelzbad mit chaotischen und instabilen Zuständen. Schmelzströmungen entgegen der Vorschubrichtung sind auf Grund des runden und groß ausgeprägten Schmelzbades nicht vorhanden. [WEB10, S.100]

Bei steigender Vorschubgeschwindigkeit bis $v \leq 200$ mm/s (12m/min) ist das Single-Wave Regime präsent. Dabei bildet sich eine Schmelzbadwelle an der Oberseite des Schmelzbads aus. Diese Schmelzwelle wird rückseitig der Dampfkapillare periodisch aus- und abgebaut, was dazu führt, dass die Dampfkapillare in eine periodischen Kollaps geführt wird [ZHA13, S.5]. Der Laserstrahl trifft wegen der höheren Vorschubgeschwindigkeit im Vergleich zum Rosenthal Regime nicht mehr homogen auf die Oberfläche der Dampfkapillare, sondern bevorzugt auf die Kapillarfront. [FAB10, S.2]

Bei weiterer Erhöhung der Vorschubgeschwindigkeit auf Werte zwischen 9 m/min und 11 m/min verändert sich die laterale Ausdehnung der Dampfkapillare. Die Verlängerung der Dampfkapillare (Elongated Keyhole) in Vorschubrichtung entsteht durch eine höhere Neigung der Kapillarfront (30°), einer dadurch erhöhten Energieabsorption auf der Kapillarfront und einer Impulsübertragung durch den Metalldampf von der Kapillarfront auf die Kapillarrückwand. [FAB10, S.3] Eine Reduktion der kapillarrückseitigen Schmelzbadwelle sowie eine Abnahme der Spritzerbildung sind zu beobachten. Dadurch wird eine Reduktion des Masseverlustes im Prozess erreicht [ROM12, S.9].

Mit noch höheren Vorschubgeschwindigkeiten von 12 bis 19 m/min und > 20 m/min werden das Pre-Humping und darauffolgend das Humping Regime erreicht. Diese Regime sind durch die Umströmung der Dampfkapillare in der Schmelze geprägt. Dadurch entsteht eine periodische Überhöhung der Schweißnaht [SCH94, S.120], begleitet von Materialmangel innerhalb der Schweißnaht. [FAB10, S.5] Diese Phänomene verhindern die weitere Steigerung der Prozessgeschwindigkeit beim herkömmlichen Laserstrahlschweißen auf Grund mangelnder Qualität der Schweißnaht.

Zu beachten ist bei dieser Art des Diagramms, dass sich die Regimegrenzen je nach Art des Lasers und Materials verschieben können, prinzipiell jedoch in ihrem qualitativen Auftreten gleichbleiben.

2.1.1 Prozessdynamiken beim Laserstrahltiefschweißen

Welche detaillierten Phänomene diesem Verhalten zu Grund liegen und wie eine gegenseitige Beeinflussung dabei eine Rolle spielt wird in Kapitel 2.1.1 beschrieben. Die zuvor für das Tiefschweißen beschriebenen Vorgänge sind hochdynamisch getrieben von Verdampfung in der Dampfkapillare und der Strömung im Schmelzbad. Bereits eine geringfügige Abweichung vom Gleichgewichtszustand sorgt dafür, dass Schwankungen in der angestrebten Schweißnahtgeometrie und derer Qualität entstehen können. Vorgänge, die im Gesamtsystem dazu beitragen können, sind schematisch in Bild 7 illustriert.

Bild 7:
Beeinflussende Prozesse der Schmelzbaddynamik beim Laserstrahl-Tiefschweißen

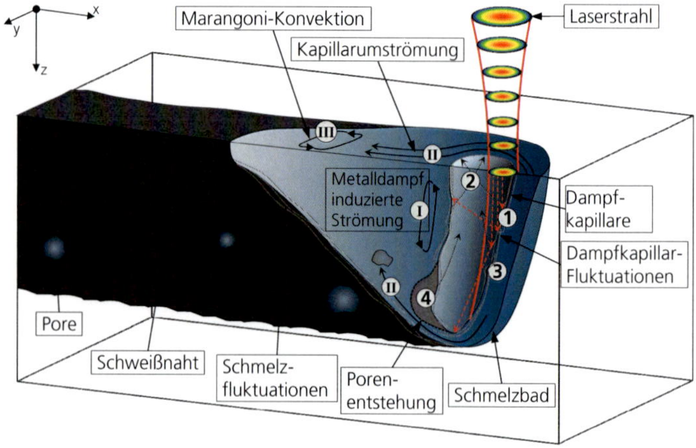

Die Betrachtungen beim Tiefschweißen erfolgen entlang der Wirkungsabfolge innerhalb des Prozesses (1 - 9). Zusätzlich werden die durch diese Effekte hervorgerufenen Strömungsphänomene und deren Einflüsse beschrieben (I – III).

1: Anstellwinkel der Kapillarfront und Mehrfachreflexion der Laserstrahlung in der Dampfkapillare

Auf Basis der Fresnel-Absorption (vgl. Formel (2.17) und (2.18)) wird in Abhängigkeit des Einfallwinkels die Laserstrahlung zu einem Anteil absorbiert und reflektiert. Dadurch wird ein nicht zu vernachlässigender Anteil der Laserstrahlung in das Innere der Dampfkapillare transportiert und dort an der Kapillarwand in das Material eingebracht. Abhängig von Kapillarwinkel und somit der Neigung der Kapillarfront resultiert daraus, ob der reflektierte Anteil der Laserstrahlung wieder auf die Kapillarfront oder auf die Kapillarrückwand trifft (vgl. Bild 8).

Bild 8: Darstellung der Mehrfachreflexionen innerhalb der Dampfkapillare

[MIC04, S.23]

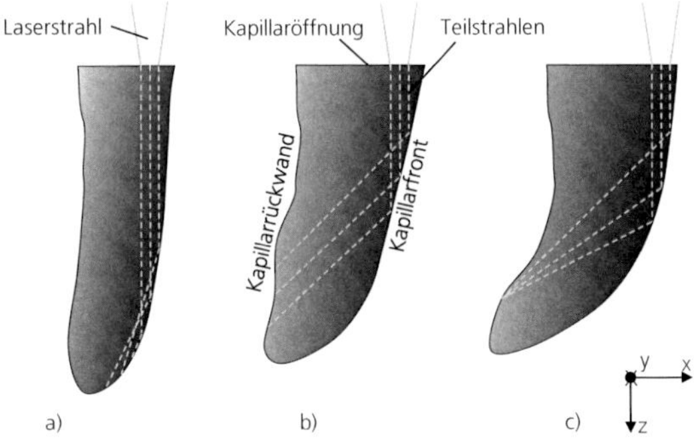

Dabei sind zwei Extremfälle in der Ausprägung der Kapillarform zu betrachten, die für unterschiedliche Strahlpropagation innerhalb der Dampfkapillare führen.

a) Steile Kapillarfront

Eine steile Kapillarfront, wie in Bild 8 a) abgebildet, führt zu einem streifenden Einfall der Laserstrahlung. Der reflektierte Anteil der Laserstrahlung trifft wiederum auf die Kapillarfront. Eine Umverteilung der auf der Kapillarfront auftreffenden Energie ist die Folge. [MIC04, S.23]

b), c) Flache Kapillarfront

Bei Zunahme der Kapillarneigung, trifft die Laserstrahlung unter steilerem Winkel auf die Kapillarfront. Nach der Fresnel-Gleichung ist der reflektierte Anteil der Strahlung nun geringer als im Vergleich zu Fall a). Außerdem wird die Ausbreitungsrichtung der Laserstrahlung nach der Reflexion derart geändert, dass diese auf die Kapillarrückwand trifft. Eine Umverteilung der Energie auf

Front und Rückwand ist die Folge, wodurch Verdampfungsphänomene nicht mehr nur auf der Kapillarfront einsetzen. Bei noch weiterer Zunahme der Kapillarfrontkrümmung ist sogar eine erneute Fokussierung der Laserstrahlung auf der Kapillarrückwand möglich. (c) [MIC04, S.23]

Als weitere Folge der Mehrfachreflexion steigt die insgesamt absorbierte Energie, da mehrfache Interaktionen zwischen Laserstrahl und Material stattfinden. [HEI18, S.35]. Die kumulierte Gesamtabsorption aus jeder Einzelinteraktion des Laserstrahls mit der Kapillaroberfläche wird als Energieeinkopplung bezeichnet. Für eine formelle Beschreibung siehe Formel (2.15)

2: Abströmung des Metalldampfs von der Kapillarwand

Damit steigen die Temperatur des Schmelzbads und die Größe der Dampfkapillare weiter an, bis ein Gleichgewichtszustand erreicht ist. Dieser Gleichgewichtszustand wird dann erreicht, wenn der vom abströmenden Gas erzeugte Druck im Gleichgewicht, mit dem von außen einwirkenden Druck steht. Dabei setzt sich der Druck in der Kapillare aus dem Ablationsdruck p_{abl}, dem Verdampfungsdruck p_v und dem Umgebungsdruck p_o zusammen. [HÜG22, S.332][BER13, S.217]

(2.7) $$p_{abl} + p_v + p_o = p_\sigma + p_h + p_{dyn}.$$

[SCH19, S.2] p_{abl}: Ablationsdruck [Pa]; p_v: Dampfdruck [Pa]; p_o: Umgebungsdruck [Pa]; p_σ: Druck durch Oberflächenspannung [Pa]; p_h: Hydrostatischer Druck [Pa]; p_{dyn}: Dynamischer Druck [Pa]

Der Druck, der von außen auf die Kapillare wirkt, setzt sich aus dem Druck, aufgebaut durch die Oberflächenspannung der Schmelze p_σ, dem hydrostatischen Druck der Schmelze p_h und dem Druck durch die dynamische Bewegung der Schmelze p_{dyn} zusammen. Dabei ist die treibende Kraft zur Aufrechterhaltung der Kapillare der von innen wirkende Druck in der Dampfkapillare. Gerät dieses System aus dem Gleichgewicht, kann durch Inhomogenitäten des Dampfdrucks eine Fluktuation der Dampfkapillare eintreten.

3: Fluktuation der Kapillarfront

Bei Laserstrahlschweißen wirkt der Laserstrahl, anders als bei oberflächlichen Prozessen wie dem Strukturieren oder Abtragen, unter einem Winkel auf die Kapillarfront. Diese Front bildet sich bei senkrechtem Laserstrahleinfall unter einem Winkel zwischen 2° und 27° zur Oberfläche [WEB10, S.39][KAP15, S.1]. Dabei beeinflusst die Tiefe, respektive das Aspektverhältnis der Dampfkapillare, direkt den Frontwinkel. Mit zunehmendem Aspektverhältnis nimmt die Neigung der Kapillarfront ab [WEB10, S.43]. Durch den veränderten Einfallswinkel wirken sich bereits kleine Veränderungen des Winkels, besonders bei streifendem Einfall, auf die Energieabsorption aus (vgl. Fresnel Bild 16). Dadurch entstehen

Schwankungen auf der Kapillarfront. Die wellige Kapillarfront ist nun vermehrt einem veränderten Bestrahlungszustand ausgesetzt. Eine beispielhafte Darstellung ist in Bild 9 abgebildet.

Bild 9:
Darstellung einer gleitenden Stufe auf der Kapillarfront als Prinzipskizze

Nach
[KAP15, S.5]

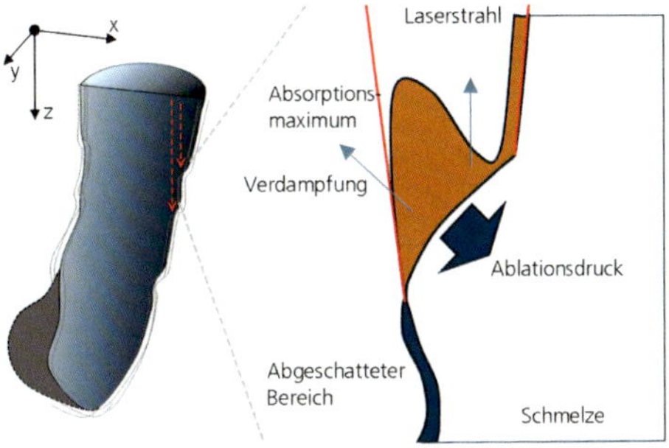

Die Welle auf der Kapillarfront verursacht nun einen Bereich hoher Energieabsorption und einen abgeschatteten Bereich, der keine direkte Einstrahlung des Laserstrahls erfährt. Die auf der Schmelzwelle verstärkt einsetzende Verdampfung sorgt durch einen Ablationsdruck für die Bewegung der Schmelze nach unten. [BER11b, S.22] Diese gleitenden Stufen bewegen sich laut Angaben in der Literatur für zum Beispiel Edelstahl mit einer Geschwindigkeit zwischen 4 und 16 m/s. Dabei beschleunigen diese mit zunehmender Kapillartiefe und erreichen nach ungefähr einem Millimeter Tiefe eine konstante Geschwindigkeit. [FET18b, S.5][ERI13, S.5] Nach Eriksson et al. wird die maximale Geschwindigkeit dieser gleitenden Stufen mit zunehmender Laserleistung gesteigert [ERI11, S.3].

Eine von Eriksson et al. mittels Hochgeschwindigkeitsaufnahmen visualisierte Dampfkapillarfront zeigt diese gleitenden Stufen sehr deutlich. Die in Bild 10 abgebildete Dampfkapillarfront weist ein Wellenmuster auf, was auf unterschiedliche Temperaturen und eine strukturierte Kapillaroberfläche, hervorgerufen durch die unterschiedlichen Bestrahlungszustände durch den Laserstrahl, hinweist. [ERI11, S.2]

Bild 10:
Visualisierung der Kapillarfront durch Hochgeschwindigkeitsvideographie in Edelstahl mit sichtbaren Frontwellen

[ERI11, S.2]

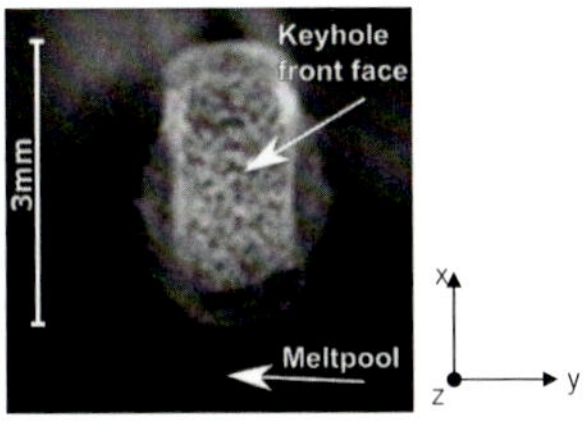

Diese Dynamiken entstehen durch die Wechselwirkung zwischen Laserstrahl, Kapillaroberfläche und dem abströmenden Metalldampf. Die Dynamiken dieser Fluktuationen, werden in der Literatur mit Werten zwischen 1 kHz und 60 kHz angegeben [VOL17, S.25]. Diese Information ist relevant für die Auslegung einer zur Diagnose verwendeten Messmethodik.

4: Fluktuation am Kapillargrund

Sich ständig ändernde Intensitätsverteilungen in der Dampfkapillare sorgen auch am Kapillargrund für sich ständig ändernde Voraussetzungen. Der Strahlungsanteil, der durch Multireflexionen bis an den Nahtgrund gelangt sorgt, wie auch bei den gleitenden Stufen an der Front, für veränderte Verdampfungsverhältnisse. Dadurch wird die Kapillare in zyklischen Wiederholungen in ihrer Tiefe verändert. [FET18b, S.1] Die Frequenz dieses sogenannten Spikings hängt dabei linear mit der Vorschubgeschwindigkeit zusammen. In den Untersuchungen von Fetzer et al. liegt diese Frequenz zwischen 50 und 420 Hz. [FET18b, S.8] Da laut Fetzer et al. weder Phänomene auf der Kapillarfront noch auf der Kapillarrückwand einen Einfluss auf das Spiking haben, muss dieses Phänomen lediglich durch die Intensitätsverteilung der direkt auf den Kapillargrund treffenden Strahlung beeinflusst sein. [FET18b, S.9]

Die zuvor beschriebenen Einzelphänomene in der Dampfkapillare üben ein direktes Moment auf die umliegende Schmelze aus. Durch Scheer- und Schubkräfte sowie Temperaturgradienten, wird die Schmelze in Bewegung versetzt, was zu einer weiteren Ausformung des Schmelzbads führt. Im Wesentlichen werden dabei die drei hauptsächlichen Strömungsregime unterschieden:

I: Metalldampfinduzierte Strömung

Die reibungsbasierte Interaktion des in der Dampfkapillare aufsteigenden Metalldampfs von der Kapillarfront mit der Schmelze an der Kapillarrückwand verursacht eine aufwärtsgerichtete Schmelzströmung im Schmelzbad hinter der Kapillare. In Bild 11 ist dieser Prozess grafisch dargestellt. Diese aufwärtsgerichtete Strömung gilt als maßgeblich bestimmende Geschwindigkeitskomponente im Schmelzbad und für die Spritzerbildung.

Bild 11:
Darstellung der Metalldampfinduzierten Strömung hinter der Dampfkapillare

Nach
[KAP15, S.5]

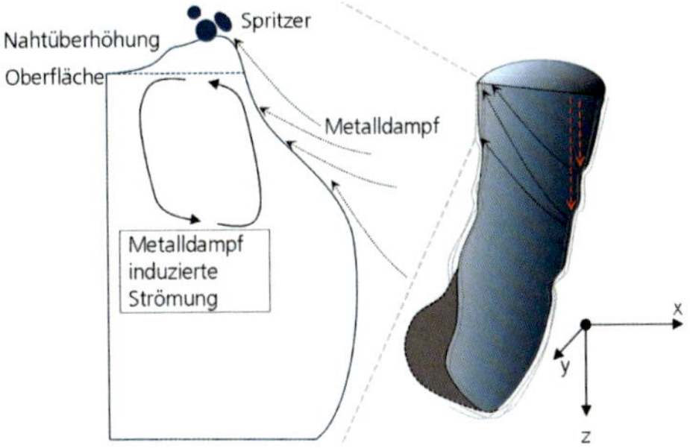

Der Metalldampf sowie die Strömung, die in Richtung der oberflächlichen Schmelze strömen, können dort zu einer Ablösung vereinzelter Schmelzelemente führen, die sich als Spritzer im Prozess äußern. Für die Bildung dieser Spritzer müssen folgende Bedingungen erfüllt sein:

(2.8)

$$E_{kinFl} > E_{kinTr} + E_{ObFl} = \rho \frac{D^3\pi}{12} v_{Tr}^2 + \sigma D^2 \pi$$

[KAP11, S.4]

E_{kinFl}: Kinetische Energie des Fluids [J]; E_{kinTr}: Kinetische Energie des Tropfens [J]; E_{ObFl}: Kinetische Oberflächenenergie des Tropfens [J]; ρ: Dichte des Fluids [kg/m^3]; D: Durchmesser des Fluidelements [m^3]; v: Geschwindigkeit des Fluidelements [m/s]; σ: Oberflächenspannung des Tropfens [kg/s^2]; D: Durchmesser des Tropfens [m];

(2.9)

$$\frac{\rho\, V_{Tr}\, |v_{Fl}|^2}{2} > \frac{\rho\, V_{Tr}\, |v_{Tr}|^2}{2} + \sigma O_{Tr}$$

[ROM12, S.6]
[KAP11, S.3]

ρ: Dichte des Fluids [kg/m^3]; V: Volumen des Fluidelements [m^3]; v: Geschwindigkeit des Fluidelements [m/s]; σ: Oberflächenspannung des Tropfens [kg/s^2]; O: Oberfläche des Tropfens [m^2]

Dabei gilt, dass die kinetische Energie des Fluidelements größer sein muss als die kinetische Energie des sich ablösenden Tropfens und dessen Oberflächenenergie. [SCH18a, S.1]

II: Kapillarumströmung und Verformung der Kapillaröffnung

Die Kapillarumströmung ist eine durch die Relativbewegung zwischen Dampfkapillare und Schmelzbad hervorgerufene Strömung. Diese Strömung kann sowohl unter der Dampfkapillare als auch an den Seiten der Dampfkapillare vorbei strömen [HÜG22, S.330]. In Bild 12 ist diese Kapillarumströmung schematisch auf der Draufsicht dargestellt.

Bild 12: Kapillarumströmung im Schmelzbad bei idealer Vorstellung a) und schwankungsinduzierten Abweichungen b)

Nach [MIC04, S.23] [MIC04, S.81] [HEß12, S.107]

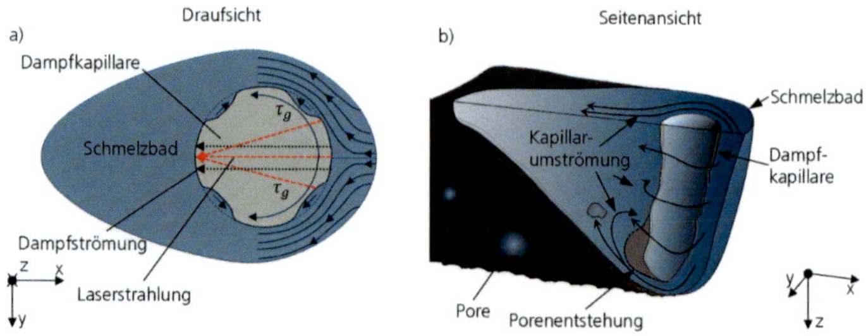

Die durch die Scherkräfte und damit verbundenen Reibungskoeffizienten zwischen Metalldampf im Inneren der Dampfkapillare und der Schmelze wird diese nach hinten beschleunigt. Gleichzeitig wird durch die Verdampfung auf der Kapillarfront (vgl. Bild 8) Metalldampf auf die Kapillarrückwand transportiert, auf der er wegen der geringeren Temperatur kondensiert. Dabei wird zusätzlich ein Impuls übertragen, welcher wie in Abschnitt 2.1 (Elongated Keyhole Regime) für eine Verformung der Dampfkapillare sorgt.

Durch eine Kondensation des Metalldampfes auf der Kapillarrückwand erfährt die beschleunigte Schmelzströmung um die Dampfkapillare ein Abbremsung, wodurch Schmelzwellen entlang der Kapillaröffnung entstehen können. Diese Ausprägung der Wellen ist maßgeblich von der Viskosität der Schmelze als auch den inneren Druckverhältnissen in der Dampfkapillare abhängig. Diese Wellenberge und -täler verändern den Krümmungsradius der Dampfkapillaröffnung, wodurch bei entsprechenden Randbedingungen der auftreffende Laserstrahl wie in einem konkaven Spiegel auf die Kapillarrückwand fokussiert wird. Treffen außerdem zwei dieser in Bild 12 a) abgebildeten Wellenberg aufeinander, kann ein Teil der Dampfkapillare abgeschnürt werden und gelangt als Blase und letztendlich als Pore in die Schweißnaht. Dieses Phänomen kann in jeder Tiefe der Dampfkapillare auftreten. [MIC04, S.81]

Neben der Kapillarumströmung an der Materialoberfläche findet diese ebenfalls unterschiedlich ausgeprägt in der Tiefe der Dampfkapillare statt. Auf Grund der Schmelzebeschleunigung auf der Kapillarfront in die Tiefe der Kapillarfront (vgl. [MAT15, S.193]) (Impuls des abströmenden Metalldampfs; vgl. Bild 11) ist die Kapillarumströmung im unteren Bereich stärker nach unten gerichtet und steigt hinter der Dampfkapillare wieder an. Im oberen Bereich der Dampfkapillare ist diese durch die Relativbewegung zwischen Dampfkapillare und Schmelzbad nach hinten gerichtet. Am Dampfkapillargrund entsteht außerdem ein Strömungsanteil, welcher unter der Kapillare hinweg strömt. [HEß12, S.107] Treffen diese unterschiedlichen Strömungseffekte aufeinander, kann durch Ausbeulungen und Abschnürungen in der Dampfkapillare Porenentstehung auftreten.

III: Marangoni-Konvektion

Die Marangoni-Konvektion entsteht durch Temperaturgradienten zwischen Schmelzbadzentrum und -randbereich. Dieser Effekt tritt maßgeblich bei Wärmeleitungsschweißungen oder sehr hohen Temperaturgradienten wie zum Beispiel beim Schweißen von Stahl, auf. [CHA00, S.26]

In Abhängigkeit des Vorzeichens von $d\sigma/dT$ können zwei unterschiedlich gerichtete Strömungszustände entstehen (vgl. Bild 13)

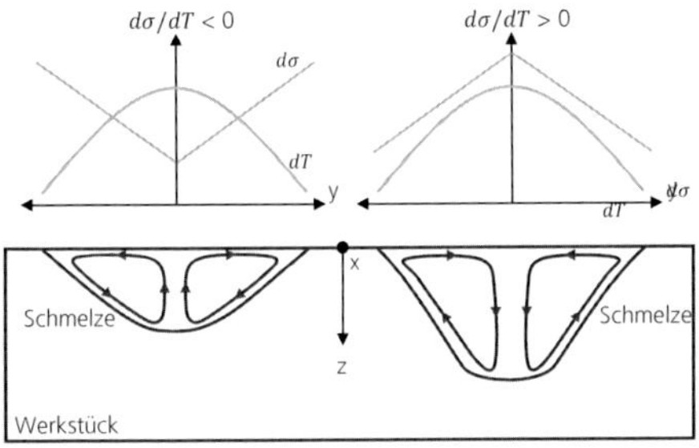

Bild 13:
Ausprägung des Marangoni-Effekts in Abhängigkeit des Spannungs-Temperaturgradienten

Nach [HÜG22, S.336]

Dabei entsteht durch Einstellung eines Temperatur-Spannungsfeldes mit negativer Orientierung tendenziell eine Verbreiterung der Schweißnaht, wohingegen bei $d\sigma/dT > 0$ eine Vertiefung des Schmelzbades eintritt. Gleichermaßen spielt auch die Sauerstoff- und Schwefelkonzentration in den randnahen Bereichen eine wichtige Rolle, da diese die Viskosität der Schmelze an der Oberfläche beeinflussen.

All die zuvor beschriebenen Effekte und Phänomene dieses multiskalaren und nichtlinearen Systems stehen in ständiger gegenseitiger Wechselwirkung. Somit können diese niemals alleinstehend und isoliert betrachtet werden. Vielmehr muss die Wirkreihenfolge betrachtet werden, die das finale Prozessergebnis beeinflusst. Ziel aller prozessrelevanten Entwicklungen in der Laserstrahlschweißtechnik ist deshalb die Erzeugung von stabilen Gleichgewichtszuständen, um die Entstehung von Fehlstellen möglichst zu vermeiden und eine zuvor definierte Schweißnahtgeometrie mit optimal möglichem Resultat zu erreichen.

Um einen möglichst homogenen und stabilen Prozess zu erreichen, müssen alle zuvor benannten Einflussgrößen dauerhaft im Gleichgeweicht stehen. Veränderungen in diesem Gleichgeweicht können sich dabei auf die Geometrie der Dampfkapillare auswirken, was bis zum Zusammenbruch der Kapillare und damit auch des gesamten Tiefschweißprozesses führen kann. Als Folge können dabei Schwankungen der Einschweißtiefe und eine vermehrte Bildung von Schweißnahtfehlern wie Poren beobachtet werden. Haupteinflussgröße für Instabilitäten in diesem Gleichgewicht ist dabei die Energieabsorption der Laserstrahlung im Material.

2.2 Energieabsorption beim Laserstrahlschweißen

Beim Laserstrahlschweißen beschreibt die Energieabsorption die Absorption des Laserstrahls durch den metallischen Werkstoff. Der Absorptionskoeffizient ist das Verhältnis der absorbierten Strahlung zur gesamten auf die Oberfläche des Bauteils emittierten Strahlung. Dabei wird nur die einmalige Absorption an der Materialoberfläche betrachtet.

Das Drude-Modell wird verwendet, um die Absorption elektromagnetischer Wellen an der Oberfläche metallischer Materialien zu beschreiben. In der Praxis ist die exakte Berechnung des Absorptionsgrades jedoch nur bedingt möglich, da Einflüsse wie die geometrische Beschaffenheit der Oberfläche und die chemische Zusammensetzung nicht exakt darstellbar sind. Das Modell gibt jedoch, aufgrund seiner Übersichtlichkeit, einen Einblick in die Vorgänge während des Absorptionsprozesses [POP11, S.32] [FOX11, S.180]

Bei senkrechtem Einfall der elektromagnetischen Welle ergibt sich der Reflexionsgrad nach der Fresnel-Gleichung für metallische Werkstoffe zu

(2.10)
$$R = 1 - T - A = \left|\frac{E_0^r}{E_0}\right|^2 = \frac{(n - n^L)^2 + \kappa^2}{(n + n^L)^2 + \kappa^2} =$$

[TOR12, S.345]

R: Reflexionsgrad [−]; T: Transmissionsgrad [-]; A: Absorptionsgrad [−]; E_0 (E_0^r): Elektrische Feldamplitude einfallend (reflektiert) [V/m]; n (κ): Brechungsindex Realteil (Imaginärteil) des Materials/ der Probe [−]; n^L: Brechungsindex Realteil umgebendes Medium, Luft: $n^L = 1$ [−]

Dabei kann für ausgedehnte Werkstücke die Transmission vernachlässigt werden. Ausgedehnt heißt in diesem Zusammenhang, Materialstärken in der Größenordnung höher als die optische Eindringtiefe im Material (Formel (2.14)

Diese optischen Eigenschaften eines Metalls hängen direkt mit den Eigenschaften der Leitungselektronen im Metall zusammen. Deren Verhalten lässt sich nach dem Drude-Modell als freies Elektronengas veranschaulichen und berechnen. Die Bewegung der Elektronen wird durch die Differentialgleichung eines harmonischen Oszillators, hergeleitet aus der Newtonschen Bewegungsgleichung, beschrieben. [ALL95, S.15]

Für den Brechungsindex und den Absorptionsindex eines Metalls folgt nach der Drude-Theorie:

(2.11) $$n^2 = \frac{1}{2} \cdot \sqrt{\left(1 - \frac{\omega_p^2}{\omega^2 + \nu_m^2}\right)^2 + \left(\frac{\nu_m}{\omega} \cdot \frac{\omega_p^2}{\omega^2 + \nu_m^2}\right)^2} + \frac{1}{2} \cdot \left(1 - \frac{\omega_p^2}{\omega^2 + \nu_m^2}\right)$$

(2.12) $$\kappa^2 = \frac{1}{2} \cdot \sqrt{\left(1 - \frac{\omega_p^2}{\omega^2 + \nu_m^2}\right)^2 + \left(\frac{\nu_m}{\omega} \cdot \frac{\omega_p^2}{\omega^2 + \nu_m^2}\right)^2} - \frac{1}{2} \cdot \left(1 - \frac{\omega_p^2}{\omega^2 + \nu_m^2}\right)$$

[GRO12, S.579] κ: Absorptionsindex [-]; n: Brechungsindex [-]; ω_p: Plasmafrequenz [1/s]; ω: Kreisfrequenz der elektromagnetischen Strahlung [1/s]; ν_m: Elektronenstoßfrequenz [1/s]

Dabei sind sowohl der Brechungsindex als auch der Absorptionsindex lediglich von der Kreisfrequenz der elektromagnetischen Strahlung und der Elektronenstoßfrequenz abhängig [POP11, S.36]. Die Eigenfrequenz der Elektronen entspricht dabei der Plasmafrequenz ω_p des Materials und kann beschrieben werden als

(2.13) $$\omega_p = \sqrt{\frac{e^2 \cdot n_e}{\epsilon_0 \cdot m_e}} = 56{,}5 \cdot \sqrt{n_e}$$

[MOC05, S.310] ω_p: Plasmafrequenz [1/s]; e: Elementarteilchenladung [C]; ϵ_0: Elektrische Feldkonstante [A·s/V·m]; n_e Elektronendichte [1/m³]; m_e Ruhemasse der Elektronen [kg];

Das Modell führt bei idealer Betrachtung dazu, dass Felder, die sich langsamer als mit der Plasmafrequenz ändern, nicht in das Plasma eindringen können und somit nicht absorbiert werden. [STR18, S.12]

Dabei kann die Transmission für metallische Werkstoffe typischerweise vernachlässigt werden. Dies liegt daran, dass die optische Eindringtiefe für Metalle in der Größenordnung der Laserstrahlwellenlänge des verwendeten Laserstrahls liegt (auch Skineffekt genannt, [FOX11, S.184]. Aus dem Lambert-Beerschen-Gesetz ergibt sich die Eindringtiefe (Abfall der Intensität auf 37 % (1/e)) zu:

(2.14) $$d_P = \frac{\lambda}{4 \cdot \pi \cdot n \cdot \kappa}$$

[HÜG09, S.120] d_P: optische Eindringtiefe [m]; λ: Vakuum-Wellenlänge [nm]; n: Brechungsindex [-]; κ : Absorptionsindex [-];

Damit sind die in dieser Arbeit verwendeten Werkstücke um ein Vielfaches dicker als die optische Eindringtiefe, welche im Bereich von wenigen Nanometern liegt.

Im Rahmen des Laserstrahlschweißens, lässt sich der Absorptionsgrad für den gesamten Prozess allerdings nur bedingt vorhersagen. Die Energie wird zwar über Absorptionsprozesse in das Werkstück eingebracht, allerdings findet der Prozess mehrfach und an unterschiedlichen Positionen in der Dampfkapillare statt. Weiterhin kann die Öffnung der Dampfkapillare kleiner sein als der Strahldurchmesser oder der Laserstrahl der Dampfkapillare vorgelagert sein, wodurch ein Teil der Laserstrahlung nicht in die Dampfkapillare eindringt, sondern auf der Materialoberfläche absorbiert wird. Zur Quantifizierung der beim Laserstrahlschweißen integral in das Bauteil eingebrachten Strahlung wird daher die Energieeinkopplung herangezogen, die die insgesamt absorbierte Strahlung berücksichtigt. [POP11, S.273]

(2.15)

$$\eta = \frac{P_A}{P_L} = 1 - \frac{P_R}{P_L}.$$

[HÜG22, S.128]

η: Einkoppelgrad [-]; P_L: Laserleistung [W]; P_A:absorbierte Laserleistung [W]; P_R: reflektierte Laserleistung [W]

Weiterhin kann sich die Form der Dampfkapillare während des Prozesses verändern. Um den gesamten Prozess widerzuspiegeln, wird daher der Einkoppelgrad η als Verhältnis der absorbierten Laserleistung P_A zu der eingestrahlten Laserleistung P_L definiert.

2.2.1 Temperaturabhängigkeit der Energieabsorption

Dabei ist der Absorptions- und Reflexionsgrad abhängig von den Eigenschaften und dem Zustand des Werkstücks und des einfallenden Lichts. Bei Metallen wird der Absorptionsgrad unter anderem durch die Temperatur des Metalls und die Wellenlänge des Lichts beeinflusst. In Bild 14 ist der Absorptionsgrad A (bei 1000 nm und 500 nm Wellenlänge) über der Temperatur aufgetragen.

Bild 14: Abhängigkeit des Absorptionsgrades von der Temperatur von Kupfer für 500 nm und 1000 nm Wellenlänge

[BLO03, S.496] und [ENG15, S.10] mit Daten aus [BRÜ89, S.1331] [KRI90, S.152] [ORD85, S.4496]

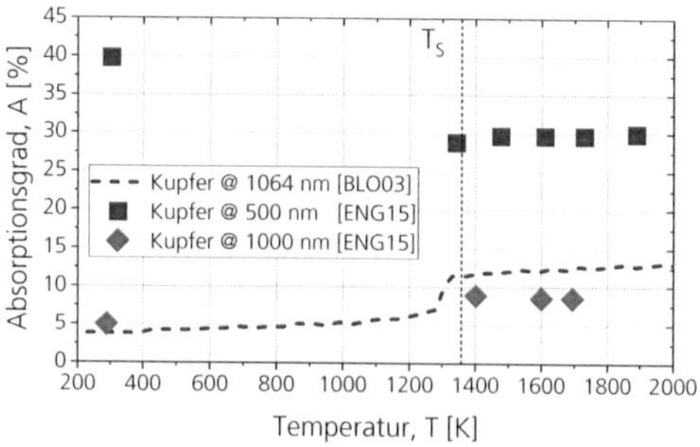

Beim Überschreiten der Schmelztemperatur steigt der Absorptionsgrad sprunghaft um etwa 5 - 8%-Punkte bei Strahlung im nahen Infrarotbereich um 1000 nm Wellenlänge für Kupfer an [KOH22, S.5]. Bei einer Wellenlänge von 500 nm (grün) hingegen sinkt der Absorptionsgrad um rund 10%-Punkte ab beim Überschreiten der Schmelztemperatur. Eine Erklärung zur Veränderung des Absorptionsgrades mit steigender Temperatur ist mathematisch auf die

Änderung der Elektronengitterstoßfrequenz ν_m zurückzuführen. Die Temperaturabhängigkeit lässt sich aus der Beziehung von Wiedmann-Franz herleiten als:

(2.16)
$$\nu_m = \frac{e^2 \cdot n_e}{m_e} \frac{L \cdot T}{\lambda_{th}}$$

[POP05, S.34] ν_m: Elektronenstoßfrequenz [1/2]; e: elektrische Ladung [C]; L: Lorenz-Zahl [W·Ω·K^{-2}]; T: Temperatur [K]; n_e: Elektronendichte [1/m^3]; m_e Ruhemasse der Elektronen [kg]; λ_{th} temperaturabhängige Wärmeleitfähigkeit [W/m·K]

Da die Elektronenstoßfrequenz die Übertragung der Energie der freien Elektronen auf das Kristallgitter beschreibt, verändert sich auch die Absorption. Dabei hängen bei metallischen Werkstoffen der Absorptionsindex κ und der Brechungsindex n nur von der Elektronenstoßfrequenz als Werkstoffparameter ab. [BLO03, S.496]

2.2.2 Wellenlängenabhängigkeit der Energieabsorption

In den meisten industriellen Anwendungen des Laserstrahlschweißens werden infrarote Laserstrahlwellenlängen verwendet. Die dabei eingesetzten Festkörper- und Faserlaser haben typischerweise eine Laserstrahlwellenlänge zwischen 1030 und 1070 nm. Dabei stellt Kupfer, aufgrund des geringen Absorptionsgrads eine große Herausforderung in diesem Wellenlängenbereich dar. Durch das Aufkommen leistungsfähiger Strahlquellen im Bereich grüner Laserstrahlwellenlängen (zumeist frequenzverdoppelte Infrarotlaser und damit zwischen 515 und 535 nm) ergibt sich die Möglichkeit zur Verwendung dieses Laserstrahlwellenlängenbereiches zum Laserstrahlschweißen. Dabei zeigen die grünen und infraroten Laserstrahlwellenlängen Gemeinsamkeiten aber auch Unterschiede beim Laserstrahlschweißen.

Der erste wesentliche Unterschied, der sich bei der Energieeinbringung ergibt, ist der wellenlängenabhängige Absorptionsgrad. In Bild 15 ist der Absorptionsgrad von Kupfer von 400 bis 1100 nm dargestellt. Wie zu sehen ist, liegt der Absorptionsgrad für die Laserstrahlquellen im nahen Infrarotbereich unter 10%, während im grünen Wellenlängenbereich rund 40% erreicht werden. Dadurch wird bei gleicher Laserleistung mehr Energie im Werkstück deponiert. Zu erwarten ist, dass dieser Unterschied im Absorptionsgrad Auswirkungen auf den Schweißprozess und die damit verbundene Dynamik hat. An dieser Stelle ist anzumerken, dass die in der Literatur zu findenden Werte für die Grundabsorption in Abhängigkeit der Wellenlänge je nach Quelle unterschiedlich ausfallen. Diese Unterschiede sind abhängig von der Oberflächenbeschaffenheit und dem Zustand des vermessenen Materials. Durch unterschiedliche Oberflächenrauheiten und Oxidationsgrade bei der Vermessung der Werte können die in der Literatur veröffentlichten Ergebnisse um mehrere 10%-Punkte voneinander abweichen. Hier beispielhaft dargestellt an den Messwerten von Helm und Heß am Beispiel von Kupfer (Cu-ETP).

Bild 15: Absorptionsgrad in Abhängigkeit der Wellenlänge für Kupfer

[HEI05, S.45] [HEß12, S.21]

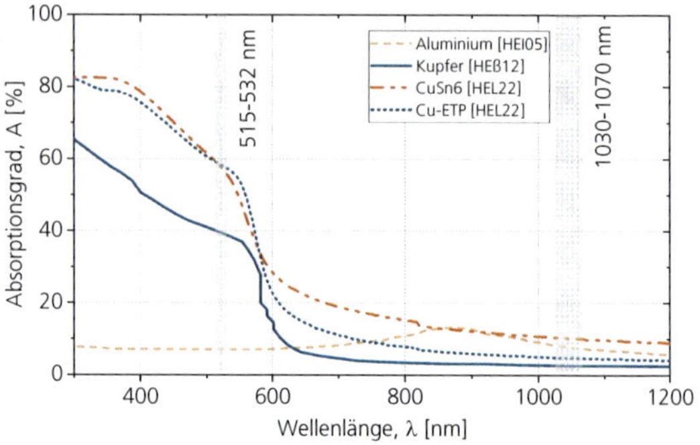

Insgesamt unterliegt der Absorptionsprozess beim Laserstrahlschweißen einem komplexen Zusammenspiel verschiedener Effekte, die sich auch gegenseitig beeinflussen. Zum Beispiel hat der Dampf in der Dampfkapillare Auswirkung auf die Energieverteilung, da der zuvor beschriebene Streuprozess auch innerhalb der Dampfkapillare stattfindet. Entsprechend ist die Annahme aus Kapitel 2.2, dass die Energieverteilung nur über die Anzahl an Reflexionen in der oberen bzw. unteren Hälfte betrachtet, wird lediglich eine Vereinfachung. Weiterhin sollte bei der Energieverteilung auch der Einfallswinkel des Laserstrahls auf die Kapillarwand für jede einzelne Interaktion berücksichtigt werden, da wie in Bild 16Bild zu sehen, der Reflexionsgrad je nach Einfallswinkel schwankt. Ebenso sollte berücksichtigt werden, dass die Dampfkapillare keine homogene Temperatur aufweist, sondern eine Temperaturverteilung, wodurch der Reflexionsgrad an den Kapillarwänden beeinflusst wird.

2.2.3 Laserstrahlschweißen mit Laserstrahlung im sichtbaren Wellenlängenbereich

Tabelle 1 gibt einen Überblick über die in den vergangenen Jahren wesentlichen Untersuchungen beim Laserstrahlschweißen verschiedener Kupferlegierungen mit 515 nm (VIS) und 1030 nm (IR) Laserstrahlwellenlänge.

Autor	Quelle	Jahr	Parameter	Material	Untersuchungen	Ergebnis
Kaufmann	[KAU23b]	2023	P_L = 800 - 1600 W v = 25 – 500 mm/s Oszillation: Linear, O, 8	Ni- Cu-ETP auf AlN30	Überlappschweißungen von Cu auf Al mit 515 nm Laserstrahlwellenlänge	Vergleichbare Ergebnisse zu erreichen wie mit Singlemode-Faserlaser
Kaufmann	[KAU23a]	2023	P_L = 1000 - 4000 W v = 66,7 – 300 mm/s	Cu-ETP	Röntgenvideographie-untersuchungen zum Vergleich von 515 nm und 1030 nm Laserstrahlwellenlänge	Mehrfachreflexionen bei 1030 nm Laserstrahlwellenlänge vermehrt in die Tiefe der Dampfkapillare
Hummel	[HUM23]	2023	P_L = 1000 - 3000 W v = 50 – 500 mm/s	CuSn6 Cu-ETP	Röntgenvideographie-untersuchungen zum Vergleich von 515 nm und 1030 nm Laserstrahlwellenlänge	Empfindlichkeit des Frontwinkels für 1030 nm Laserstrahlwellenlänge aufsteigende Vorschub-geschwindigkeit höher
Hummel	[HUM21d]	2021	P_L = 3000 - 4000 W v = 50 – 250 mm/s	CuSn6 Cu-ETP	Metallografische Untersuchung unterschiedlicher Prozessparameter	Höhere Empfindlichkeit der Einschweißtiefe auf Vor-schubgeschwindigkeit für 1030 nm Laserstrahl-wellenlänge
Alter	[ALT20]	2020	P_L = 1000 - 4000 W v = 500 mm/s	Cu-ETP Cu-OF	Einfluss von Umgebungsbedingungen auf Schweißnahtqualität	Prozess mit 1030 nm geringere Porosität
Haubold	[HAU18]	2018	P_L = 70 - 1000 W v = 20 – 270 mm/s	Cu-ETP	Metallografische Untersuchungen zum Einfluss der Dampffackel	Erhöhung Prozess-stabilität und Einschweiß-tiefe durch Ablenkung der Dampffackel
Alter	[ALT18]	2018	P_L = 200 - 4000 W v = 450 - 2000 mm/s	Cu-ETP	Untersuchungen zum Übergang zwischen WLS zu TS	Übergang ist für 515 nm kontinuierlich und nicht abrupt
Stritt	[STR14]	2014	P_L = 0 - 1000 W v = 0 mm/s	Cu99,9	Untersuchungen zur zeitlichen Pulsformung	Inhomogene Verteilung der Elemente durch Pulsformung
Kaiser	[KAI14a]	2014	P_L = 4000 - 5000 W v = 0 mm/s	Cu-ETP	Entwicklung einer Hochleistungsstrahlquelle mit 515 nm Laserstrahlwellenlänge	Erhöhung Energie-einkopplung, Reproduzierbarkeit und Oberflächenqualität
Bono	[BON13]	2013	P_L = 3000 - 5000 W v = 0 mm/s	Cu-ETP	Untersuchungen zur TS-Schwelle zwischen den Laserstrahlwellenlängen	Halbierung der Intensität mit 515 nm Laserstrahlwellenlänge zur Erreichung der TS-Schwelle
Rüttimann	[RÜT11]	2011	P_L = 800 W v = 0 mm/s	Cu-ETP	Kombinierte Überlagerun von 515 nm und 1030 nm Laserstrahlwellenlänge	Erhöhung der Effizienz und der Reproduzierbarkeit der Ergebnisse
Hess	[HES11]	2011	P_L = 100 - 500 W v = 10 mm/s	CuSn6 Cu-ETP	Kombinierte Überlagerun von 515 nm und 1030 nm Laserstrahlwellenlänge	Reduktion der Auswürfe mit zusätzlicher 515 nm Laserstrahlwellenlänge
Engler	[ENG11]	2011	P_L = 0 - 1000 W v = 1 - 30 mm/s	CuFe2P	Messung der Energie-einkopplung zwischen 515 nm und 1030 nm Laserstrahlwellenlänge	Höherer Energieeintrag bei gleicher Einschweißtiefe für 515 nm Laserstrahlwellenlänge
Hess	[HES10]	2010	P_L = 0 - 1200 W v = 1 - 120 mm/s	CuSn6 CuFe2P Cu-ETP	Schweißuntersuchungen mit kombinierten Laserstrahlwellenlängen	Wechsel von WLS zum TS bei gleichbleibender totaler Leistung.

Tabelle 1: Übersicht über den bisherigen Stand der Forschung zur Verwendung Laserstrahlwellenlängen von 515 nm (VIS) und 1030 nm (IR) beim Laserstrahlschweißen von Kupfer

Zusammengefasst kann festgehalten werden, dass die Nutzung von 515 nm Laserstrahlwellenlänge zwar eine Herabsenkung der TS-Schwelle und ein effizienteres sowie reproduzierbareres Schweißergebnis ermöglicht, jedoch ebenfalls einige Fragen aufwirft. Darunter ist die Frage nach der Ursache der Porenbildung, die bei gleichen Prozessparametern unter Verwendung von 1030 nm nicht auftritt.

In dieser Arbeit wird dazu der direkte Einfluss der Laserparameter (Laserleistung und Vorschubgeschwindigkeit) in Abhängigkeit der Laserstrahlwellenlänge untersucht. Dies soll eine vergleichende Grundlage schaffen, um die Nutzbarkeit der jeweiligen Laserstrahlquelle für Schweißapplikationen im Bereich der Batteriespeicher und elektronischen Systeme zu bewerten. Aufbauend auf dem Stand der Technik wird dazu im Detail die Geometrie der Dampfkapillare und die Entstehung von Poren in situ während des Prozesses untersucht. Dadurch wird erstmal ermöglicht, den detaillierten Einfluss der Laserstrahlwellenlänge auf den Laserstrahlschweißprozess zu visualisieren und zu verstehen. Die genauen Ziele und Methodiken dazu werden in Kapitel 3 vorgestellt.

2.2.4 Winkelabhängigkeit der Energieabsorption

Die aus Gleichung (2.10) bekannte Beschreibung zur Reflexion elektromagnetischer Strahlung an metallischen Grenzflächen kann für den Fall nicht senkrecht einfallender Strahlung in Abhängigkeit der Polarisation abgewandelt werden zu

(2.17)

$$R_S = \frac{n^2 \cdot \kappa^2 + (n - \cos(\varphi))^2}{n^2 \cdot \kappa^2 + (n + \cos(\varphi))^2}.$$

[HÜG09, S.125]

R_S: Reflexionsgrad für senkrechte Polarisation [%]; n: Realteil komplexer Brechungsindex [%]; κ: Absorptionsindex [-]; φ: Einfallswinkel [°];

(2.18)

$$R_P = \frac{n^2 \cdot \kappa^2 \cdot \cos(\varphi)^2 + (n \cdot \cos(\varphi) - 1)^2}{n^2 \cdot \kappa^2 \cdot \cos(\varphi)^2 + (n \cdot \cos(\varphi) + 1)^2}.$$

[HÜG09, S.125]

R_P: Reflexionsgrad für parallele Polarisation [%]; n: Realteil komplexer Brechungsindex [%]; κ: Absorptionsindex [-]; φ: Einfallswinkel [°];

Bei fasergeführter Laserstrahlung hebt sich die Polarisation der Strahlung auf wodurch für die gemittelte Fresnelreflexion

(2.19)

$$\bar{R} = \frac{R_S + R_P}{2}$$

[ENG15, S.12][HÜG09, S.124]

$\bar{R}$: Statistisch gemittelter Reflexionsgrad [%]; R_S: Reflexionsgrad für senkrechte Polarisation [%]; R_P: Reflexionsgrad für parallele Polarisation [%]

gilt [HÜG09, S.98]. Wenn die Absorption nach Fresnel (A = 1 – R) für die beiden Laserstrahlwellenlängen 515 nm und 1030 nm auf Kupfer in Bild 16 betrachtet wird, kann sich in diesem Fall eine besondere Situation ergeben.

Wenn der Einfallswinkel einem Wert von 80 – 90° angenähert wird, sinkt die Absorptionsdifferenz zwischen 1030 nm und 515 nm. In Kombination mit der ungleichen Energieverteilung in der Dampfkapillare, welche durch Fluktuation auf der Oberfläche entstehen kann, ist dies ein möglicher Einfluss, welcher den Unterschied in der Grundabsorption im dynamischen Prozess ausgleichen könnte.

Bild 16: Winkelabhängige Absorption für Cu-ETP bei 515 nm nach der Fresnel-Gleichung A = 1 – R

[KAU23a, S.4] mit Daten aus [HÜG22] [WEA81]

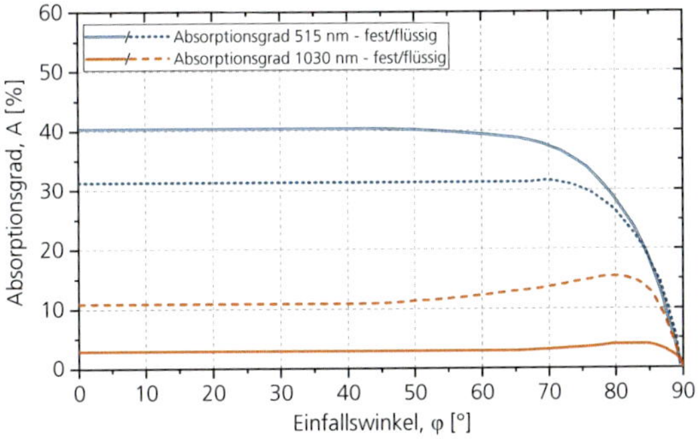

Ändert sich die Form der Dampfkapillare, ändert sich der Lichtweg der einfallenden Strahlung durch die Dampfkapillare. Dadurch ändert sich auch die in der Dampfkapillare insgesamt absorbierte Energie. Folglich wird die insgesamt absorbierte Energie auch durch die Form der Dampfkapillare selbst beeinflusst. Untersuchungen von Gouffé und Fabbro zeigen, dass der Absorptionsgrad der Dampfkapillare eine Funktion des Aspektverhältnisses der Dampfkapillare ist [GOU45, S.4];[FAB20, S.1499]. Dieser Zusammenhang ist entwickelt von Gouffé unter Berücksichtigung der von Hügel vorgestellten Korrekturen unter der Annahme einer zylindrisch geformten Dampfkapillare nach

(2.20)

$$\eta_A = A\frac{1+(1-A)(\frac{o}{O}-\frac{\Omega}{2\pi})}{A\left(1-\frac{o}{O}\right)+\frac{o}{O}}.$$

[HÜG22, S.159]

η_A: Einkoppelgrad [%]; A: Grundabsorptivität des Materials [%]; Ω: Raumwinkel [-]; o/O: geometrisches Kapillarverhältnis [-];

Für die zylindrisch geformte Kapillare gilt das Verhältnis aus Öffnungsfläche zu Oberfläche und dem Raumwinkel

(2.21)

$$\frac{o}{O} = \frac{1}{2\left(1 + \frac{z_k}{d_f}\right)}$$

[HÜG22, S.159]

o/O: geometrisches Kapillarverhältnis (Öffnungsfläche/Oberfläche) [-]; z_k: Kapillartiefe [mm]; d_f: Öffnungsdurchmesser an Werkstückoberfläche [mm]

(2.22)

$$\Omega = 4\pi sin^2\left(\frac{\alpha}{2}\right)\ und\ \alpha = \tan^{-1}\left(\frac{d_f}{2s}\right)$$

[HÜG22, S.159]

Ω: Raumwinkel [-]; α: Kapillarwinkel [-]; s: Kapillartiefe [mm]; d_f: Öffnungsdurchmesser an Werkstückoberfläche [mm]

Dabei kann der Öffnungsdurchmesser d_f der Dampfkapillare an der Werkstückoberfläche in erster Näherung dem Fokusdurchmesser des Laserstrahls gleichgesetzt werden. [HÜG22, S.156]

In Bild 17 ist der Absorptionsgrad einer Dampfkapillare in Stahl bei einer Laserstrahlwellenlänge von 1060 nm in Abhängigkeit des Aspektverhältnisses der Dampfkapillare für verschiedene Modelle dargestellt. Dabei geht Gouffé von einer kegelförmigen Dampfkapillare aus. Dies hat die Einschränkung, dass die variable Krümmung nicht berücksichtigt werden kann. Die strich-punkt Linie repräsentiert den von Gouffé vorhergesagten Verlauf des Absorptionsgrads. Die durchgehende Linie ist eine mögliche Lösung von Fabbro mit einem diskontinuierlichen Übergang, während die gepunktete und gestrichelte Linie zwei mögliche kontinuierliche Lösungen von Fabbro darstellen. Dabei weisen besonders bei $A_V = 1$ die Ergebnisse von Gouffé eine Abweichung zu den Ergebnissen von Fabbro auf.

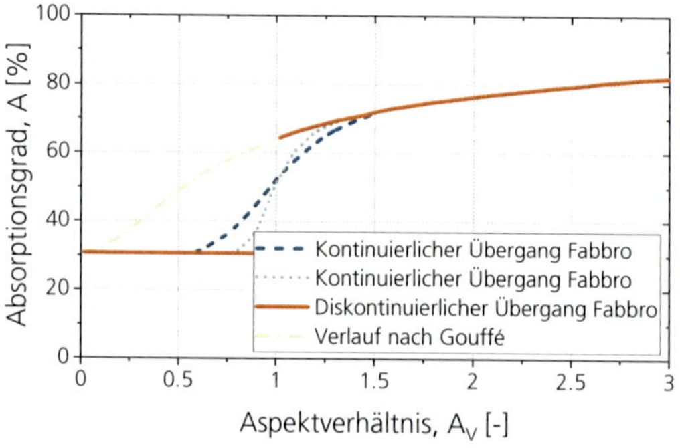

Bild 17: Absorption in der Dampfkapillare in Abhängigkeit des Aspektverhältnis für Stahl bei 1060 nm Laserstrahlwellenlänge

[FAB20, S.1499]

Für Aspektverhältnisses $A_V > 1{,}5$ erhalten beide den gleichen Verlauf, während sich für kleinere Aspektverhältnisse Unterschiede zeigen. Insgesamt ist allerdings eindeutig, dass mit steigender Tiefe mehr Energie innerhalb der Dampfkapillare absorbiert werden kann.

2.3 Prozessbeeinflussung durch örtliche und zeitliche Leistungsmodulation

Neben einer rein linearen Bewegung des Laserstrahls auf der Bauteiloberfläche kann zur Modulation des Laserstrahls in Ort und Zeit dieser ebenfalls durch weitere Freiheitsgrade beeinflusst werden. Diese Modulation erlaubt eine Varianz in Energieeintrag und somit Wirkungsgrad des Prozesses.

2.3.1 Laserstrahlschweißen mit örtlicher Modulation der Laserleistung

Beim herkömmlichen Laserstrahlschweißen ohne örtliche Leistungsmodulation (ÖLM) entstehen auf Grund der kleinen Fokusdurchmesser tiefe und sehr schmale Schweißnähte. Diese weisen eine nur geringe Anbindungsbreite auf, was dazu führt, dass eine geringe mechanische Stabilität und eine geringe Stromleitfähigkeit bestehen. [HÄU17, S.4] Um diesem Umstand entgegenzuwirken, besteht abgeleitet aus dem Elektronenstrahl-Schweißen die Möglichkeit, die Leistung örtlich auf der Bauteiloberfläche zu modulieren. Unter örtlicher Leistungsmodulation ist die Überlagerung der linearen Vorschubbewegung mit einer oszillierenden Bewegung zu verstehen. Bei dieser Überlagerung können kreisförmige und elliptische Bahnbewegungen ausgeführt werden. [GED07, S.818] [SCH12, S.31] In Bild 18 ist eine schematische Darstellung der örtlichen Leistungsmodulation dargestellt. Mittels der örtlichen Modulation wird das Aspektverhältnis bei gleichbleibender Einschweißtiefe verringert. Dies ermöglicht, die für das Laserstrahlschweißen charakteristischen schmalen Schweißnähte mit geringem Anbindungsquerschnitt zu verbreitern und die mechanischen und elektrischen Eigenschaften der Schweißnaht zu verbessern. Dadurch hat die örtliche Modulation besonders beim Fügen von Kupfer und Aluminium an Bedeutung gewonnen.

Bild 18:
Darstellung des Funktionsprinzips der örtlichen Leistungsmodulation

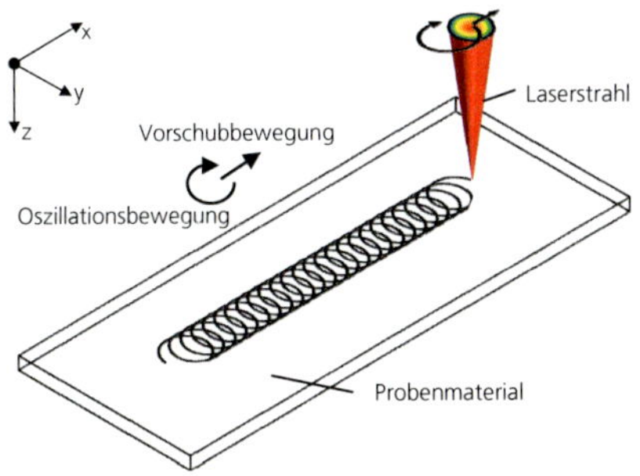

Die Oszillationsbewegung wird durch die Superposition zweier periodischer, orthogonaler Bewegungen erzeugt. Die Verwendung einer kreisförmigen Oszillation hat sich beim Laserstrahlschweißen durchgesetzt, da Experimente zeigen, dass Schmelzbadauswürfe gegenüber dem konventionellen Schweißen reduziert werden [SCH13b, S.21];[FRA17, S.19]. Die kreisförmige Oszillationsbewegung ist in Bild 19 beispielhaft dargestellt.

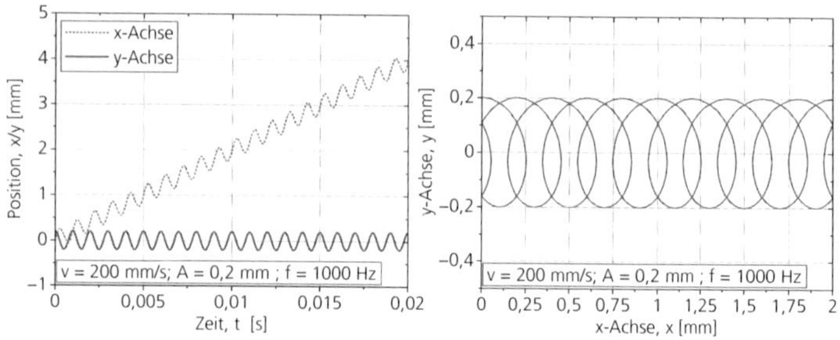

Bild 19:
Darstellung der örtlichen Leistungsmodulation
links: x- und y-Position aufgetragen über Zeit t
rechts: y-Position aufgetragen über x-Position

[SCH12, S.38]

Die Basis dieser Geometrien bilden sinusförmige Oszillationen in x- und y-Richtung gemäß

(2.23)

$$a_x(t) = a_x \cdot \sin(2\pi \cdot f_x \cdot t + \phi_x)$$
$$a_y(t) = a_y \cdot \sin(2\pi \cdot f_y \cdot t + \phi_y)$$

[SCH12, S.31]

$a_{x/y}$: Oszillationsamplitude in x- bzw. y- Richtung [m]; $f_{x/y}$: Oszillationsfrequenz in x- bzw. y-Richtung [1/s]; t Zeit [s]; $\phi_{x/y}$ die Phasenverschiebung in x- bzw. y-Richtung [Rad]

Die spiralförmige Trajektorie des Laserstrahls unter Verwendung einer kreisförmigen Oszillationsbewegung wird von den drei Parametern der Vorschubgeschwindigkeit v_f, der Oszillationsfrequenz $f_ö$ und der Oszillationsamplitude $A_ö$ beschrieben. Die Oszillationsamplitude entspricht dabei dem Radius der Kreisbewegung.

(2.24)

$$\begin{pmatrix} x(t) \\ y(t) \end{pmatrix} = \begin{pmatrix} v_f \cdot t + A_ö \cdot cos\big(2\pi \cdot f_ö \cdot (t - t_ö)\big) \\ -A_ö \cdot sin\big(2\pi \cdot f_ö \cdot (t - t_ö)\big) \end{pmatrix}$$

[FET18c, S.69]

x: Raumkoordinate in Vorschubrichtung [m]; y: Raumkoordinate senkrecht zur Vorschubrichtung [m]; v_f: Vorschubgeschwindigkeit [m/s]; $A_ö$: Oszillationsamplitude der örtlichen Modulation [m]; $f_ö$: Oszillationsfrequenz der örtlichen Modulation [Hz]; t: Zeit [s]; $t_ö$=Phasenverschiebung der örtlichen Modulation [s].

Dabei bestimmt die Amplitude die Breite der Oszillationsbewegung und die Frequenz die Nulldurchgänge durch den Ausgangspunkt pro Sekunde. Die durch die Oszillationsbewegung hervorgerufene Überlagerung der Bahnlinien führt zu einem mehrmaligen Überfahren der gleichen Stelle mit dem Laserstrahl. Die doppelt mit dem Laserstrahl bearbeitete Fläche wird mittels des Überlappgrads quantifiziert. Dieser gibt an, wie viel Prozent der Kreisfläche in die vorherige Kreisform überlappt. Der Überlappgrad wird definiert durch

$$\text{Ü} = \frac{\sqrt{4A^2 - \left(\frac{v}{\pi \cdot f}\right)^2 - \frac{v}{2\pi \cdot f} \cdot \left(3\pi + 2 \cdot arcsin\left(-\frac{v}{2\pi \cdot f \cdot A}\right)\right)}}{\sqrt{4A^2 - \left(\frac{v}{\pi \cdot f}\right)^2 - \frac{v}{2\pi \cdot f} \cdot \left(\pi + 2 \cdot arcsin\left(-\frac{v}{2\pi \cdot f \cdot A}\right)\right)}} \cdot 100\% \qquad (2.25)$$

[SCH12, S.37]
[ENG15, S.97]

Ü: Überlappgrad [-]; A: Oszillationsamplitude [mm]; $f_{x/y}$: Oszillationsfrequenz [1/s]; v: Vorschubgeschwindigkeit [mm/s]

Der Überlappgrad ist nur von dem Bahnverlauf abhängig. Der Überlappgrad berücksichtigt dabei nicht die räumliche Ausdehnung des Laserstrahls. Veranschaulicht wird der Einfluss der Bahnparameter auf den Überlappgrad in Bild 20.

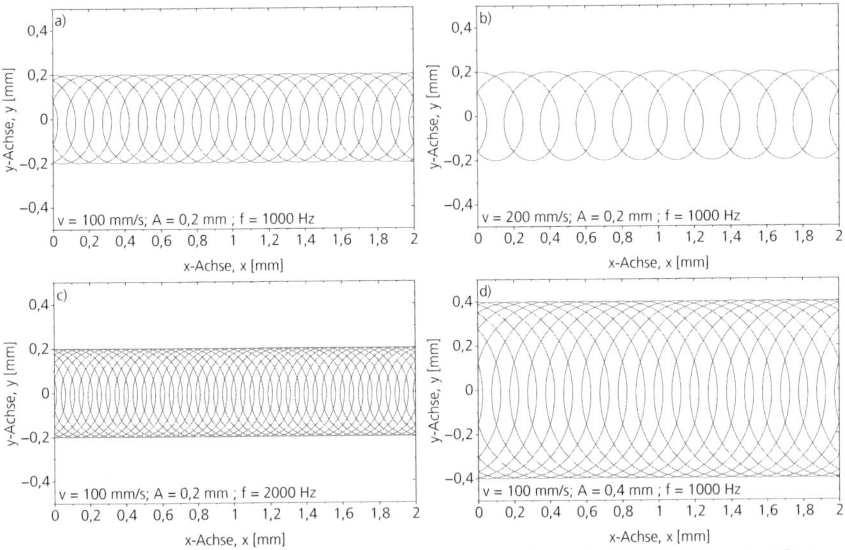

Bild 20: Schematischer Vergleich der Bahnbewegung mit örtlicher Leistungsmodulation von vier verschiedenen Parametersätzen

In allen vier Abbildungen ist der Einfluss der Oszillationsparameter dargestellt. Durch höhere Vorschubgeschwindigkeit und kleinere Oszillationsfrequenz sinkt der Überlappgrad. Umgekehrt steigt dieser mit sinkender Vorschubgeschwindigkeit und steigender Oszillationsfrequenz. Die Amplitude A beeinflusst die Ausdehnung in x- und y- Richtung sowie den Überlappgrad. Bei einem Überlappgrad von 50% wird die Hälfte der vorherigen Bahnfläche nochmals überfahren.

Die Oszillationsamplitude wird durch die beabsichtigte Nahtbreite definiert. Die Oszillationsfrequenz wird durch den heutigen Stand der Technik der Scannersysteme limitiert, welche eine Bearbeitung mit bis zu 1 - 5 kHz erreichen können, je nach Baugröße [SCH12, S.67]. Die Vorschubgeschwindigkeit wird durch die Anforderung an die Schweißnaht, wie die Einschweißtiefe, definiert. Außerdem sind die drei Parameter in Kombination nur begrenzt wählbar. Bei der Wahl der Parameter ist zu beachten, dass nicht jede Kombination aus Frequenz und Amplitude zu einem Überlapp führt. Bei ungeeigneter Wahl kann ein Überlappungsgrad kleiner 0 entstehen und der Laserstrahl überfährt nicht die vorherige Oszillationsschleife. Schweißtechnisch ist ein geringer Überlappungsgrad bei der örtlichen Leistungsmodulation nicht sinnvoll, da in diesem Fall der Effekt des Wärmestaus in der Oszillationsschleife (siehe Bild 21) nicht ausgenutzt [SCH12, S.38].

Bild 21: Darstellung des Wärmetransport innerhalb einer Oszillationsbewegung auf der Oberfläche der Schweißnaht

[HÄU17, S.2]

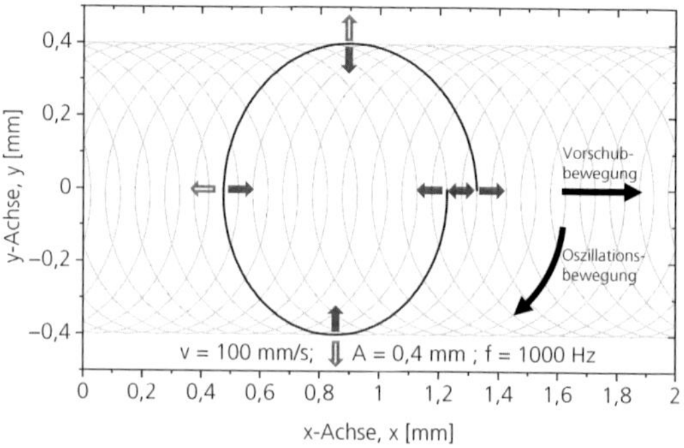

Das wiederholte Überfahren der Schweißnaht ermöglicht eine vereinfachte Temperaturkontrolle und reduziert Schweißfehler. Oberflächenrauheiten können reduziert werden, was auf eine Stabilisierung des Erstarrungsprozess der Schmelze hindeutet [HÄU17, S.6]

Die örtliche Leistungsmodulation wirkt sich durch die neue Bewegungsrichtung, die Rotation entlang der Vorschubrichtung, auf die Bewegung im Schmelzbad aus. Untersuchungen mit Hochgeschwindigkeitsaufnahmen zeigen, dass drei verschiedenen Schmelzbadregimen, je nach Wahl der Prozessparameter, entstehen: dem stationären Schmelzbad, dem pendelnden Schmelzbad und dem zirkulierenden Schmelzbad [HÄU17, S.5]. Die schematische Darstellung der unterschiedlichen Schmelzbadregime ist in Bild 22 dargestellt.

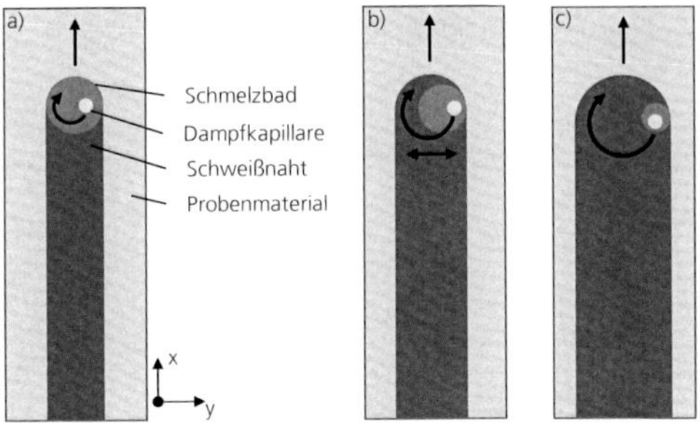

Bild 22:
Schematische Darstellung der Schmelzbadregime bei der örtlichen Leistungsmodulation

a) Stationäres Schmelzbad
b) Pendelndes Schmelzbad
c) Zirkulierendes Schmelzbad

Nach [HÄU17, S.5]

Beim stationären Schmelzbad oszilliert die Dampfkapillare ausschließlich im Schmelzbad. Die Bewegungsrichtung des Schmelzbades ist nur in Vorschubrichtung zu beobachten und die Breite des Schmelzbades entspricht der Nahtbreite. Der Anbindungsquerschnitt ist nur geringfügig vergrößert gegenüber dem Laserstrahlschweißen ohne örtliche Leistungsmodulation. Das stationäre Schmelzbad tritt bei niedrigen Oszillationsamplituden oder hohen Oszillationsfrequenzen sowie bei hohen Laserleistungen auf. Durch eine Erhöhung der Oszillationsamplitude erfolgt ein Übergang zum pendelnden Schmelzbadregime. Dabei pendelt das Schmelzbad transversal zur Vorschubrichtung. Die so entstehende Schweißnaht ist größer als der Durchmesser des Schmelzbades und der Anbindungsquerschnitt wird gegenüber dem stationären Schmelzbadregime erhöht. Eine weitere Erhöhung der Oszillationsamplitude, eine Erhöhung der Vorschubgeschwindigkeit oder Reduzierung der Oszillationsfrequenz resultiert in einem zirkulierenden Schmelzbad. Das Schmelzbad folgt zu jeder Zeit der Oszillationsbewegung der Dampfkapillare. Der Durchmesser des Schmelzbades ist deutlich kleiner als die Schweißnahtbreite und die Anbindung weist den größten Querschnitt auf. Häusler et al. stellen mittels Aufnahmen einer Hochgeschwindigkeitskamera fest, dass zu Beginn des Schweißens mittels örtlicher Lasermodulation nach der Ausbildung der Dampfkapillare stets ein zirkulierendes Schmelzbad zu beobachten ist. Außerdem ist ein Übergang zwischen den Schmelzbadregimen auch während des Schweißvorgangs überschritten möglich [HÄU17, S.5].

Der Einsatz der örtlichen Leistungsmodulation ohne Veränderung der Laserleistung und der Vorschubgeschwindigkeit bringt folgende Vorteile zum herkömmlichen Schweißprozess mit sich: [GED07, S.3] [MIY15, S.5] [FET18c, S.76]

- Vergrößerung des Anbindungsquerschnitts/Nahtbreite
- Reduktion von Plasmabildung
- Positive Beeinflussung von Dampfkapillargeometrie und Schmelzbadgeometrie (V-förmig vs. U-förmig)

- Steigerung von Prozessstabilität und –effizienz

Durch die Überlagerung einer kreisförmigen Oszillation mit der linearen Vorschubbewegung tritt eine Asymmetrie der Bahngeschwindigkeit des Lasers auf der Materialoberfläche auf. Die Bahngeschwindigkeit v_{Bahn} der Dampfkapillare ist abhängig von der Vorschubgeschwindigkeit und der Geschwindigkeit infolge der kreisförmigen Oszillation, welche stets tangential zur Bahnbewegung betrachtet wird. Der formale Zusammenhang dieser Geschwindigkeit ist in Gleichung 2.10 beschrieben. In Richtung der Vorschubgeschwindigkeit ist die Bahngeschwindigkeit am höchsten und in entgegengesetzter Richtung am niedrigsten, dabei entspricht die Differenz dem doppelten Betrag der Vorschubgeschwindigkeit v_f.

(2.26)

$$\vec{v}_{Bahn}(t) = \begin{pmatrix} v_x(t) \\ v_y(t) \end{pmatrix} = \begin{pmatrix} v_f - 2\pi \cdot f_ö \cdot A_ö \cdot \sin\big(2\pi \cdot f_ö \cdot (t - t_ö)\big) \\ 2\pi \cdot f_ö \cdot A_ö \cdot \cos\big(2\pi \cdot f_ö \cdot (t - t_ö)\big) \end{pmatrix}$$

[HÄU21, S.133]

$\vec{v}_{Bahn}$: Bahngeschwindigkeit [m/s]; v_x: Bahngeschwindigkeit in x-Richtung [m/s]; v_y: Bahngeschwindigkeit in y-Richtung [m/s]; v_{Bahn}: Bahngeschwindigkeit [m/s]; v_f: Vorschubgeschwindigkeit [m/s]; $f_ö$: Frequenz der örtlichen Leistungsmodulation [Hz]; $A_ö$: Amplitude der örtlichen Leistungsmodulation [m]; t: Zeit [s]; $t_ö$: Phasenwinkelverschiebung der örtlichen Leistungsmodulation [s]

Da die Streckenenergie E_{St}, die Energie, die pro Längeneinheit auf das Material wirkt (P_L/v_{Bahn}), in direktem proportionalem Zusammenhang zur Bahngeschwindigkeit steht, ändert sich auch diese im Laufe eines Oszillationsumlaufs. [HÄU21, S.60];[CON18, S.2] Die grafische Darstellung in Bild 23 ist wiederum angelehnt an die Parameter in Bild 20. Dabei ist der Umlauf einer Oszillationskurve überlagert mit dem qualitativen Verlauf der Streckenenergie visualisiert.

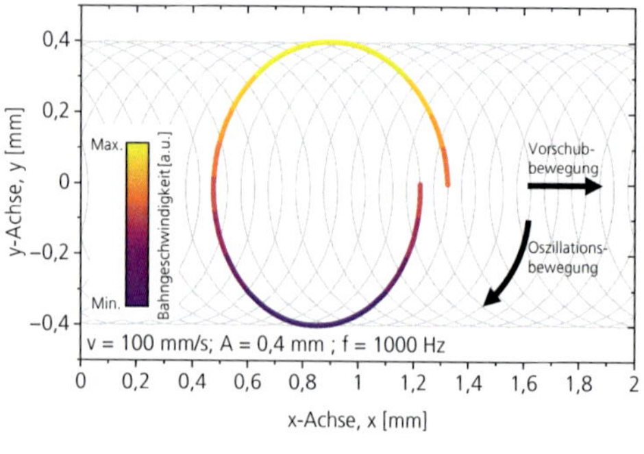

Bild 23: Veranschaulichung der Streckenenergie auf der Bahnkurve mit örtlicher Leistungsmodulation

Zu sehen ist dabei, dass die Streckenenergie auf Seite der positiven Geschwindigkeitsaddition minimal und auf Seiten der negativen Geschwindigkeitsaddition maximal wird. Dadurch entsteht ein ungleichmäßiger

Energieeintrag auf den beiden Seiten der Schweißnaht, was eine geringfügige Verkippung des Schweißnahtgrunds auf Seite des höheren Energieeintrags verursacht.

Hollatz zeigt, dass diese Prozesseigenschaft beim Schweißen von Aluminium und Kupfer im Stumpfstoß auf Grund der unterschiedlichen Materialeigenschaften in Bezug auf Absorptionsgrad und Wärmeleitfähigkeit unterschiedliche Einschweißtiefen auf beiden Seiten erzeugt [HOL23, S.68–69]. Dabei ist die Einschweißtiefe auf der Seite des Kupfers verringert, da die Wärmeleitfähigkeit des Materials im Vergleich zum Kupfer höher ist. Dieses Qualitätsdefizit von Schweißnähten, die im Stumpfstoß erzeugt werden, wird in Kapitel 2.3.3 aufgegriffen und auf Basis der Literatur eine Lösungsstrategie erarbeitet (siehe Kapitel 6).

Dazu wird das Verfahren der örtlichen Leistungsmodulation betrachtet, da sich dieses in der Technologie des Laserstrahlschweißens als Modulationsvariante etabliert hat. Durch die flexible Einsetzbarkeit und die positiven Auswirkungen auf die Qualität des Schweißprozesses, ist dieses Verfahren heute in allen Bereichen des Laserstrahlschweißens eingesetzt. Aus diesem Grund wird die Methodik auch in dieser Arbeit eingesetzt, um bereits etablierte Verfahren weiterentwickeln zu können. Gleichzeitig bietet es auf Grund des oszillierenden Bewegungsablaufs die höchstmögliche Dynamik bei der Ablenkung des Laserstrahls.

2.3.2 Laserstrahlschweißen mit zeitlicher Modulation der Laserleistung

Zur weiteren Beeinflussung des Laserstrahlschweißprozesses kann, neben der Bewegung des Laserstrahls, auch die Laserleistung moduliert werden. Dabei wird grundsätzlich zwischen der zeitlichen Veränderung der Laserleistung einer cw-Strahlquelle und der Pulsformung einer gepulsten Strahlquelle unterschieden. In Schaubild 24 sind die verschiedenen Arten der Modulation gegenübergestellt.

Durch Bewegung des Laserstrahls auf der Materialoberfläche während der Dauer eines Laserpulses, wird eine Schweißnaht begrenzter Länge erzeugt. Dieser Umstand wird vor allem bei der Fertigung von Bauteilen mit Begrenztem Bauraum verwendet, bei denen lediglich Schweißnähte mit kurzer Länge nötig sind.

Bild 24:
Vergleich gepulster und kontinuierlicher Laserstrahlschweißverfahren

Nach [HÄU21, S.27]

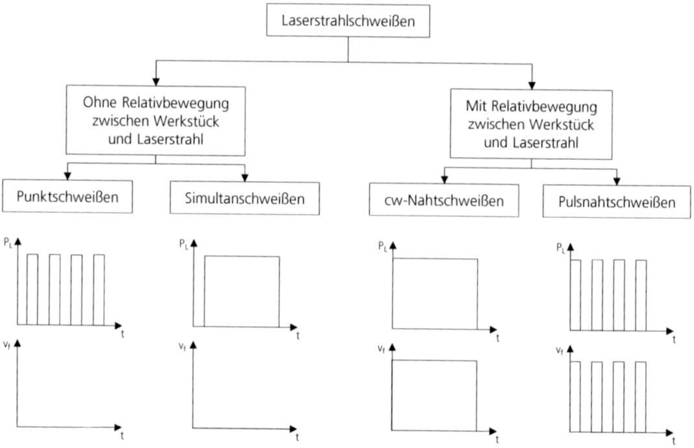

Dazu zählen zum Beispiel elektrische Komponenten. Durch den Einsatz dieser Technologie werden die Kosten für die Produktion im Vergleich zu kontinuierlich Schweißnähten gesenkt. [KRA02, S.553]

Für die Fertigung linearer Schweißnähte, sowohl mit kontinuierlichen als auch gepulsten Laserstrahlquellen, wird folgend die Modulation durch die Anpassung der Laserleistung betrachtet. Dabei wird einer konstanten Laserleistung P_0 eine periodisch variierende Leistung Pz überlagert. Diese wird wie in Formel (2.27 in Abhängigkeit der Modulationsparameter f_z, A und t beschrieben.

(2.27)

$$P_L(t) = P_0 + P_z(f_z, A_z, t).$$

[HEI18, S.91]

P_L: Laserleistung [W]; P_0: konstante Laserleistung [W]; P_z: zeitlich variierende Laserleistung [W]; f_z Frequenz der zeitlichen Modulation [Hz]; A_z Amplitude der zeitlichen Modulation [W]; t Zeit [s]

Im Falle einer sinusförmigen Überlagerung der konstanten Laserleistung kann der Ausdruck umgeformt werden zu

(2.28)

$$P_L(t) = P_0 + A_z \cdot \sin\left(2\pi \cdot f_z \cdot (t - t_z)\right).$$

[HEI18, S.91]

P_L: Laserleistung [W]; P_0: konstante Laserleistung [W]; f_z Frequenz der zeitlichen Modulation [Hz]; A_z Amplitude der zeitlichen Modulation [W]; t Zeit [s]; t_z Phasenwinkelverschiebung zeitliche Leistungsmodulation [s]

Dabei kann über die Amplitude als auch die Frequenz des modulierten Signals Einfluss auf den Laserstrahlschweißprozess genommen werden. Folgende Vorteile und Kompensationsmethoden liefert die zeitliche Leistungsmodulation:

- Homogenisierung der Einschweißtiefe
- Reduktion von Einschweißtiefenschwankungen
- Erhöhung der Prozesseffizienz
- Reduktion von Heißrissen und Prozessinstabilitäten

2.3.3 Superpositionierung von örtlicher und zeitlicher Leistungsmodulation

Um dem zuvor in Kapitel 2.3.1 (Örtliche Leistungsmodulation) beschriebenen Umstand, einer inhomogenen Bahngeschwindigkeit quer zur Vorschubrichtung entgegenzuwirken, besteht die Möglichkeit, die Bahnbewegung mit der zeitlichen Modulation der Laserleistung zu überlagern. Dadurch kann ein Ungleichgewicht im Energieeintrag auf den beiden Seiten der Schweißnaht entgegengewirkt werden. Schematisch ist dieses Prinzip in Bild 25 dargestellt.

Bild 25: Darstellung des Funktionsprinzips der örtlichen Leistungsmodulation

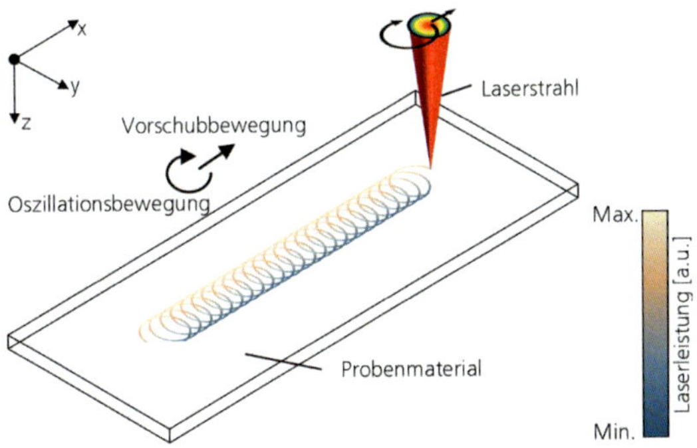

Dabei muss die Modulation der Laserleistung mit der Bewegung des Laserstrahls synchronisiert sein [GED07, S.821]. Dadurch wird gewährleistet, dass die Zeitpunkte hoher und niedriger Laserleistung immer an der gleichen Stelle der Kreisbewegung liegen und somit eine in Vorschubrichtung homogene Schweißnaht ergeben. Kraetzsch et al. nutzen diese Systematik, um bei Linienschweißungen bei artungleichen Materialien in Überlappanordnung die Anbindungsbreite variabel einzustellen und trotzdem einen ebenen Schweißnahtgrund ohne Neigung zu erzeugen. Außerdem konnte damit das Vermischungsverhältnis von Kupfer und Aluminium durch gezielte Einstellung des Energieeintrags im Stumpfstoß reduziert werden. [KRA11, S.145] Häusler zeigt, dass mit dieser Methode der typischen Verkippung der Schweißnaht auf Seite des hohen Energieeintrags (Seite der positiven Vektoraddition) entgegengewirkt werden kann (vgl. Bild 26).

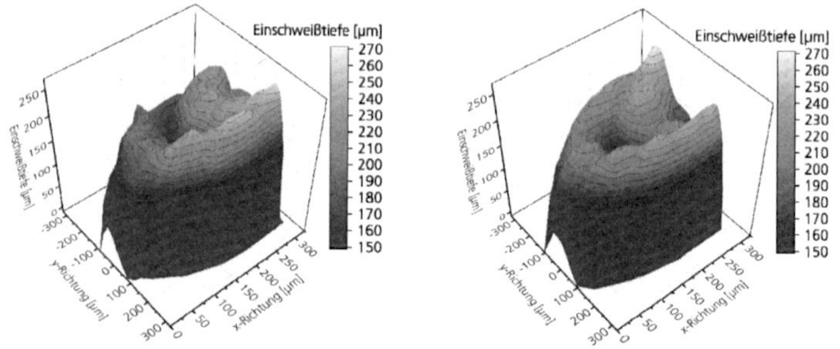

Bild 26: Erreichter Ausgleich der Einschweißtiefen-differenz von Häusler durch überlagerte örtliche und zeitliche Leistungsmodulation [HÄU21, S.124]

Mit dieser Methode konnte Häusler die Differenz in der Einschweißtiefe zwischen den beiden Seiten lokal auf nur noch 7 µm senken. [HÄU21, S.124] Zusätzlich besteht die Möglichkeit, mit dieser Methode den Energieeintrag auf der Bahnkurve präzise zu steuern. Conzen et al. zeigt, dass dadurch der Einkoppelgrad auf der Bahnkurve verschoben werden kann und trotz hoher Bahngeschwindigkeit der Einkoppelgrad im Vergleich zum Referenzzustand gesteigert werden kann [CON18, S.6]. Den gleichen Ansatz wählen Chen et al. bei ihren Untersuchungen von artungleichen Schweißungen von Titan und Aluminium. Bei Durchschweißungen im Stumpfstoßen wurde die Methodik der überlagerten zeitlichen und örtlichen Leistungsmodulation genutzt, um Eigenspannungen im System zu reduzieren. Dazu haben Chen et al. bei der Überfahrt der Schnittstelle zwischen den beiden Materialien alle $\pi/2$ einer Oszillationsbewegung die Laserleistung reduziert. Dadurch konnte die Temperatur im Bauteil, bei gleichbleibendem Schweißergebnis, reduziert werden. [CHE21, S.72] In Tabelle 2 sind die Forschungstätigkeiten zum Thema der kombinierten örtlichen und zeitlichen Leistungsmodulation tabellarisch zusammengefasst.

Autor	Quelle	Jahr	Parameter	Material	Untersuchungen	Ergebnis
Häusler	[HÄU21]	2021	P_L = 200 - 400 W v = 75 mm/s $f_ö$ = 0 - 2000 Hz f_z = 0 – 2000 Hz $A_ö$ = 0,05 – 0,3 mm A_z = 40 – 200 W	CuSn6, CuFe2P	Blindschweißungen auf Kupferbasislegierungen	Ausgleich der Nahtverkippung quer zur Vorschubrichtung und Einstellung des Einkoppelgrades lokal möglich
Chen et al.	[CHE21]	2021	P_L = 100 – 3500 W v = 16,67 mm/s $f_{ö,z}$ = 30 Hz $A_ö$ = 1 mm	AA6061, Ti6Al4V	Schweißung von Aluminium und Titaniumlegierung im Stumpfstoß	Reduktion des Temperaturverlaufs in der Schweißnaht und dadurch Reduktion der Eigenspannung
Conzen et al.	[CON18]	2018	P_L = 300 - 320 W v = 75 mm/s $f_ö$ = 0 - 2000 Hz f_z = 0 – 2000 Hz $A_ö$ = 0,05 – 0,2 mm A_z = 35,8 – 38,2 W	CuSn6, CuFe2P	Blindschweißungen auf Kupferbasislegierungen	Ausgleich der Nahtverkippung quer zur Vorschubrichtung und Einstellung des Einkoppelgrades lokal möglich
Kraetzsch et al.	[KRA11]	2011	P_L = 2000 W v = 66,67 mm/s $f_ö$ = 2500 Hz f_z = 2500 Hz $A_ö$ = 0,4 – 0,9 mm	Al99,5 Cu-OF AlMg3	Schweißung von Kupfer und Aluminium in Überlapp und Stumpfstoß	Einstellung von Anbindungsbreite und Legierungszusammensetzung bei konstanter Einschweißtiefe
Gedicke et al.	[GED07]	2007	P_L = <3000 W v = 166 - 500 mm/s $f_ö$ = 2000 Hz f_z = 2000 Hz $A_ö$ = 0 – 0,3 mm	Aluminium Kupfer	Überlagerung von örtlicher und zeitlicher Leistungsmodulation zur Kompensation von Dampfkapillarschwankungen	Präzise Synchronisation ist nötig und konnte auf Grund fehlender Systemtechnik nicht exakt umgesetzt werden

Tabelle 2: Untersuchungen in der Literatur zum Einsatz von kombinierter örtlicher und zeitlicher Leistungsmodulation beim Laserstrahlschweißen

Die dargelegten Untersuchungen in der Forschung zeigen, dass durch Kombination der beiden zuvor beschriebenen Ansätze weitere Kompensationsmaßnahmen ermöglicht werden. Dabei lassen sich gezielt Einkoppelgrad, Temperaturverlauf als auch Porosität im Prozess beeinflussen. Durch diese Umstände erweist sich das synchronisierte zeitlich und örtlich modulierte Schweißen als vielversprechender Ansatz für zukünftige Entwicklungen. Gleichzeitig wird ersichtlich, dass diese sehr komplexe Art der Prozessführung bisher wenig verbreitet ist und noch weitere Forschungsschwerpunkte nötig sind.

Die vorliegende Arbeit greift die bisher in der Literatur erarbeiteten Ergebnisse auf, um die unterschiedlichen Einschweißtiefen quer zur Vorschubrichtung auf Grund der variierenden Bahngeschwindigkeit bei örtlicher Leistungsmodulation zu kompensieren. Dazu wird der Lösungsansatz von Häusler [HÄU21] verwendet, um mittels superpositionierter örtlicher und zeitlicher Leistungsmodulation die Einschweißtiefe quer zur Vorschubrichtung in Kupfermaterial als auch die Einschweißtiefendifferenz in artungleichen Materialkombinationen im Stumpfstoß (vgl. [HOL23, S.68–69]) auszugleichen. Zusätzlich zu der

Methodikentwicklung muss die Forschungsarbeit auf ein Grundlagenverständnis abzielen. Dazu soll die überlagerte örtliche und zeitliche Modulationsstrategie in dieser Arbeit ebenfalls in situ visualisiert werden. Dadurch kann die Wechselwirkung zwischen Laserstrahl und Dampfkapillare analysiert werden. Bisher bestehen im Stand der Technik keine Kenntnisse dazu, wie sich eine Überlagerung zweier Modulationsstrategien auf die Tiefe und die Dynamik der Dampfkapillare auswirken.

2.4 Untersuchung von Lasermaterialbearbeitungsprozessen mit Synchrotronstrahlung

Wesentliche Untersuchungen in der Lasermaterialbearbeitung an Synchrotronstrahlquellen sind in den vergangen Jahren immer weiter in den Fokus der Wissenschaft gerückt. Grund dafür ist der zunehmende Bedarf an hochaufgelöster Analytik der hochdynamischen Prozesse mittels Phasenkontrast-Bildgebung.

Technologisch führende Untersuchungen werden dabei unter anderem in Japan an der Spring-8 Synchrotronstrahlquelle an Beamline BL22XU durchgeführt. Miyagi et al. zeigt die Untersuchung von Heißrissbildung beim Laserstrahlschweißen von Aluminiumbasislegierungen mit einer zeitlichen Auflösung von 1 kHz [MIY18, S.4]. Im Jahr darauf zeigen Kawahito und Wang in 2019 bei einer zeitlichen Auflösung von 1 kHz, dass beim Schweißen von Aluminiumbasislegierungen ebenfalls die Schmelzströmung im Prozess in situ gemessen werden kann [KAW19, S.5].

In den USA wird bei Versuchen von Zhao et al. in 2017 an der Advanced Photon Source (APS) das pulverbasierte LPBF-Verfahren (Laser Powder Bed Fusion) bei der Fertigung von Bauteilen aus Titaniumlegierungen mit einer zeitlichen Auflösung von 50 kHz gezeigt [ZHA17, S.2]. Von Parab et al. wird in 2018 ebenfalls an der Advanced Photon Source (APS) an Beamline 32-ID-B bei pulverbasierten LPBF-Verfahren gezeigt, dass zeitliche Auflösungen von 30 – 50 kHz im regulären Betrieb und 6,5 MHz in einem speziellen Bunch-Betrieb bei Untersuchungen von Aluminiumbasis- und Nickelbasislegierungen erreicht werden können [PAR18, S.7].

Im europäischen Raum ist besonders die European Synchrotron Radiation Facility (ESRF) in Grenoble führend bei in situ Untersuchungen von Lasermaterialbearbeitungsprozessen. Le-Quang et al. zeigen dort 2018 beim Schweißen von Aluminiumbasislegierungen eine zeitliche Auflösung von 28 kHz [LEQ18, S.2]. In 2021 wird von Chen et al. bei pulverbasierten LPBF-Verfahren eine zeitliche Auflösung von 40 kHz bei der Untersuchung von Kupferbasislegierungen erreicht [CHE20, S.5]. Schricker et al. übertragen die Diagnostikmethode im Jahr 2022 auf das Laserstrahlschweißen von Kupfer, wobei eine zeitliche Auflösung von 20 kHz erreicht wird. Dabei sind Details auf der Kapillarfront und der Kapillarrückwand zeitlich ausreichen detailliert aufgelöst, um die Entstehung von Poren im Material zu erkennen [SCH22, S.502]. Ebenfalls wird an der Diamond Light Source in Großbritannien an Beamline I12 von Leung et al. das pulverbasierte LPBF-Verfahren von Nickelbasislergierungen mit einer zeitlichen Auflösung von 5,1 kHz untersucht [LEU18, S.7]

Am Deutschen Elektronen-Synchrotron (DESY) in Hamburg am Speicherring Petra 3 sind ebenfalls Untersuchungen an Laserstrahlmaterialbearbeitungsprozessen durchgeführt worden. An Beamline P07 in EH3 wird das pulverbasierte LPBF-Verfahren auf Nickelbasislegierung durchgeführt. Dabei werden jedoch Beugungsmessungen für die Bestimmung von Eigenspannungen im Material adressiert [KRO22, S.5]. In situ Phasenkontrast-Bildgebung von Laserschweißprozessen sind bisher bei DESY noch nicht untersucht.

Ersichtlich ist, dass in der Literatur primär spezifische Qualitäts- und Stabilitätsmerkmale der Laserprozesse untersucht werden. Für die Untersuchungen in dieser Arbeit werden die Erkenntnisse zur Diagnostikmethode mittels Synchrotronstrahlung genutzt und auf die Lasermaterialbearbeitung von Kupfer angewandt. Eine Untersuchung zum Einfluss der Laserstrahlparameter in Abhängigkeit der Laserstrahlwellenlänge ist bisher nicht detailliert mit Synchrotronstrahlung betrachtet und wird in dieser Arbeit gezielt adressiert. Betrachtet werden dabei die Einschweißtiefe der Schweißnähte, die Kapillarfrontwinkel und die Wechselwirkung zwischen Laserstrahl und Dampfkapillare. Zusätzlich wird der Einsatz von örtlicher und zeitlicher Leistungsmodulation mit Synchrotronstrahlung betrachtet, um die Parametereinflüsse auf die Dynamik der Dampfkapillare zu bewerten. Dieser Detailgrad in der Analyse der Dampfkapillare ist bisher in der Literatur nicht vorhanden.

3 Forschungshypothesen, Forschungsfragen und Methodik

Ziel dieser Arbeit ist die Schaffung eines Grundlagenverständnis zum Laserstrahlschweißen von Kupfer mit Laserstrahlwellenlängen im sichtbaren (515 nm) und nahen Infrarotbereich (1030-1070 nm). Dazu soll eine Visualisierungsmethode implementiert werden, mit der in situ Prozessphänomene während des Schweißprozesses beobachtet werden können. Hierzu zählen die Geometrie der Dampfkapillare, die Entstehung von Blasen und Poren sowie die Dynamik im Prozess. Dadurch sollen Untersuchungen zum Einfluss von Laserparametern auf das Prozessverhalten in Abhängigkeit der Laserstrahlwellenlänge ermöglicht werden. Die dabei ermittelten Prozesszusammenhänge sollen genutzt werden, um eine Steuerung der Einschweißtiefe zu realisieren, wobei die Querschnittsgeometrie der Schweißnaht variabel angepasst werden kann. Für diese Methodik wird auf Basis des Grundlagenwissens die dafür geeignete Laserstrahlwellenlänge eingesetzt und eine Prozessentwicklung durchgeführt.

Aufbauend auf dem Stand der Technik sind folgende Forschungshypothesen im Zusammenhang mit aktuellen Fragestellungen zum Schweißen von Kupferwerkstoffen für Batterie- und Leistungselektronikkomponenten als wichtig identifiziert worden, um eine Weiterentwicklung der Laserstrahlschweißtechnologie zu erreichen:

- Mittels Synchrotronstrahlung kann eine in situ Visualisierung innerer Prozessphänomene im Laserstrahlschweißprozess mit hoher örtlicher und zeitlicher Auflösung erreicht werden.
- Die höhere Grundabsorption von 515 nm Laserstrahlwellenlänge im Vergleich zu 1030 nm Laserstrahlwellenlänge auf Kupfer erlaubt das Schweißen von Kupfer in einem weiteren Bereich der Laserparameter mit gleichzeitig höherer Prozessstabilität.
- Durch die gezielte Steuerung der örtlichen und zeitlichen Leistungsmodulation, kann die Einschweißtiefe längs und quer zur Vorschubrichtung eingestellt werden.

Die drei Forschungshypothesen dienen einer aufeinander aufbauenden, gesamtheitlichen Betrachtung und zielgerichteten Weiterentwicklung des Laserstrahlschweißens von Kupfer. Dabei soll ein allgemeingültiges Prozessverständnis geschaffen werden, das eine Übertragung auf andere Laser-Material-Kombinationen erlaubt.

Wissenschaftliche Fragestellungen

Die aus dem Stand der Technik ermittelten Einflussfaktoren und Einflussgrößen zeigen bereits, dass beim Einsatz unterschiedlicher Laserstrahlwellenlängen eine veränderte Dynamik im Laserstrahlschweißprozess zu erwarten ist. Eine veränderte Geometrie der Dampfkapillare hätte direkten Einfluss auf die Geometrie der Schweißnaht. Daraus können sich beim Einsatz von überlagerter örtlicher und zeitlicher Leistungsmodulation in Abhängigkeit der Laserstrahlwellenlänge neue Freiheitsgrade bei der Prozessführung ergeben.

In Anbetracht dieser Unterschiede und den zuvor formulierten Forschungszielen ergeben sich folgende detaillierten Forschungsfragen, die in dieser Arbeit beantwortet werden sollen:

1. Welcher geometrische und dynamische Unterschied besteht in der Schweißnaht und der Dampfkapillare bei Verwendung von Laserstrahlung mit 515 nm und 1030/1070 nm Laserstrahlwellenlänge beim Schweißen von Kupfer?
2. Welche Korrelation besteht zwischen Dampfkapillargeometrie und Qualität in der Schweißnaht in Abhängigkeit der Laserstrahlwellenlänge?
3. Wie kann ein wellenlängenabhängiger Unterschied in der Prozesseigenschaft genutzt werden, um eine zielgerichtete Einstellung der Schweißnahtgeometrie in der Tiefe zu erreichen?

Der zur Zielerreichung verwendete, dreistufige methodische Ansatz ist in Bild 27 schematisch dargestellt.

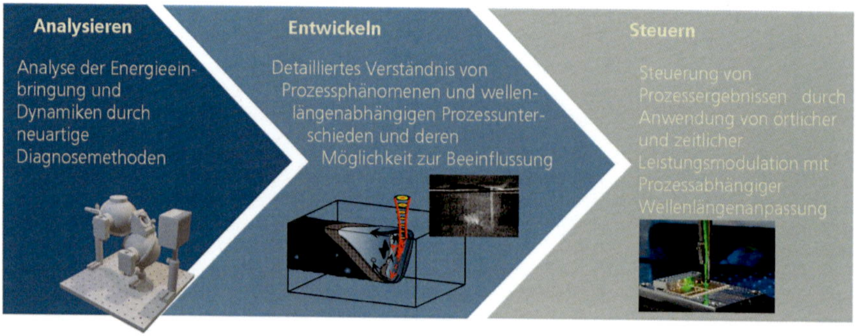

Bild 27: Dreistufiger, systematischer Ansatz zur Zielerreichung

Dieser erlaubt eine aufeinander aufbauende systematische Weiterentwicklung bestehender Technologien beim Laserstrahlschweißen sowie der Erzeugung eines tiefergehenden Prozessverständnisses, welches material- und prozessübergreifend genutzt werden kann. Zur Beantwortung der Fragestellungen werden folgende Methoden in der Arbeit eingesetzt.

Methodik

Die Diagnostikmethode der Phasenkontrast-Bildgebung mittels Synchrotronstrahlung wird als Werkzeug für die Untersuchung der Laserstrahlschweißprozesse und die in situ Visualisierung am Fall des Schweißens von Kupferwerkstoffen ausgelegt. Dazu wird die Auslegung des Szintillatormaterials, die Einstellung der Photonenenergie des Synchrotronstrahls sowie die Distanz zwischen Szintillator und Materialprobe theoretisch berechnet und erläutert. Aufbauend auf diesen Vorüberlegungen, wird das Bildgebungsverfahren für den Fall des Laserstrahlschweißens und die dafür vorhandene Infrastruktur verbessert, um eine bestmögliche in situ Visualisierung auftretender Prozessphänomene zu erreichen (Kapitel 4).

Basierend auf diesem Bildgebungsverfahren mittels Synchrotronstrahlung, werden im Folgenden der Einfluss von Laserleistung und Vorschubgeschwindigkeit auf das Schweißergebnis für zwei Laserstrahlwellenlängen von 515 nm und 1030/1070 nm Laserstrahlwellenlänge für das Schweißen von Kupfer analysiert (Kapitel 5.2). Dieses Bildgebungsverfahren ermöglicht die Visualisierung von Materialphasengrenzen zwischen festem, flüssigem und gasförmigem Aggregatzustand. Damit kann sowohl die Dynamik und Geometrie der Dampfkapillare analysiert werden, welche einen direkten Einfluss auf das Schmelzbad hat, als auch die Qualität der Schweißnähte direkt bestimmt werden. Dazu werden die Dampfkapillartiefe, der Kapillarfrontwinkel sowie die Porosität gemessen, um die Wechselwirkung zwischen Laserstrahl und Dampfkapillare in Abhängigkeit der Laserstrahlwellenlänge zu untersuchen.

Die Ergebnisse werden für den Einsatz von überlagerter örtlicher und zeitlicher Leistungsmodulation bewertet, um eine Prozessentwicklung zu ermöglichen, die eine Steuerung der Schweißnahtgeometrie und -qualität gezielt ermöglicht. Dafür wird der von Häusler entwickelte Ansatz der überlagerten örtlichen und zeitlichen Leistungsmodulation im Detail mittels Synchrotronstrahlung untersucht (Kapitel 5.3) und daraufhin angepasst, um die Schweißnahtgeometrie am Nahtgrund gezielt zu beeinflussen (Kapitel 6.1) [HÄU21, S.122]. Die weiterentwickelte Kompensationsmethodik wird an einem artungleichen Materialsystem, bestehend aus Kupfer und Edelstahl im Stumpfstoß, demonstriert (Kapitel 6.2).

Bei der Auswertung der Ergebnisse wird dabei nicht auf metallurgische Eigenschaften der Schweißnähte wie Festigkeit oder Gefügezusammensetzung eingegangen. In dieser Arbeit wird vordergründlich die Analyse zum Einfluss von

Laserparametern auf die Schweißnahtgeometrie sowie Prozessdynamik und die dynamische Beeinflussung des Thermomanagements durch überlagerte örtliche und zeitliche Leistungsmodulation behandelt.

Damit beim Einsatz unterschiedlicher Laserstrahlquellen stets eine Vergleichbarkeit der Untersuchungen gegeben ist, sind alle Laserstrahlquellen vermessen. In dieser Arbeit liegt der Fokus auf der Vergleichbarkeit der Fokusdurchmesser und der Laserleistung. Bei den Untersuchungen werden Laserstrahlwellenlängen im nahen Infrarotbereich (NIR) mit 1030 nm/1070 nm und die Laserstrahlwellenlänge im sichtbaren Wellenlängenbereich (VIS) von 515 nm eingesetzt. Der Einsatz der jeweiligen Lasersysteme und dem damit verbundenen Vergleich der Laserstrahlwellenlängen ist in Bild 28 dargestellt.

Bild 28:
Einsatz und Vergleich von Laserstrahlsystemen und Laserstrahlwellenlängen

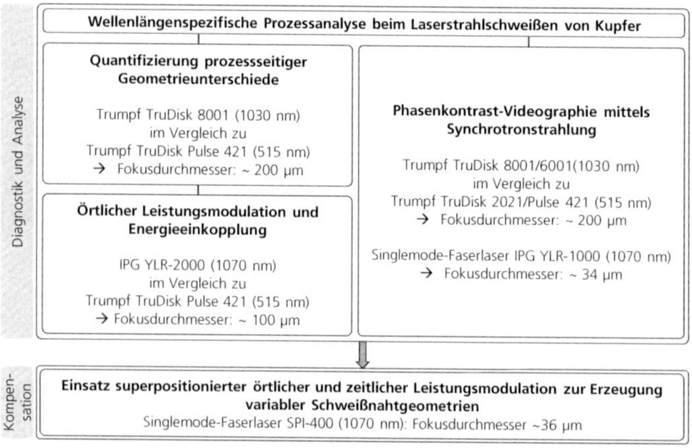

Zur Einhaltung einer Übersichtlichkeit beim Einsatz unterschiedlicher Strahlquellen, sind diese jeweils am Anfang des Kapitels genannt. Bei der Darstellung der Ergebnisse werden die Laserstrahldurchmesser entsprechend Bild 28, basierend auf den theoretisch berechneten Dimensionen, angegeben. Die exakten Kaustikmessungen mit den resultierenden Fokusdurchmessern sind im Anhang B.7 aufgelistet. Des Weiteren sind alle Laserstrahlquellen kalibriert, sodass Ist- und Soll-Werte der Laserleistung stets korrekt und im Rahmen der Messgenauigkeit zwischen den Laserstrahlquellen identisch sind (vgl. Kapitel B.8).

4 Synchrotronstrahlung als Diagnosewerkzeug

4.1 Funktionsweise und Aufbau einer Synchrotronstrahlungsquelle

Synchrotronstrahlung (Röntgenstrahlung, erzeugt in einem Synchrotron) zeichnet sich durch eine hohe Brillanz im Vergleich zu Röntgenstrahlung aus herkömmlichen Röntgenröhren aus. Deshalb ist die Verwendung ideal für Röntgenforschung mit zeitlich und örtlich hoher Auflösung geeignet. Zur theoretischen Auslegung der Diagnostik in Abhängigkeit der experimentellen Randbedingungen ist ein fundiertes Wissen über die Eigenschaften der Synchrotronstrahlung von Nöten. Der in Bild 29 schematisch dargestellte Aufbau des Speicherrings (Beschleunigung und Ablenkung der Elektronen) und des Insertion Devices (Oszillation der Elektronen) wird benötigt, um diese hohe Brillanz zu erzeugen.

Bild 29: Schematische Darstellung der Funktionsweise einer Synchrotron-strahlungsquelle

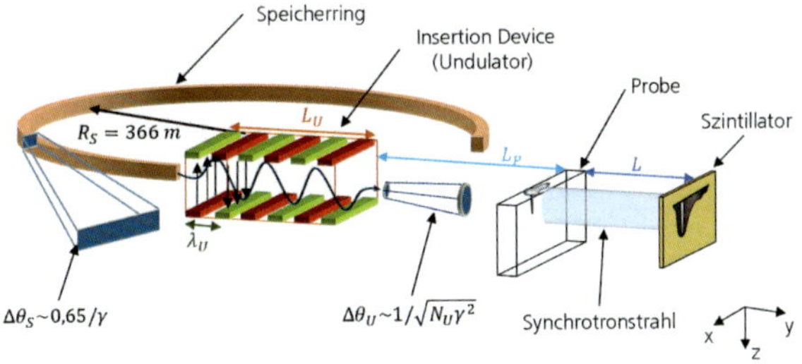

Insertion Devices sind Komponenten, welche in den Strahlengang des Speicherrings eingeschoben werden, um die Elektronen aus dem Speicherring zu beeinflussen. Diese können in Abhängigkeit der benötigten Strahleigenschaften entweder als Undulator oder als Wiggler ausgelegt sein. Die Materialprobe für die Untersuchung wird in den Strahlengang des Röntgenstrahls gefahren und durchleuchtet. Der Szintillator wandelt die Strahlung in Wellenlängenbereiche im sichtbaren Spektrum. Daraufhin kann das Leuchten des Szintillators mittels gängigen CMOS-Sensoren aufgezeichnet werden.

Die gesamte, in den Raum des Undulators emittierte, Leistung lässt sich berechnen über

(4.1) $$P = \frac{2ce^2\gamma^4}{3R_S^2}.$$

[TOR12, S.226]

P: abgestrahlte Leistung $[W]$; c: Lichtgeschwindigkeit Vakuum $[m/s]$; $\gamma = (1-\beta^2)^{-0,5}$: Lorentz Faktor [1]; $\beta = v_e/c$: auf Lichtgeschwindigkeit c normierte Geschwindigkeit der Elektronen v_e [1]; R_S: Radius Synchrotron

Die im Speicherring oszillierenden Elektronen geben durch eine Änderung der Bahnkurve Röntgenstrahlung (Bremsstrahlung) ab. Analog zu einem Hertzschen Dipol wird diese Strahlung für nicht relativistische Teilchen kugelförmig in den Raum emittiert. Für relativistische Teilchen, d.h. $\beta = v/c \sim 1$ ist die Emission der Strahlung in Bewegungsrichtung der Teilchen gerichtet. [TOR12, S.225]. Die sich ergebende Brillanz der Synchrotronstrahlung nach Speicherring und Undulator lässt sich berechnen durch

(4.2) $$B = \frac{N_{ph}}{t \cdot A \cdot \Omega \cdot \frac{\Delta\lambda}{\lambda}}$$

[SEE11, S.2]

B: Brillanz $[(s \cdot mm^2 \cdot mrad^2 \cdot (0.1\% BW)^{-1}]$; N_{ph}: Anzahl Photonen [-]; t: Zeit $[s]$; A: Fläche $[mm^2]$; $\Omega = \Delta\theta_{Synch} \cdot \Delta\theta_U$: Winkelelement $[mrad^2]$; $\Delta\lambda/\lambda$: Relative Bandbreite [1]

und ist ein Maß für die Intensität und die Winkelausbreitung des Strahls. Diese Größe wird in Kapitel 4.2.2 verwendet, um die Transmission durch die Materialprobe zu bestimmen. Die in den Undulator eintretenden Elektronen werden zusätzlich auf einer sinusförmigen Bahn zwischen den alternierend angeordneten Magneten abgelenkt, wodurch sie abermals Röntgenstrahlung emittieren. Die gleichförmige Bewegung aller Elektronen zwischen den Magneten sorgt für eine Aufprägung einer räumlichen und zeitlichen Kohärenz auf die abgegebene Strahlung der Elektronen [CLA04, S.79]. Somit besitzt die Röntgenstrahlung aus dem Undulator eine geringere Divergenz und höhere räumliche Kohärenz als die eines Ablenkmagneten im Synchrotron. Dadurch kann die Brillanz des Röntgenstrahls weiter gesteigert werden. Werte für den Öffnungswinkel des Synchrotrons und den Öffnungswinkel des Undulators werden benötigt, um die Brillanz des Strahlquelle zu definieren.

(4.3) $$\Delta\theta_{Synch} \approx \frac{0.65}{\gamma}$$

[CLA04, S.33]

$\Delta\theta_{Synch}$: Öffnungswinkel des Synchrotrons $[rad]$; γ: Lorentz Faktor [1]

(4.4) $$\Delta\theta_U = \sqrt{\frac{2\lambda}{N_U\lambda_U}} = \sqrt{\frac{1+\frac{K^2}{2}}{\gamma^2 N_U n}}$$

[CLA04, S.56]

$\Delta\theta_U$: Öffnungswinkel Undulator $[rad]$; λ: Wellenlänge Synchrotronstrahlung; N_U: Anzahl Undulatorperioden; λ_U: Undulatorperiode $[m]$; K: Deflection Parameter [1]; γ: Lorentz Faktor [1]; n: n-te Harmonische [1]

Dabei beschreibt der Lorentzfaktor γ die relativistische Zeitdilatation und die Längenkontraktion, die bei hohen Geschwindigkeiten nahe der Lichtgeschwindigkeit auftreten. Mit den technischen Daten des Speicherrings Petra 3 und der Beamline P07 bei DESY (vgl. Tabelle 19 in Anhang B.10.) ergibt sich ein Öffnungswinkel von ~6,2 µrad für den Undulator. Dies ist ein um Faktor 10 geringerer Öffnungswinkel als der des Synchrotrons. Damit ist ersichtlich, dass die Brillanz B ($\Omega = \Delta\theta_{hor} \cdot \Delta\theta_{vert}$) durch den Undulator in diesem Fall um eine Größenordnung gesteigert werden kann.

Der Deflection Parameter K wird eingeführt, um die physikalischen Eigenschaften von Undulatoren und Wiggler zu parametrisieren und in der Gleichung abzubilden.

(4.5)

$$K = \frac{B_0 \cdot e}{2 \cdot \pi \cdot m_0 \cdot c} \lambda_U$$

[CLA04, S.43]

K: Deflection Parameter $[1]$; B_0: Magnetische Feldstärke Undulator $[T]$; e: Elektronenladung $[C]$; λ_U : Undulatorperiode $[m]$; m_0: Ruhemasse $[kg]$; c: Lichtgeschwindigkeit $[m/s]$

Undulatoren (K<1) nutzen auf Grund der aufgeprägten Kohärenz Interferenzeffekte aus, weshalb diese in sehr schmalbandigen Energiebereichen abstrahlen. Wiggler (K>>1) dagegen geben über ein größeres Energieintervall höhere Intensitäten ab. [CLA04, S.43] Ein detaillierter Vergleich zwischen den beiden Bauarten kann in der Literatur gefunden werden [CLA04]. Damit die Synchrotronstrahlung nach dem Undulator noch weiter gefiltert wird, werden Monochromatoren (DCM: double christal monochromator) eingesetzt, welche die Auswahl einzelner, für die Untersuchungen relevanter Energiebereiche aus dem Gesamtspektrum, erlauben [KRI16, S.2].

Weltweit sind zum aktuellen Zeitpunkt mehr als 50 Synchrotronstrahlungsquellen in Betrieb oder in Planung. Ein Überblick dieser Strahlquellen ist in Tabelle 3 gegeben.

Einrichtung	Standort	Baujahr	Energie	Ringumfang	Divergenz	Quelle
ESRF, Grenoble	Frankreich	1996 Upgrade 2020	6 GeV	844 m	Horizontal: 1,51 mrad Vertikal: 5 pm·rad	[ESR18, S. 4]
National Synchrotron Light Source II, Brookhaven	USA	2015	3 GeV	792 m	-	[BRO22]
PETRA 3, DESY, Hamburg	Deutschland	2009	6 GeV	2304 m	Horizontal: 1,2 nm·rad Vertikal: 10 pm·rad	[DES09]
Shanghai Synchrotron Radiation Facility	China	2009	3,5 GeV	432 m	3,9 nm rad	[SHA06]

Australian Synchrotron, Melbourne	Australien	2006	3 GeV	216 m	16 nm·rad	[JAC07, S.2]
Swiss Light Source, Villigen	Schweiz	2001	2,4 GeV	288 m	Horizontal: 5,5 nm·rad Vertikal: 3 pm·rad	[BRA21, S.18]
Advanced Photon Source APS, Argonne	USA	1995 (Upgrade 2022 –24)	7 GeV	1104 m	-	[BIZ96]
Photon Factory, Tsukuba	Japan	1982	2,5 GeV/ 6,5 GeV	187 m	-	[LIG22]

Tabelle 3: Überblick über eine Auswahl weltweit verfügbarer Synchrotronstrahlquellen [LIG22]

Dabei wird ersichtlich, dass die beiden Strahlquellen ESRF in Frankreich und DESY in Deutschland die geringste Strahldivergenz aufweisen, weshalb sie besonders für Untersuchungen mit hoher benötigter Kohärenz, wie beispielsweise dem Phasenkontrast-Bildgebungsverfahren, geeignet sind.

4.2 Phasenkontrast-Bildgebungsverfahren mittels Synchrotronstrahlung

Übliche Bildgebungsverfahren mit Röntgenstrahlung beruhen auf einem Intensitätsunterschied hinter der durchleuchteten Probe auf Grund unterschiedlicher Dichten und Massenschwächungskoeffizienten im untersuchten Material. Synchrotronstrahlung kann auf Grund der gesteigerten räumlichen und zeitlichen Kohärenz nach dem Undulator, zusätzlich dazu an Materialphasen einen Kontrast, auf Grund unterschiedlicher Brechungsindexe, hervorrufen. Dies wird besonders dann benötigt, wenn zwischen Materialien oder Materialphasen, ein nur geringer bis gar kein Absorptionskontrast, vorhanden ist. Dies ist beispielsweise an den Materialphasengrenzen zwischen festem und flüssigem Material der Fall. Die Funktionsweise sowie die Nutzung werden in den folgenden Abschnitten beschrieben.

4.2.1 Funktionsweise der Phasenkontrast-Bildgebung

Für alle Interferenzeffekte ist eine räumliche und zeitliche Phasenbeziehung, das heißt laterale und transversale Kohärenz Voraussetzung. Diese Bedingung ist durch den Speicherring und den am Auskoppelpunkt angebrachten Undulator gegeben. Neben dem üblichen Absorptionskontrast, der beispielsweise bei einer Röntgenröhre ausgenutzt wird, kann wie in Bild 30 dargestellt, bei ausreichender Kohärenz ein zusätzlicher Kontrast an den Kanten von Objekten oder Materialphasenübergängen im Material sichtbar gemacht werden.

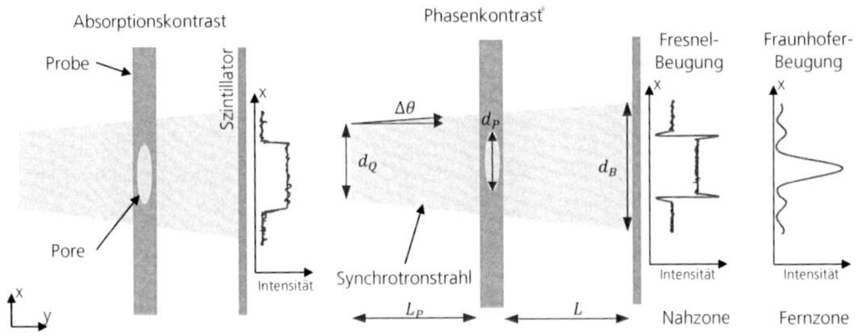

Bild 30:
Vergleich zwischen Absorptionskontrast und Phasenkontrast-Bildgebung

nach
[MIY17, S.11]
[WIL96, S.337]
[TOR12, S.336]

Bei einem Röntgenstrahl ohne räumliche Kohärenz würde lediglich eine Kontrastunterschied auf Grund des Dichteunterschieds zwischen fester und gasförmiger Materialphase entstehen. Bei ausreichender Kohärenz des Synchrotronstrahls kann zusätzlich noch der Interferenzeffekt ausgenutzt werden. Dieser entsteht durch die konstruktive und destruktive Interferenz der elektromagnetischen Welle auf Grund unterschiedlicher zeitlicher Phasenbeziehung nach dem Durchgang durch das Material. Auf Basis der Propagation der Welle nach der Materialprobe prägen sich diese Interferenzeffekte in Abhängigkeit des Abstands L unterschiedlich aus (Propagation Based Phase Contrast – PB-CT). Durch Fresnel-Beugung in der Nahzone können Grenzen zwischen Materialphasen (fest-flüssig), die keinen hohen Dichteunterschied aufweisen, sichtbar gemacht werden.

Zur Abbildung eines Objektes im Material mit der Größe d_P durch einen Quellpunkt mit der Ausdehnung d_Q kann mittels geometrischer Betrachtung der Form

(4.6) $$d_B = \frac{\lambda}{d_P} L_P = \frac{L_P}{L} d_Q$$

[KOC04, S.80]

L: Abstand Probe zu Szintillator [m]; L_P: Abstand Probe zu Quellpunkt [m]; d_P: Ausdehnung des aufzulösenden Objekts [m]; d_Q: Ausdehnung des Quellpunktes [m]; d_B: Ausdehnung auf dem Szintillatorschirm [m]; λ: Wellenlänge der Synchrotronstrahlung [nm]

die Größe d_B auf dem Szintillator bestimmt werden.Dazu wird der Strahlensatz als auch die Strahldivergenz $\Delta\theta = d_Q/L_P$ ausgenutzt [VAN04, S.5] [KOC04, S.80]. In Abhängigkeit der Strahldivergenz kann somit eine Aussage zur abgebildeten Größe des Objektes in der Betrachtungsebene getroffen werden.

Damit das charakteristische Intensitätsprofil der Fresnel-Beugung auf dem Szintillator entsteht und die Kanten eines Objektes einen hohen Kontrast aufweisen (vgl. Bild 30), muss der Abstand zwischen Probe und Szintillator korrekt gewählt werden. Für die Nahzone gilt in Abhängigkeit von Wellenlänge und Ausdehnung des Objektes

(4.7)

$$L < \frac{{d_P}^2}{\lambda}.$$

[VAN04, S.9]

L: Abstand Probe zu Szintillator [m]; d_P: Ausdehnung des aufzulösenden Objekts [m]; λ: Wellenlänge der Synchrotronstrahlung [nm]

In dieser Zone entsteht das charakteristische Fresnel-Beugungsmuster wie im Intensitäts-Plot in Bild 30 rechts, dargestellt ist. Bei einer Wellenlänge des Synchrotronstrahls von ~0,01 nm (90 keV) ergibt sich bei Objektgrößen von 5 µm bis 50 µm ein Bereich von ≤3 m bis ≤250 m. Bei Synchrotronuntersuchungen von Laserschweißprozessen sollen gezielt kleine Details aufgelöst werden. Die Dimension der Beamline ist zudem begrenzt, weshalb nur Distanzen zwischen Probe und Szintillator von L < 5 m eingestellt werden können. Die detaillierte Festlegung wird in Kapitel 4.2.2 erläutert.

Für die Untersuchungen von Laserstrahlschweißprozessen müssen Laserstrahl und Synchrotronstrahl zueinander senkrecht und ortsfest ausgerichtet sein. Das Probenmaterial für den Schweißversuch wird an dieser Interaktionsstelle hindurchgefahren und auf der Oberfläche der Schweißprozess durchgeführt. Dadurch entsteht ein ortsfestes Bild des Prozesses, das später ausgewertet und quantifiziert werden kann. Der transmittierte Anteil des Synchrotronstrahls wird von einem Szintillator (Einkristall) aufgefangen und in sichtbares Licht umgewandelt. Dieses Leuchten wird mittels einer Hochgeschwindigkeitskamera, wie in Bild 31 dargestellt, abgefilmt.

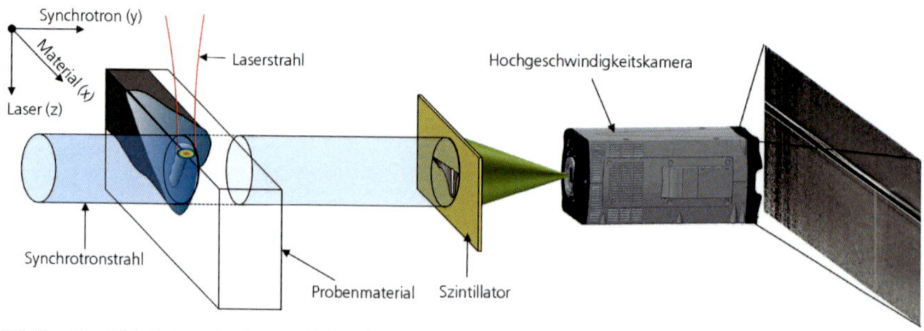

Bild 31: Einzelbildaufnahme eines Laserstrahlschweißprozesses im Synchrotron

Eine beispielhafte Darstellung des Bildmaterials in Bild 32 zeigt, dass die charakteristischen Prozessphänomene (vgl. Kapitel Prozessdynamiken beim Laserstrahltiefschweißen) sichtbar werden.

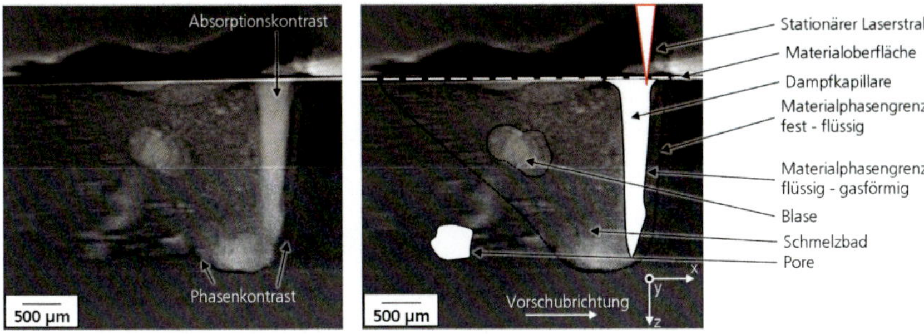

Bild 32: Einzelbildaufnahme eines Laserstrahlschweißprozesses im Synchrotron

Die hellen Bereiche in Bild 32 links, werden verursacht durch Absorptionskontrast. Durch eine geringere Dichte und somit geringere Dämpfung des Synchrotronstrahls durch den Dampf in der Kapillare und den Poren, werden mehr Photonen von der Kamera aufgezeichnet. Die dunklen Kanten werden auf Basis des Phasenkontrastes und der dabei entstehenden Fresnel-Beugung erzeugt. Diese Kanten können bei der Auswertung genutzt werden, auch wenn kein Dichteunterschied zwischen den Materialphasen vorhanden ist (Materialphasen-Kontrast). Somit wird ersichtlich, dass bei den Aufnahmen stets beide Effekte aus Absorptions- und Phasenkontrast auftreten und diese nicht trennscharf voneinander abgegrenzt werden können. Das hier gezeigt Auflösungsvermögen ist ein Kompromiss aus zeitlicher und örtlicher Betrachtung. Mit steigender Bildrate sinkt die Anzahl an Photonen und das Bild wird dunkler. Dabei steigt die örtliche Auflösung jedoch, da das dynamische Rauschen innerhalb der Aufnahmedauer eines Bildes reduziert wird. Auf Basis des Nyquist-Kriteriums muss für eine Aufnahme ohne dynamische Verwischung der Kontrastkanten die Bildwiederholungsrate der Kamera ~2,3 mal der Dynamik des zu beobachtenden Phänomens entsprechen. Diese liegen beim Laserstrahlschweißen zwischen 1 kHz bis 60 kHz [VOL17, S.25] (vgl. Kapitel 2.1.1), was Aufnahmeraten von 2,3 kHz bis 138 kHz bedingen würde. Für die Untersuchungen in dieser Arbeit sind wegen des begrenzten Photonenflusses an Beamline P07 Bildraten der Kamera zwischen 1 und 10 kHz möglich. Aus diesem Grund sind in Bild 32 in Bereichen hoher Dynamik Verwischungen und geringer ausgeprägte Kontrastkanten zu erkennen. Für die Analyse werden wie in Bild 32 rechts, Bildbereiche mit gasförmiger Materialphase und die Materialphasengrenze zwischen fest-flüssig zur besseren Erkennbarkeit mit Linien hervorgehoben.

Die Definition der zu bestimmenden Messgrößen aus den Materialphasenkontrast-Aufnahmen mittels Synchrotronstrahlung, gewährleistet eine einheitliche Nomenklatur und Beschreibung auftretender Prozessphänomene. Die schematische Darstellung einer Dampfkapillare in Bild

33, veranschaulicht die Lage in einem kartesischem Koordinatensystem. Dieses ist stets in allen Darstellungen vorhanden.

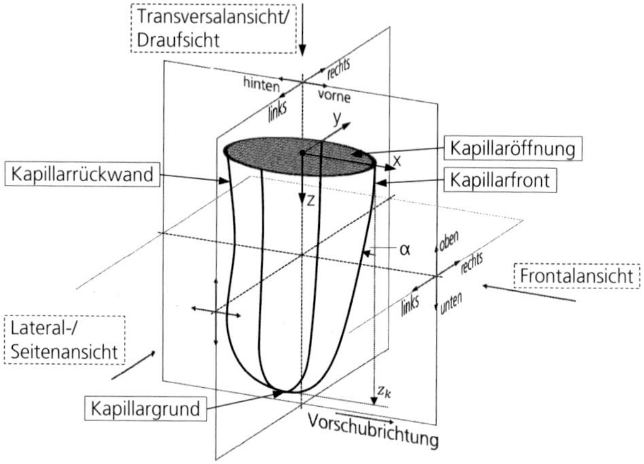

Bild 33: Geometrische Lage der Dampfkapillare im kartesischen Koordinatensystem und deren Benennungssystematik

Die Phasenkontrast-Aufnahmen am Synchrotron liefern Bilder aus der Lateralansicht. Das kartesische Koordinatensystem in Bezug auf die Kapillare wird für eine spätere quantitative Auswertung in das Zentrum der Kapillare auf der Materialoberfläche gelegt. Dabei zeigt die Koordinatenrichtung x in Vorschubrichtung, y quer zur Vorschubrichtung und z von der Materialoberfläche in Richtung Materialgrund.

Folgende geometrische Größen werden in der Auswertung der Ergebnisse verwendet, um eine quantitativ vergleichbare Auswertung der Phasenkontrast-Aufnahmen zu gewährleisten:

- z_k: Tiefe der Dampfkapillare von der Materialoberfläche aus gemessen
- α: Winkel der Kapillarfront zur Oberflächennormalen

4.2.2 Auslegung der Phasenkontrast-Bildgebung

Für eine optimale Auslegung der Diagnostik mit Synchrotronstrahlung ist eine umfangreiche Planung essenziell. Abzuschätzen sind dabei folgende Punkte, um die Qualität der in situ Untersuchungen für die Lasermaterialbearbeitung auszulegen:

- Auswahl des Szintillatormaterials und der Röntgenenergie

- Abstand zwischen Materialprobe und Szintillatorschirm für die Ausprägung des Phasenkontrastes
- Gesamtlichtausbeute auf dem Kamerasensor für die zeitliche Auflösung
- Probenerwärmung auf Grund des Röntgenstrahls
- Bildverarbeitung der Phasenkontrast-Aufnahmen

Dadurch wird gewährleistet, dass Prozessphänomene im Materialinneren aufgelöst und somit visualisiert werden können.

Materialspezifische Einstellung der Röntgenenergie

Für die in situ Beobachtung innerer Prozessphänomene besteht die Notwendigkeit, dass die elektromagnetische Strahlung zur Beobachtung durch das Material transmittiert und gleichzeitig einen Kontrast an den Materialphasen (fest, flüssig und gasförmig) hervorruft. Die Transmission des Synchrotronstrahls durch die Materialprobe ist grundlegende Voraussetzung dafür, dass ein sichtbares Bild während des Schweißprozesses erzeugt werden kann.

Mithilfe der Wellenfunktion lässt sich die Intensität im transmittierten Medium entlang der Durchstrahlungsrichtung y berechnen.

(4.8)

$$I(y) = \epsilon_0 c|E|^2 = I_0 e^{4\pi \cdot k \cdot y/\lambda} \overset{!}{=} I_0 e^{-\mu(E_{ph})\rho y}$$

[DEM17, S.213]

I: Intensität $[W/m^2]$; y: Position entlang Oberflächennormalen $[m]$; ϵ_0: Permittivität $[C^2/(Nm^2)]$; c: Lichtgeschwindigkeit $[m/s]$; E: Wellenfunktion $[V/m]$; λ: Wellenlänge $[m]$; k: Imaginärteil Brechungsindex (Extinktionskoeffizient) $[1]$; I_0: Intensität vor der Probe $[W/m^2]$; μ: Massenschwächungskoeffizient $[cm^2/g]$

Im letzten Gleichheitszeichen von Formel (4.9) wird die aus der Wellenfunktion berechnete Intensität mit dem bekannten Lambert-Beerschen Gesetz gleichgesetzt, um, wie in Formel (4.11) ersichtlich, einen Ausdruck für k zu erhalten. Diese Transmission ist maßgeblich davon abhängig, wie sich der Brechungsindex des Materials in Abhängigkeit der Photonenenergie des Synchrotronstrahls verhält. Die Beschreibung des komplexen Brechungsindexes einer elektromagnetischen Welle ist in Gleichung 3.1 gegeben.

(4.9)

$$\tilde{n} = 1 - \delta(E_{ph}) + ik(E_{ph})$$

[WIL96, S.335]

$\tilde{n}$: komplexer Brechungsindex $[1]$; δ:Brechungsindex Realteil $[1]$; k: Brechungsindex Imaginärteil $[1]$

Der Real- und Imaginärteil dieser Beschreibung sind abhängig von Materialkonstanten und der Energie der verwendeten Röntgenstrahlung. Darin beschreibt der Realteil $\delta(E_{ph})$ die Phase der elektromagnetischen Welle und der Imaginärteil $k(E_{ph})$ die Absorption im Material [VAN04, S.7].

(4.10) Phase: $$\delta(E_{ph}) = \frac{h^2 c^2 r_e n_e}{2\pi E_{ph}^2}$$

(4.11) Absorption: $$k(E_{ph}) = \frac{\mu(E_{ph})\rho h c}{4\pi E_{ph}}$$

[VAN04, S.7]

$\delta = 1 - n$: Brechungsindex Realteil [1]; h: Plancksches Wirkungsquantum $[Js]$; c: Lichtgeschwindigkeit $[m/s]$; r_e: klassischer Elektronenradius $[m]$; n_e: Elektronendichte $[1/m^3]$; k: Brechungsindex Imaginärteil [1]; μ:Massenabschwächungskoeffizient [cm²/g]; E_{Ph}; Photonenenergie [keV]; ρ: Materialdichte [kg/cm³];

Eine Auswertung beider Anteile in Abhängigkeit der Photonenenergie ist in Bild 34 abgebildet.

Bild 34:
Real- und Imaginärteil des Brechungsindex von Kupfer in Abhängigkeit der Photonenenergie

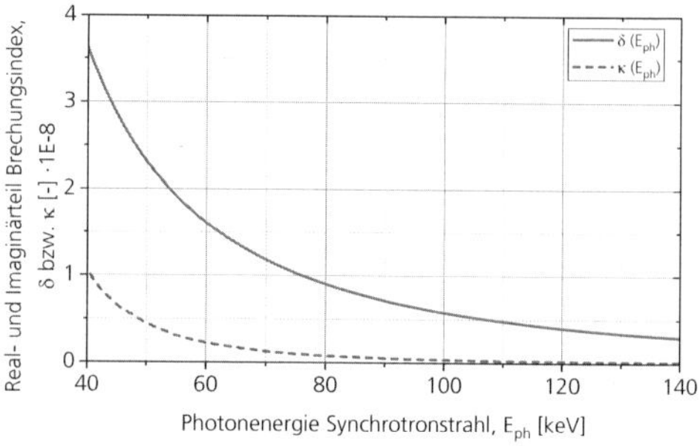

[FUR21;MOR16;SEI16;IXC22]

Der Graph verdeutlicht, dass im gesamten Spektralbereich der Synchrotronstrahlung der Einfluss der Phase δ höher ist als die der Absorption k. Dies bedeutet, dass hin zu kleinen Energien, der Phasenkontrast zwischen zwei Materialphasen im Bild der Hochgeschwindigkeitskamera zunimmt. Mit kleiner werdender Energie im Bereich von 40 – 60 keV nimmt jedoch auch gleichzeitig die Absorption zu. Dies führt dazu, dass bei kurzen Belichtungszeiten die Anzahl kohärenter Photonen, die auf den Sensor der Kamera treffen, nicht mehr ausreichen, um die Strukturen im Schweißprozess aufzulösen. Somit ist bei einer stets vorhandenen Phasenverschiebung der elektromagnetischen Welle im Material die Transmission durch das Material von größerer Wichtigkeit.

Damit eine möglichst hohe Anzahl an kohärenten Photonen durch das Probenmaterial transmittiert, wird eine weitere Abschätzung mit Hilfe der Brillanz des Undulators an Beamline Petra 3 P07 durchgeführt und die Abschwächung durch das Material berechnet. Dazu wird der Massenschwächungskoeffizient von Kupfer verwendet [SEL22]. Nach

(4.12) $$\tau_E(d) = E_{Ph} \cdot B(E_{ph}) \cdot e^{(-\mu(E_{Ph}) \cdot \rho \cdot d)}$$

τ_E: Transmittierter Energiestrom $[keV \cdot (s \cdot mrad^2 \cdot mm^2 \cdot 0{,}1\%BW)^{-1}]$;
μ: Massenschwächungskoeffizient [m²/kg]; ρ: Materialdichte [kg/m³]; d: Materialstärke in Durchstrahlrichtung [m]; E_{Ph}; Photonenenergie [keV]; $B(E_{Ph})$ Brillanz des Undulatorspektrums $[(s \cdot mrad^2 \cdot mm^2 \cdot 0{,}1\%BW)^{-1}]$;

ergibt sich der in Bild 35 (rechts) dargestellte Verlauf in Abhängigkeit von Photonenenergie und Probendicke. Dabei dient der transmittierte Energiestrom als lineares Maß für die Intensität und erlaubt einen quantitativen Vergleich in Abhängigkeit der Parameter und Werkstoffeigenschaften. Die verwendeten Materialdaten für den Massenschwächungskoeffizienten von Kupfer sind in Anhang A.3. aufgeführt.

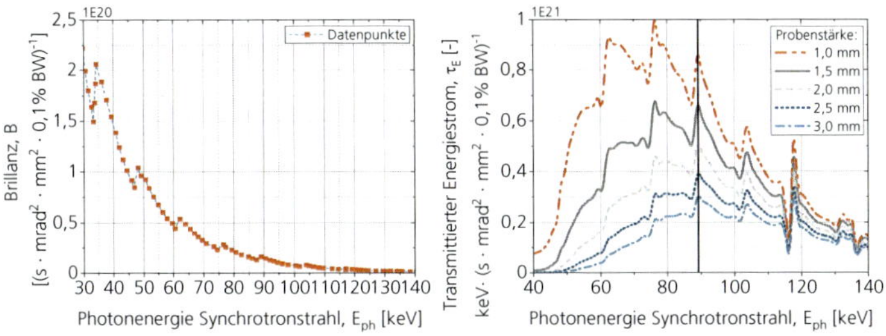

Bild 35: Undulatorspektrum von DESY Petra 3 P07 (links); Transmittierte Brillanz in Abhängigkeit der Probenstärke in Durchstrahlrichtung (nach Formel (4.12))

Datensätze: [SEL22;DES22]

Um ein Aufschmelzen von schmalen Materialprobe an den Rändern des Materials zu verhindern, wird in dieser Arbeit eine Probenstärke von 2 mm verwendet. Bei dieser Probenstärke ist nach Bild 35 (rechts, schwarze Linie) die Photonenenergie von 90 keV das Optimum im Undulatorspektrum zwischen 30 keV und 140 keV. Bei 90 keV wird für Probendicken zwischen 2 bis 3 mm der höchste Anteil der Strahlung transmittiert. Dadurch kann bei der Detektion der Photonen mit der Kamera die höchste Anzahl an Photonen aufgenommen werden und eine kürzere Belichtungszeit wird möglich. Zur Isolation dieser Photonenenergie aus dem Gesamtspektrum (Bild 35, links) wird der Monochromator (DCM; vgl. Abschnitt 4.1) entsprechend eingestellt. Das in Bild 35 verwendete Undulatorspektrum zeigt eine Photonenanzahl in einer Größenordnung von 10^{20} pro Sekunde. Dieser Wert bezieht sich auf die Position direkt am Undulator. An der Materialprobe treffen ca. 10^8 bis 10^{11} Photonen pro Sekunde weniger auf, je nach Filter (Monochromator) und eingebauten optischen Elementen. Ein exakter Wert könnte nur mit aufwändig kalibrierter Elektronik ermittelt werden.

Auswahl des Szintillatormaterials

Der Szintillator (lat. scintillare: „funkeln", „flackern"), in diesem Fall genutzt als Detektormaterial zur Umwandlung des Röntgenlichts in ein sichtbares Spektrum, ist entscheidend für die finale Qualität der Hochgeschwindigkeitsvideographie. Bei der Umsetzung wird dabei auf organische Kristallstrukturen gesetzt, welche bei Anregung des Atomgitters Photonen in einem spezifischen Spektrum emittieren. Ein Vergleich der für die Radiographie üblicherweise genutzten Materialien ist in Tabelle 7 im Anhang A.3. zusammengefasst. Für die Auswahl des Materials ist primär das emittierte Spektrum des Szintillators entscheidend. Dieses Spektrum muss idealerweise mit dem des Kamerasensors, mit welchem der Szintillator abgefilmt wird, übereinstimmen. Bild 36, links zeigt den spektralen Verlauf der Szintillatormaterialien sowie des CMOS-Kamerasensors. Der Kamerasensor weist die höchste Empfindlichkeit bei einer Wellenlänge von ca. 680 nm auf. Die Maxima im Spektralbereich der Szintillatoren liegt im Bereich von 490 nm bis 550 nm.

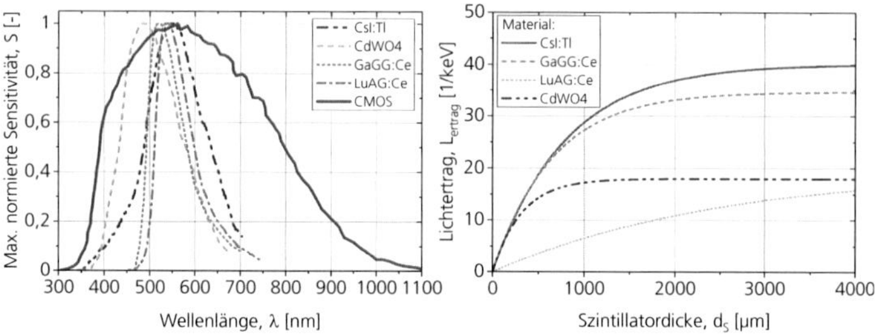

Bild 36:
Eigenschaften der theoretisch betrachteten Szintillatormaterialien
Links: Spektralkennlinie
Rechts. Lichtertrag in Abhängigkeit der Materialstärke

[FUR21; MOR16; SEI16; IXC22]

In diesem Fall wäre die ideale Wahl der CsI:Ti Szintillator. Zusätzlich wird in Tabelle 7 die Zerfallszeit des Szintillators betrachtet. Die Zerfallszeit gibt an, wie lange das Material nach Anregung durch die Synchrotronstrahlung benötigt, um wieder abzuklingen. Ist dieser Wert zu hoch, verschwimmt das Bild auf Grund des dynamischen Rauschens. CsI:Ti weist hier eine Zerfallszeit von 900 ns, was um einen Faktor 10 höher ist als die Zerfallszeit von GaGG:Ce. Zusätzlich ist CsI:Ti hygroskopisch und würde eine besonderen Schutzatmosphäre bei Verwendung benötigen. Somit ist aus Sicht eines flexiblen Einsatzes und der hohen möglichen Dynamik der GaGG:Ce Szintillator das ideale Material für den Einsatz und wird in dieser Arbeit für die Visualisierung verwendet.

Der Gesamtlichtertrag in Abhängigkeit der Probendicke (Bild 36) des Szintillatormaterials ergibt sich aus

(4.13)
$$E_i(d) \cdot X_i = \left(1 - e^{(-\mu(E)\cdot\rho\cdot d)}\right) \cdot L \cdot \int_{\lambda_{min}}^{\lambda_{max}} E_{normiert}(\lambda) \cdot A(\lambda) \cdot d\lambda\,.$$

E_i: Absorbierter Energieanteil im Szintillator [-]; X_i: Effektive mittlere Anzahl an Photonen pro absorbierter Energieeinheit [1/keV]; $E_{normiert}$: Normierte Wahrscheinlichkeit für Emission eines Photons mit Wellenlänge λ [1]; $A(\lambda)$: Relative Empfindlichkeit des Kamerasensors []; L: Lichtertrag des Szintillators [1/keV]; μ: Massenschwächungskoeffizient [cm²/g]; ρ: Materialdichte [kg/cm³]; d: Materialstärke in Durchstrahlrichtung [m]; E_{Ph}; Photonenenergie [keV]

Wird in Bild 36, rechts nun der Lichtertrag in Abhängigkeit der Szintillatordicke betrachtet, dann wird auch hier ersichtlich, dass der CsI:Ti den höchsten Lichtertrag liefern würde. Die Dicke des Szintillatormaterials ist dabei nicht über 2000 µm zu wählen, da oberhalb kein merklicher Zuwachs des Lichtertrags zu verzeichnen ist. Je dicker das Szintillatormaterial, umso mehr erwärmt sich dieses außerdem bei Wechselwirkung mit dem Synchrotronstrahl und neigt zur thermischen Degradation. Somit wird für diese Arbeit das Szintillatormaterial mit einer Dicke zwischen 600 µm und 1200 µm verwendet.

Probenpositionierung im Synchrotronstrahl

Damit bei den Untersuchungen Beugungsphänomene an den Phasenkanten des Materials ausgenutzt werden können, ist der Abstand zwischen Quellpunkt, Probenmaterial und Szintillator entscheidend. Nach den Zusammenhängen in Kapitel 4.2.1 ist nun ein detaillierte Betrachtung des Abstands zwischen Probe und Szintillator notwendig. Damit wird ermöglicht, eine ausreichend starke Ausprägung der Fresnel-Beugung, auf Grund der Propagation durch den Raum, zu erzeugen, die mit der Kamera auf dem Szintillator detektiert werden kann.

Zur theoretischen Betrachtung der Beugungsphänomene wird das Fresnel-Kirchhoffsche Beugungsintegral herbeigezogen.

(4.14)
$$\mathrm{E(x,z)} = \frac{ik_w}{2\pi} \cdot \int_{dX'} \int_{dZ'} cos(\theta)\, E(x',z') \cdot \frac{e^{ik_w r}}{r} dx'dz'$$

[DEM17, S.314]

$E(x,z)$: Elektrische Feldstärke Schirm $[V/m]$; $E(x',y')$: Elektrische Feldstärke Probe $[V/m]$; i: imaginäre Zahl $[1]$; θ: Winkel zwischen eintretendem und austretendem Strahl in der Probe [°]; k_w: Wellenvektor $[1/m]$; $dX'dZ'$: Flächenelement der durchstrahlten Probe $[m^2]$; $r = r(x,x',z,z')$: Abstand zwischen Punkt auf Probe und Punkt auf Schirm $[m]$

Mit Hilfe von Formel (4.14) lässt sich die Intensität an einem beliebigen Punkt (x,z) in der Entfernung r, abhängig von der Feldamplitude am Punkt (x',z'), berechnen, indem alle Punkte in dem beleuchteten Bereich auf der Probe nach dem Huygensschen Prinzip als Ausgangspunkte für Sekundärwellen angenommen und aufintegriert werden (siehe Bild 87, Anhang B.2.).

Die gesamtheitliche Lösung des Fresnel-Kirchhoffschen Beugungsintegrals ist in Anhang B2. zu finden. Diese Beschreibung erlaubt die zweidimensionale theoretische Betrachtung der Wellenpropagation durch die Materialprobe, wenn diese auf beispielsweise eine Pore (Phasenkante fest-gasförmig) trifft und an deren Rändern gebeugt wird. Dasselbe gilt für jede Materialphasenkante innerhalb des Materials, wie zum Beispiel die Dampfkapillare (flüssig-gasförmig).

Die zweidimensionale numerische Lösung in Bild 37 stellt die Ausbreitung des Interferenzmuster hinter der Materialproben dar. Dafür ist das Intensitätsverhältnis I/I_0 als Verhältnis zwischen Intensität hinter der Probe zu Intensität des einfallenden Strahls aufgetragen.

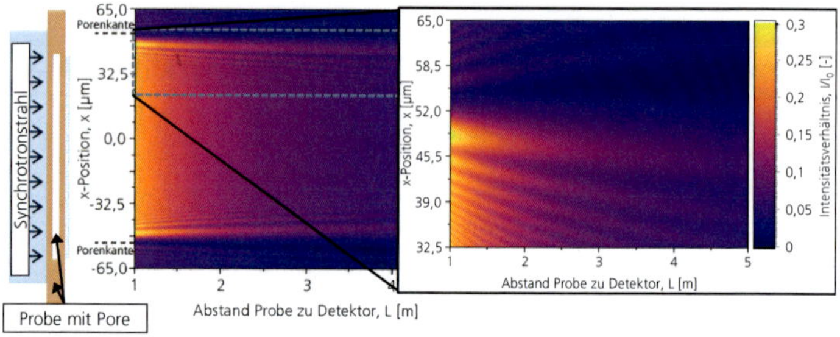

Bild 37:
Lösung des Fresnel-Kirchhoffschen-Beugungsintegrals in Abhängigkeit der Probenposition zum Szintillator

Im Bereich der Pore zwischen -50 µm und 50 µm in x-Position, ist das Intensitätsverhältnis höher als im Bereich des reinen Festkörpers, da an dieser Stelle ein größerer Anteil der Strahlung transmittiert wird. Mit steigender Entfernung zur Probe sinkt dieses Intensitätsverhältnis und die Interferenzminima werden breiter. Dieser Umstand kann genutzt werden, um ausreichend breite Kontrastkanten auf den Hochgeschwindigkeitsbildern zu erzeugen, damit diese vom Kamerasensor aufgelöst werden können. Zur quantitativen Bewertung sind in Bild 38 die Profileverläufe des Intensitätsverhältnisses an diskreten Abständen hinter dem Probenmaterial aufgetragen.

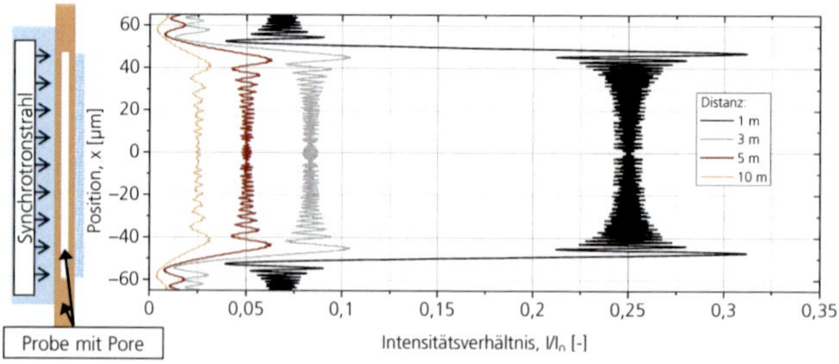

Bild 38:
Lösung des Fresnel-Kirchhoffschen Beugungsintegrals an festgelegten Positionen hinter dem Szintillator nach Formel 4.11

Mit steigendem Abstand zwischen Materialprobe und Detektor (Szintillator) nimmt der Abstand zwischen Intensitätsmaximum und -minimum im Bereich von + und – 50 µm (x-Position) zu. Dieser Umstand kann genutzt und durch die Propagation der divergenten Welle die Phasenkontrast-Merkmale unterschiedlich stark ausgeprägt werden. Damit die Hochgeschwindigkeitskamera mit einer Pixelgröße von 13,5 µm den Kontrast auflösen kann, muss dieser eine Ausprägung auf Basis des Nyquist Kriteriums von mindestens 31 µm aufweisen. Die interferometrischen Fringes, die zwischen den beiden Intensitätsmaxima zu sehen sind, haben keinen messbaren Einfluss auf die Bildgebung. Der Abstand dieser Fringes ist zu klein für eine Auflösung auf dem Kamerasensor. Zudem ist Intensität dieser Fringes relativ zu den restlichen Merkmalen zu gering, sodass diese im Signal-To-Noise Ratio des Kamerasensor untergehen.

Nach Betrachtung der Simulationsergebnisse und den an Beamline P07 bei Petra 3 gegebenen Voraussetzungen wird die Materialprobe 3 m vor dem Szintillator positioniert. Dadurch wird gewährleistet, dass ein ausreichend sichtbarer Kontrast in den Hochgeschwindigkeitsbildern gegeben ist und gleichzeitig ein ausreichendes Signal-To-Noise-Ratio (SNR) zwischen fester Materialprobe und gasförmiger Materialphase innerhalb der Dampfkapillare existiert.

Einfluss des Röntgenstrahls auf die Bauteiltemperatur

Die Erwärmung der Materialprobe durch den Synchrotronstrahl wird anhand einer Aufnahme des realen Rohstrahls (Bild 39) im Synchrotron durchgeführt.

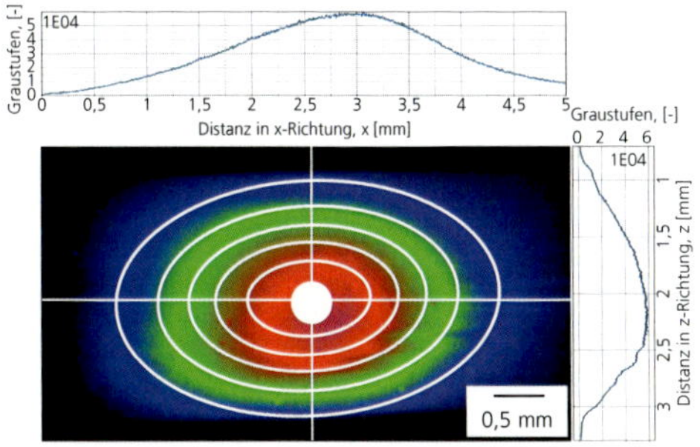

Bild 39:
Ergebnis der Regression mit einer zweidimensionalen Gauß-Funktion
$\sigma_x = 1000\ \mu m$
$\sigma_y = 600\ \mu m$
$\theta = 2{,}8°$

Zur Berechnung der eingebrachten Energie in das Probenmaterial durch den Synchrotronstrahl wird dieser aus einer realen Messung als normierte 2D-Gaußfunktion $G(x, y)$ abgebildet. Zur Berechnung der im Material deponierten Energiedichte

(4.15)
$$\frac{dP}{dxdydz} = \mu e^{-\mu z}\Phi_\gamma E_\gamma G(x,y)$$

$dP/dxdydz$: In der Probe deponierte Leistungsdichte $[W/m^3]$; μ: Massenabschwächungskoeffizient $[1/m]$; z: Position entlang Oberflächennormalen (innerhalb der Probe) $[m]$; Φ_γ: Photonenfluss auf Probe $[Hz]$; E_γ: Photonenenergie $[J]$; $G(x,y)$: Normierte Gauß-Funktion, d.h. Verteilung der Photonen auf der Probe (Funktion: siehe B.13.) $[1/m^2]$

wird mit Hilfe der örtlichen Leistungsänderung (Ableitung Formel (4.8)) sowie dem Photonenfluss und der Photonenenergie eine Näherung vorgenommen. Mit dieser formellen Beschreibung wird in der Simulationssoftware COMSOL ein Erwärmung des Probenmaterials durch den Synchrotronstrahl auf Basis einer 3D-Wärmeleitung simuliert. Ein exemplarisches Ergebnis für eine Vorschubgeschwindigkeit von v = 10 mm/s in Bild 40, weist eine Erwärmung der Materialprobe in einer Größenordnung von 0,1 K auf.

Bild 40:
Exemplarische Simulation der Probenerwärmung durch den Synchrotronstrahl

v = 10 mm/s

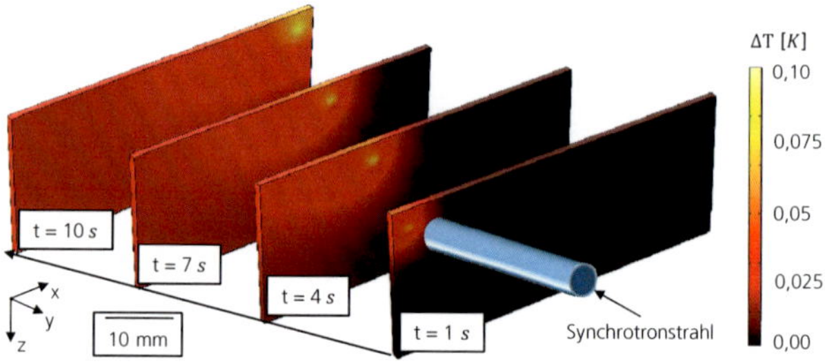

Da alle weiteren in dieser Arbeit verwendeten Vorschubgeschwindigkeiten größer als 10 mm/s sind, gilt dieses Ergebnis als sichere Abschätzung. Ersichtlich wird deshalb, dass in Anbetracht der Schmelztemperatur von Kupfer von 1300 K ($\Delta T_{Laser} \gg \Delta T_{Synchr} \approx 0{,}1\ K$) und einer Änderung des Absorptionsverhaltens im ermittelten Temperaturbereich von 0,1 K (vgl. Bild 14), ein Einfluss des Synchrotronstrahls auf den Schweißprozess vernachlässigbar gering ist.

Basierend auf dem Datenblatt von Beamline P07 bei Petra 3 ist eine Undulatorleistung von $P_U = 5{,}2\ kW$ installiert. Diese Leistung bezieht sich auf den gesamten Spektralbereich. Durch nachgeschaltete Optiken und Monochromatoren wird ein schmalbandiger Spektralbereich gefiltert, der auf die Materialprobe trifft. Aus dem Produkt des Photonenflusses und der Photonenenergie (siehe Tabelle 19)

(4.16)
$$P_P = \Phi_\gamma \cdot E_\gamma \approx 72{,}1\ mW$$

P_P: Leistung Synchrotronstrahl auf Probe $[W]$; Φ_γ: Photonenfluss $[1/s]$; E_γ: Photonenenergie $[J]$

ergibt sich eine mittlere Photonenleistung auf dem Probenmaterial von Rund 72,1 mW. In Anbetracht dieser abgeschätzten, geringeren Leistung erscheint eine Erwärmung von 0,1 K als plausibel.

Bilderverarbeitung der Phasenkontrast-Aufnahmen

Darauf aufbauend ist die Bildnachbearbeitung von elementarer Wichtigkeit, um Details in den gewonnen Bilddaten hervorzuheben. Zwei Ziele stehen dabei im Mittelpunkt der Verarbeitung:

- Ausgleich von Helligkeitsunterschieden im Bild durch inhomogene Intensitätsverteilung des Synchrotronstrahl (Weißabgleich).
- Entfernung ungewünschter Bildartefakte hervorgerufen durch die Materialprobe oder den Szintillator (Shading).

Der Weißabgleich dient der Eliminierung der unregelmäßigen Ausleuchtung des Kamerabildes auf Grund der Intensitätsverteilung des Synchrotronstrahls. Dazu werden Hintergrundbilder aufgenommen, in denen der Synchrotronstrahl zu sehen ist, nicht jedoch der eigentliche Schweißprozess. Diese Bilder werden gemittelt und nach Abzug eines Dunkelbilds $\overline{D}$ mit den eigentlichen Prozessbildern verrechnet.

(4.17) $$N_j = \frac{P_j - \overline{D}}{\overline{F}_j - \overline{D}}$$

[VAN15, S.4]

N_j: Korrigiertes Bild nach Weißabgleich; P_j: Prozessbild [-]; $\overline{F}_j$: Hintergrundbild mit Synchrotronstrahl [-]; $\overline{D}$: Hintergrundbild ohne Synchrotronstrahl (Dunkelbild) [-]

Nach Berechnung der neuen Bilddaten auf Basis von Formel (4.17), ist in Bild 41 rechts der Unterschied zu den Rohdaten dargestellt.

Bild 41:
Vergleich von Rohdaten (links) und bearbeiteten Bildinhalten nach dem Weißabgleich (rechts)

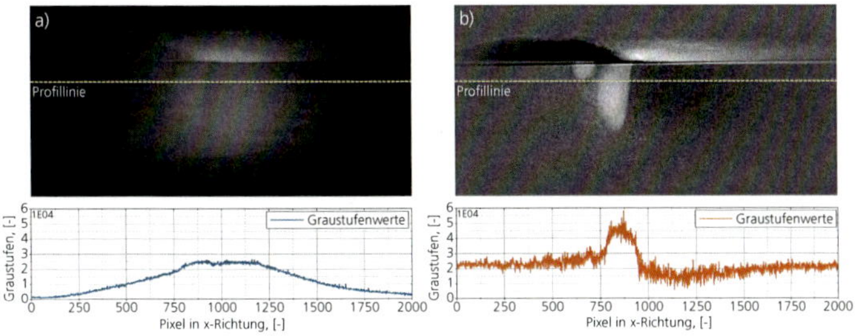

Deutlich zu sehen ist der nicht mehr vorhandene Abfall der Bildhelligkeit hin zu den Rändern des Bildes sowie der höhere Kontrast zwischen Dampfkapillare (gasförmig) und Material (fest, flüssig) nach deren Bearbeitung.

4.3 Qualifizierung der Synchrotronaufnahmequalität

Zur Qualifizierung der gewonnen Bilddaten ist die Helligkeit bei der Verwendung unterschiedlicher Szintillatormaterialien und Szintillatordicken ein ausschlaggebendes Bewertungskriterium. Dadurch zeigt sich, ob die Auswahl des Szintillatormaterials korrekt getroffen wurde. Referenzbohrungen in einer Materialprobe erlauben zusätzlich die Skalierung und die Qualität des Materialphasenkontrastes zu vermessen. Dadurch wird bestimmt, welche örtliche Auflösung das System liefert.

Die zuvor definierten Szintillatormaterialien CdWO4, LuAG:Ce und GaGG:Ce werden dazu verglichen. Die Szintillatoren werden mit unterschiedlichen Materialstärken in den Synchrotronstrahl platziert und mit dem Synchrotronstrahl belichtet. Eine Vermessung der Helligkeiten verschiedener vorhandener Szintillatormaterialien zeigt, dass die Annahme des Helligkeitszuwachses mit steigender Dicke als korrekt angesehen werden kann. Der Verlauf für GaGG:Ce, LuAG:Ce und CdWO4 ist in Bild 42 dargestellt.

Bild 42:
Vermessene Helligkeitswerte für vorhandene Szintillatoren

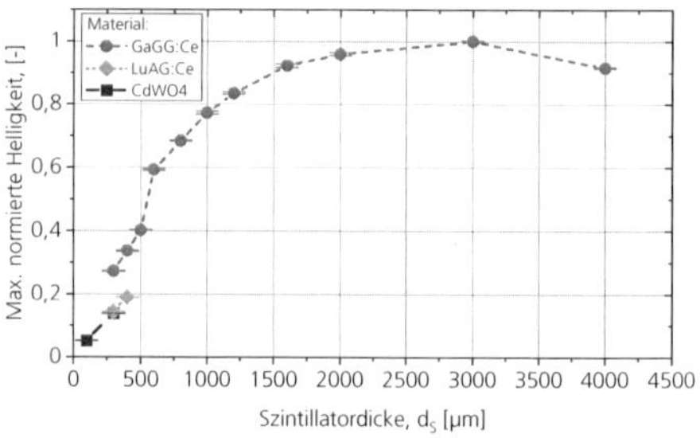

Die Helligkeitswerte ergeben sich aus den Graustufenwerten der Hochgeschwindigkeitskamera-Bilddaten und sind auf Basis der höchsten Helligkeit normiert. Auf Basis der experimentell ermittelten Werte kann somit hinzufügend gesagt werden, dass die Verwendung von Szintillatormaterial mit einer Dicke über 1600 µm nicht sinnvoll ist. Im realen Anwendungsfall ist sogar erkennbar, dass bei einer Dicke von 4000 µm die Helligkeit wieder abnimmt. Eine Erklärung hierfür ist die Absorption oder Streuung des vom Szintillator emittierten Lichtes innerhalb des Kristalls, wodurch weniger Licht auf den Kamerasensor gelangt. Der relative Helligkeitsunterschied zwischen den drei Szintillatoren bei vergleichbarer Dicke von 300 µm beträgt zwischen LuAG:Ce und CdWO4 lediglich 3,0%. Zwischen CdWO4 und GaGG:Ce jedoch 97,4%.

Zur Bewertung der örtlichen Auflösung der Diagnostikmethodik wird eine geometrische Größe benötigt. Dazu wird die Skalierung der Bilddaten anhand von Referenzbohrungen unterschiedlicher Stärke durchgeführt (vgl. Bild 43). Diese ähneln am ehesten einer Dampfkapillare, da an der Materialphasengrenze ein Übergang von festem Material zu gasförmiger Luft vorhanden ist. Dadurch kann sowohl die Qualität der Phasenkontrastaufnahme bewertet und die örtliche Auflösung bestimmt werden.

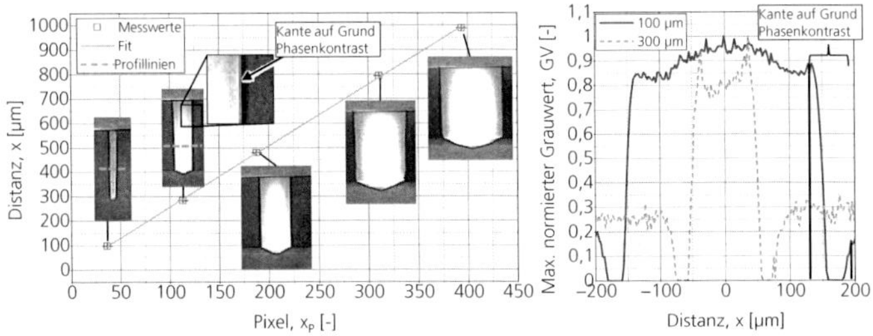

Bild 43: Referenzmessungen zur Kalibrierung der Bilddaten

Der lineare Fit auf Basis der fünf Messpunkte ergibt eine Skalierung von 391 Pixel/mm±10 Pixel/mm, welche in den Auswertungen zur Quantifizierung der Messgrößen genutzt wird. Die Inverse ergibt einen Wert von 2,7 µm/Pixel. Nach dem Nyquist-Kriterium kann somit eine örtliches Auflösungsvermögen der Aufnahmen von ~2,3* 2,7 µm = 6,2 µm erreicht werden. Der Mindestabstand L zwischen Probe und Szintillator, definiert in Kapitel 4.2.1, reicht somit aus, um diese Dimensionen von beispielsweise Poren physikalisch mittels Phasenkontrast-Bildgebung aufzulösen. Die Profillinie für eine 100 µm und 300 µm Bohrung (Bild 43, rechts) zeigt den quantitativen Verlauf der Graustufen in einer Kameraaufnahme. An der Phasenkante gasförmig (Bohrung) zu fest (Materialprobe) zeigt sich der Effekt der Phasenkontrast-Bildgebung in Form einer dunklen Kante. Diese charakteristische Phasenkontrastlinie, bei der das Helligkeitssignale des Bildes abfällt und wieder ansteigt, wird wie in Kapitel 4.2.1 beschrieben, durch Fresnel-Beugung hervorgerufen. Die Breite dieser Linie ergibt sich zu >30 µm was über dem Wert aus den Vorüberlegungen (Bild 38, 3 m Abstand) liegt.

Die Vorüberlegungen und die Auslegung der Phasenkontrast-Bildgebung für das Laserstrahlschweißen sind somit zielführend. Die Auswahl des Szintillatormaterials, der Abstand zwischen Probe und Szintillator als auch die Auswahl der Photonenenergie sind korrekt gewählt, um eine ausreichende Auflösung mittels Absorptions- und Phasenkontrast zu erreichen. Somit können dynamische Phänomene als auch die Porenbildung theoretisch bis zu einer Auflösung von 6,2 µm erreicht werden. Limitierender Faktor ist jedoch das dynamische Rauschen, das auf Grund der Bewegung der Objekte im Kamerabild verursacht wird (vgl. Bild 32) und das reale Auflösungsvermögen der Aufnahmen reduziert.

Die hier gezeigten Ergebnisse unterstützen die in Kapitel 3 erbrachte Hypothese. Synchrotronstrahlung und speziell die Methode der Phasenkontrast-Bildgebung sind theoretisch für die Visualisierung von Laserstrahlprozessen geeignet. Im Falle dieser Arbeit muss nun analysiert werden, ob dies auch für Prozesse beim Schweißen von Kupfer mit hohen Vorschubgeschwindigkeiten genutzt werden und dynamische Prozessphänomene und die Porenbildung auflösen kann.

5 Analyse wellenlängenabhängiger Prozessphänomene

5.1 Wellenlängenabhängige Schwellwerte für Wärmeleitungs- und Tiefschweißregime

Der aus Kapitel 2.2.2 bekannte Umstand der höheren Grundabsorption sichtbarer Laserstrahlwellenlängen auf Kupfermaterialen ist das primäre Argument zur Nutzung neuartiger Laserstrahlquellen im Bereich von 515 nm Laserstrahlwellenlänge. Zur Erreichung eines stabilen Schweißprozesses mit möglichst geringer Schwankung der Einschweißtiefe und Vermeidung von Porosität, ist dabei ein Überschreiten der jeweiligen Prozessschwelle für das Wärmeleitungsschweißen und das Tiefschweißen in ausreichendem Maße essenziell. Dadurch kann gewährleistet werden, dass geringfügige Schwankungen nicht zu Störungen oder einem Abbruch des Prozesses führen. Außerdem geben die Prozessschwellen Aufschluss über das Aufschmelzverhalten des Materials in Abhängigkeit der jeweiligen Laserstrahlwellenlänge.

Zur Untersuchung dieser Prozessschwellen werden für verschiedene Fokusdurchmesser Schweißungen mit steigender Laserleistung in Schritten von $\Delta P_L = 50$ W analysiert. Dadurch werden die Übergänge zwischen „Kein Schweißprozess" (KS), Wärmeleitungsschweißen (WLS) und Tiefschweißen (TS) für unterschiedliche Fokusdurchmesser bestimmt. Das Verfahren, dargestellt in Bild 44, dient der präzisen Ermittlung der Prozessschwellen mittels Blindschweißungen für 515 nm als auch für 1070 nm Laserstrahlwellenlänge auf Cu-ETP und CuSn6.

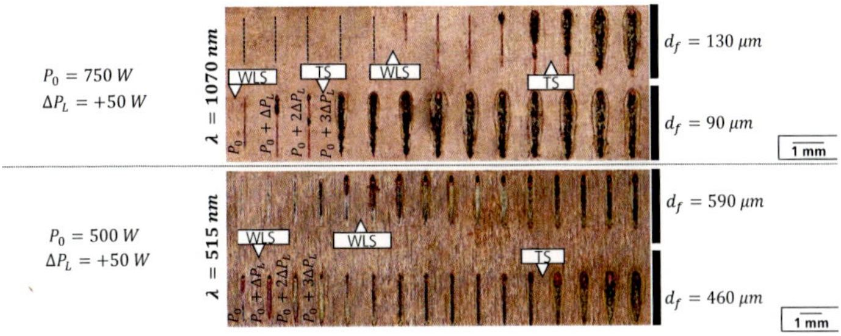

Bild 44: Ermittlung der Regimeschwellen für das Wärmeleitungsschweißen und Tiefschweißen mit 515 nm und 1070 nm Laserstrahlwellenlänge

Das Kapitel 5.1 enthält Ergebnisse der Masterarbeit von Christian Meier: *Synchrotron-Strahlung zur Visualisierung und Analyse wellenlängenabhängiger Prozesseigenschaften beim Laserstrahlschweißen von Kupfer*. Angefertigt am 03.12.2022. Betreuender Professor: Prof. Joachim Mayer – RWTH Aachen University (GFE); Betreuer: Marc Hummel, M.Sc. – RWTH Aachen University (LLT)

Bei einer Laserstrahlwellenlänge von 1070 nm tritt der Übergang zum WLS und daraufhin zum TS abrupt auf. Beim Übergang zum Tiefschweißen wird über einen Bereich von 3 Schweißnähten der Bereich des Tiefschweißens (breiter, dunkler Bereich) länger. Dass innerhalb dieser 3 Schweißnähte der Tiefschweißprozess nicht von Anfang an einsetzt, liegt an der Temperatur des Bauteils. Mit steigender Prozessdauer wird durch Wärmeleitung die Temperatur des Gesamtbauteils gesteigert. Dadurch wird die Schwelle zum Tiefschweißen nicht von Beginn der Schweißnaht an erreicht. Dieser Bereich wird als Übergangsbereich definiert, da der Tiefschweißprozess instabil ist und nicht über die gesamte Länge der Schweißnaht einsetzt.

Der Übergang zwischen WLS und TS bei Schweißungen mit 515 nm Laserstrahlwellenlänge tritt kontinuierlicher auf (vgl. Bild 44, unten). Eine Änderung des Prozessregimes zwischen WLS und TS ist nicht eindeutig abgegrenzt. Der Übergang ist vielmehr definiert durch eine kontinuierliche Änderung der Schweißnahtbreite innerhalb der Schweißnaht. Dieser Umstand ist auf den höheren Grundabsorptionsgrad des Materials in diesem Wellenlängenbereich zurückzuführen und deckt sich mit Untersuchungen von Alter et al. [ALT18, S.14] Ein Mapping der Proessgrenzen für CuSn6 bei 1070 nm Laserstrahlwellenlänge (vgl. Bild 45), ergibt einen quadratischen Zusammenhang zwischen Laserstrahldurchmesser und benötigter Laserleistung.

Bild 45:
Grenzen der Schweißregime für 1070 nm Laserstrahlwellenlänge für CuSn6

Links: v = 10mm/s
Rechts: v = 100 mm/s

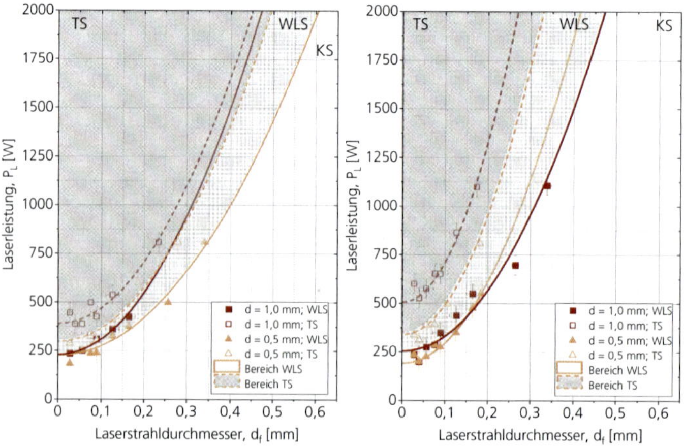

Mit steigendem Laserstrahldurchmesser nimmt die benötigte Laserleistung zu. Die quadratische Regression der Form $y = ax^2 + b$, auf Basis der Messpunkte, beschreibt dabei die Zunahme der Laserleistung für gleichbleibende Intensität (Laserleistung/Fokusfläche). In Anbetracht der Messfehler ist der Bereich des WLS bei den untersuchten Laserstrahldurchmessern nicht stabil anwendbar. Außerdem sind die dabei erzeugten Schweißnähte für 1070 nm beim WLS (siehe Bild 44, oben) um ungefähr Faktor 10 schmaler als beim Tiefschweißen (TS).

Für die Laserstrahlwellenlänge von 515 nm (Bild 46) beim Schweißen von CuSn6 ergibt sich ein breiterer Bereich des Fokusdurchmessers, sowohl für WLS als auch für TS.

Bild 46:
Grenzen der Schweißregime für 515 nm Laserstrahlwellenlänge für CuSn6

Links: v = 10mm/s
Rechts: v = 100 mm/s

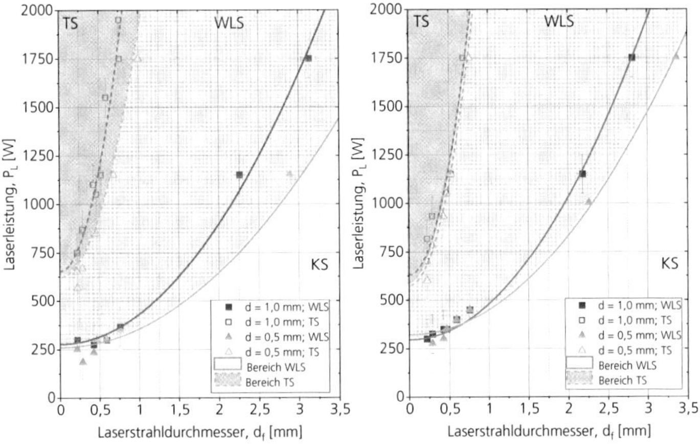

Hier ist im Vergleich zu den Versuchen mit 1070 nm Laserstrahlwellenlänge auf die Skalierung der x-Achse zu achten. Wärmeleitungsschweißungen mit einem Fokusdurchmesser von > 500 µm sind bei einer verfügbaren Laserleistung von < 2000 W möglich. Dieser Bereich der WLS erstreckt sich im hier untersuchten Fall bis zu einem Laserstrahldurchmesser von 3,5 mm. Der Bereich der Wärmeleitungsschweißungen beginnt bei den hier untersuchten Parametern bei rund 250 W. Der Tiefschweißprozess hingegen startet bei einem Fokusdurchmesser von 200 µm bei ca. 575 W. Dieser Tiefschweißprozess erstreckt sich bis hin zu einem Fokusdurchmesser von 1 mm. Im Vergleich zu den Ergebnissen bei 1070 nm Laserstrahlwellenlänge ergibt sich ein um Faktor 1,67 bzw. 2,5 größerer Fokusdurchmesser für 515 nm, mit welchem ein Tiefschweißprozess durchgeführt werden kann (bei zwei ausgewählten Laserleistungen von 750 W und 1750 W).

Gleiche Zusammenhänge sind für die Schweißungen auf Cu-ETP ersichtlich (Anhang A.1). Ein stabiler Tiefschweißprozess auf Cu-ETP mit einem Fokusdurchmesser von 200 µm ist für 515 nm demnach bei einer Laserleistung ab 1500 W und für 1070 nm Laserstrahlwellenlänge bei einer Laserleistung ab

2000 W möglich. Der Vergleich zu den Ergebnissen mit 1070 nm Laserstrahlwellenlänge ergibt auch bei Cu-ETP einen um Faktor 2 bzw. 3 größeren Fokusdurchmesser für 515 nm, mit welchem ein Tiefschweißprozess durchgeführt werden kann (für zwei ausgewählte Laserleistungen von 750 W und 1750 W). Bei allen Versuchen mit 515 nm Laserstrahlwellenlänge zeigt sich, dass die Vorschubgeschwindigkeit einen nur sehr geringen Einfluss auf die jeweiligen Prozessgrenzen zwischen WLS und TS hat. Für TS liegt bei einer Laserleistung von 2000 W der maximal mögliche Fokusdurchmesser bei beiden Vorschubgeschwindigkeiten (10 und 100 mm/s) bei rund 750 µm. Für das WLS zwischen 3 – 3,5 mm. Dahingegen sinkt bei Steigerung der Vorschubgeschwindigkeit beim Schweißen mit 1070 nm Wellenlänge der verwendbare Laserstrahldurchmesser, bei gleicher Laserleistung (2000 W), von rund 500 µm auf 300 µm.

Zusammenfassend zeigen die Ergebnisse eine höhere Sensitivität des Laserstrahlschweißprozesses mit 1070 nm Wellenlänge auf die Änderung der Vorschubgeschwindigkeit. Gleichzeitig wird für 1070 nm Wellenlänge eine höhere Laserleistung respektive geringerer Fokusdurchmesser benötigt als für 515 nm Wellenlänge, um die Tiefschweißschwelle zu erreichen. WLS mit ausreichend breiter Schweißnaht sind im hier untersuchten Leistungsbereich nur mit 515 nm Wellenlänge möglich. Diese Eigenschaft der 515 nm Laserstrahlung ermöglicht somit das Schweißen von Kupferbauteilen bei geringeren Laserleistungen als mit 1070 nm Laserstrahlwellenlänge. Diese Ergebnisse untermauern die Hypothese der Einsetzbarkeit von 515 nm Laserstrahlwellenlänge in einem weiteren Parameterbereich.

Somit sind aufbauend auf dem Stand der Technik erstmals detailliert die Parameterbereiche für WLS und TLS in Abhängigkeit des Laserstrahldurchmessers und der Laserstrahlwellenlänge (515 nm und 1070 nm) untersucht und zusammengetragen. Diese Parameter-Maps bieten nunmehr eine Leitlinie für die Auswahl von Prozessparametern und die Entwicklung von Schweißprozessen. Zusätzlich zeigen sie grundlegende Unterschiede zwischen den beiden Laserstrahlwellenlängen in Bezug auf Schweißnahtausprägung und Einfluss der Vorschubgeschwindigkeit. Diese Ergebnisse zur Prozessstabilität sowie die Schweißnahtqualität werden in Kapitel 5.2 und 5.3 im Detail betrachtet.

5.2 Wellenlängenabhängige Schweißnahtgeometrie

Gängige Bewertungsgrößen zum Vergleich von Schweißnähten und den dazugehörigen Laserstrahlschweißprozessen sind die Einschweißtiefe und die Nahtbreite. Zur Bewertung des Prozesseinflusses von Laserleistung und Vorschubgeschwindigkeit für 515 nm und 1030 nm Laserstrahlwellenlänge, werden dafür metallographische Querschliffe angefertigt Die Querschliffe erlauben außerdem eine Betrachtung der Schweißnahtqualität.

5.2.1 Einschweißtiefe

Die Einschweißtiefe, als qualitätsrelevantes Bewertungskriterium, ist die primäre Messgröße für die Bewertung der Einsetzbarkeit eines Laserstrahlschweißprozesses. Zusätzlich kann mit der Analyse ein Einfluss der Laserparameter auf den Schweißprozess bewertet werden und, in Zusammenhang mit der Schweißnahtbreite, die Geometrie der Schweißnaht bestimmt werden. In Bild 47 sind die Untersuchungen für beide Laserstrahlwellenlängen bei einem vergleichbaren Fokusdurchmesser von 200 µm dargestellt.

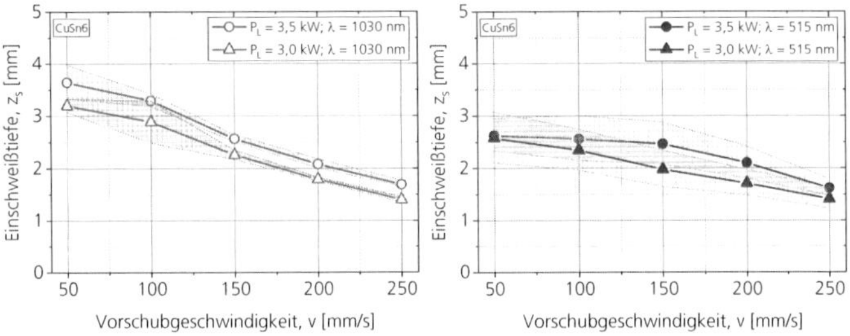

Bild 47: Metallurgische Einschweißtiefe auf CuSn6 in Abhängigkeit von Laserleistung und Vorschubgeschwindigkeit

d_f = 200 µm
Links:
λ = 1030 nm
Rechts:
λ = 515 nm
Vergleich
[HUM21c]

In den Diagrammen ist ein linearer Zusammenhang der Einschweißtiefe in Abhängigkeit der Vorschubgeschwindigkeit zu sehen. Für CuSn6 ist die Einschweißtiefe bei 1030 nm Laserstrahlwellenlänge (Bild 47, links), bei einer Vorschubgeschwindigkeit von 50 mm/s, höher als für 515 nm (Bild 47, rechts) bei gleicher Vorschubgeschwindigkeit. Mit zunehmender Vorschubgeschwindigkeit tritt für beide Laserstrahlwellenlängen eine unterschiedlich starke Reduktion der Einschweißtiefe auf. Bei Erhöhung der Vorschubgeschwindigkeit auf 250 mm/s sinkt die Einschweißtiefe bei 1030 nm Laserstrahlwellenlänge um bis zu 1963 µm, während die Einschweißtiefe bei 515 nm Laserstrahlwellenlänge um maximal 1167 µm sinkt. Im Bereich von 150 bis 250 mm/s nähern sich die Einschweißtiefen für beide Laserstrahlwellenlängen einander an. Bei weiterer Erhöhung der Vorschubgeschwindigkeit kann davon ausgegangen werden, dass sich die Kurven zwischen 1030 nm und 515 nm Laserstrahlwellenlänge vollständig schneiden würden. Dieses Verhalten ist in Daten für Cu-ETP zu sehen (vgl. Anhang A.2.). Für Cu-ETP ergibt sich ein Bereich oberhalb von 150 mm/s bis 200 mm/s Vorschubgeschwindigkeit, in dem die Laserschweißnähte mit 515 nm Laserstrahlwellenlänge tiefer ausgeprägt sind als jene mit 1030 nm Laserstrahlwellenlänge.

Durch eine lineare Regression der Form y = a+ b*x durch die Daten, getrennt nach Laserleistung und Wellenlänge, kann die Abnahme der Einschweißtiefe in

Abhängigkeit der Vorschubgeschwindigkeit ermittelt werden. Für 1030 nm auf CuSn6 ergibt sich ein Wert von -8,9 bis -9,8 [mm/mm/s = s]. Für Cu-ETP beträgt dieser Wert bei 1030 nm -5,1 bis -6,2 s. Für 515 nm Laserstrahlwellenlänge auf CuSn6 ergibt sich ein Wert von -5,5 bis -6,0 s. Für Cu-ETP und einer Laserstrahlwellenlänge von 515 nm ergibt sich ein Wert von -3,4 bis -4,3 s. Ein höherer negativer Wert bedeutet, dass die Einschweißtiefe mit steigender Vorschubgeschwindigkeit stärker abnimmt. Somit ist der Einfluss der Vorschubgeschwindigkeit auf die Reduktion der Einschweißtiefe bei 1030 nm Wellenlänge für CuSn6 um einen Faktor 1,5 – 1,8 und für Cu-ETP um einen Faktor 1,2-1,8 höher als für 515 nm Wellenlänge.

Bei Schweißanwendungen mit hohen benötigten Vorschubgeschwindigkeiten liefern Laserstrahlquellen mit 515 nm Laserstrahlwellenlänge somit höhere Einschweißtiefen. Die Ergebnisse unterstützen die Erkenntnisse aus Kapitel 5.1 zur unterschiedlichen Sensitivität der beiden Schweißprozesse auf die Vorschubgeschwindigkeit. Kaufmann et al. zeigen in ihren Untersuchungen zum Einfluss der Vorschubgeschwindigkeit ebenfalls eine höhere Empfindlichkeit der Einschweißtiefe auf die Vorschubgeschwindigkeit von 1030 nm Laserstrahlwellenlänge, im Vergleich zu 515 nm Laserstrahlwellenlänge [KAU23a, S.15–16]. Somit kann in Anbetracht der aufgestellten Hypothesen auch hier bestätigt werden, dass mit 515 nm Laserstrahlwellenlänge eine gleichbleibende Einschweißtiefe in einem größeren Vorschubbereich erzielt werden kann.

5.2.2 Aspektverhältnis

Die ergänzende Betrachtung des Aspektverhältnisses ($a_v = z_s/b_s$) basiert auf der Vermessung der Schweißnahtbreite an der Oberseite der Schweißnaht. Die Ergebnisse der Schweißnahtbreiten sind in Anhang A.2. dargestellt. Für die Schweißnahtbreite ist ein umgekehrtes Verhalten wie bei der Schweißnahttiefe zu erkennen. Sowohl für CuSn6 als auch für Cu-ETP ist die Schweißnaht bei 515 nm Laserstrahlwellenlänge tendenziell breiter als bei 1030 nm Laserstrahlwellenlänge. Die Schweißnahtbreiten nähern sich mit steigender Vorschubgeschwindigkeit einander an. Eine größere Schweißnahtbreite an der Oberseite des Materials ist ein Hinweis darauf, dass bei gleichem Fokusdurchmesser und Laserparametern die Energie tendenziell vermehrt im oberen Bereich der Dampfkapillare eingebracht wird.

Das resultierende Aspektverhältnis ist in Bild 48 dargestellt. Der Vergleich der Ergebnisse basiert hierfür auf der Streckenenergie (P_L/v). Dies ermöglicht eine Betrachtung des Prozesses auf Basis der pro Streckeneinheit eingebrachten Energie. Eine Steigerung der Vorschubgeschwindigkeit resultiert bei gleicher Laserleistung somit in einer Reduktion der Streckenenergie. Das Aspektverhältnis variiert für 515 nm Laserstrahlwellenlänge sowohl für CuSn6 als auch Cu-ETP zwischen 1,75 und 2,5.

Bild 48:
Vergleich des metallurgischen Aspektverhältnisses von CuSn6 (links) und Cu-ETP (rechts) in Abhängigkeit von Streckenenergie und Laserstrahlwellenlänge

d_f = 200 µm

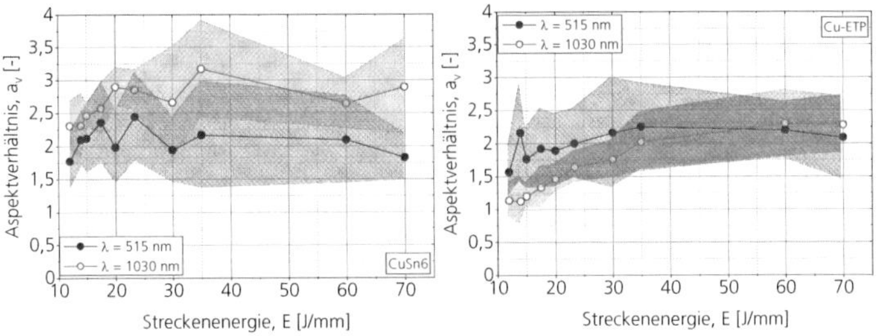

Der alternierende Verlauf innerhalb der Messreihe (siehe Bild 48, links), resultiert aus den jeweils unterschiedlichen Laserleistungen (3500 W und 3000 W). Dabei wird für höhere Laserleistungen die Einschweißtiefe größer, bei geringerer Laserleistung tendenziell niedriger. Bei gleicher Vorschubgeschwindigkeit ergibt sich dabei ein unterschiedlicher Wert für die Streckenenergie. Der Trend der Messreihe für 515 nm Laserstrahlwellenlänge auf CuSn6 zeigt jedoch, dass unabhängig vom Einfluss der Laserleistung, das Aspektverhältnis bei 70 J/mm Streckenenergie (1,8) bis 14 J/mm Streckenenergie (1,75) zwar in Abhängigkeit der Laserleistung schwankt, jedoch insgesamt nicht zu- oder abnimmt. Das bedeutet, die Schweißnahtbreite nimmt mit steigender Vorschubgeschwindigkeit gleich stark ab, wie die Einschweißtiefe. Bei der Laserstrahlwellenlänge von 1030 nm nimmt das Aspektverhältnis hingegen mit steigender Streckenenergie bei CuSn6 von ca. 3,2 auf 2,25 stetig ab. Bei den Schweißungen auf Cu-ETP sinkt das Aspektverhältnis von 70 bis 14 J/mm Streckenenergie bei 1030 nm Laserstrahlwellenlänge von 2,25 auf rund 1,2 um -46,7%. Für 515 nm Laserstrahlwellenlänge nimmt das Aspektverhältnis bei den gleichen Streckenenergien nur von 2,1 auf 1,6 ab (-23,8%).

Das bedeutet, dass beim Schweißen mit 1030 nm Laserstrahlwellenlänge die Laserstrahlung vermehrt in die Tiefe reflektiert wird und diese, bei Steigerung der Vorschubgeschwindigkeit, mit höherer Rate abnimmt als die Schweißnahtbreite. Die Daten beweisen außerdem, dass für CuSn6 mit 1030 nm Laserstrahlwellenlänge tiefere und weniger breite Schweißnähte, bei gleicher Streckenenergie erzeugt werden können, als mit 515 nm Laserstrahlwellenlänge. Für Cu-ETP gilt dieses Verhalten nur in einem Bereich bis ca. 40 J/mm (ca. 50-100 mm/s Vorschubgeschwindigkeit).

In Bezug auf die zuvor ermittelten Prozessregime zeigen diese Zusammenhänge zusätzlich, dass der Schweißprozess (Einschweißtiefe und Schweißnahtbreite) bei 515 nm Laserstrahlwellenlänge geringer auf eine Steigerung der Vorschubgeschwindigkeit reagiert als bei 1030 nm Laserstrahlwellenlänge. Dabei ist für CuSn6 die Einschweißtiefe mit 1030 nm Laserstrahlwellenlänge bis 250 mm/s Vorschubgeschwindigkeit (bei gleicher Laserleistung) höher als für

515 nm Laserstrahlwellenlänge. Bei höheren Vorschubgeschwindigkeiten kann mit 515 nm Laserstrahlwellenlänge tiefer eingeschweißt werden. Bei Cu-ETP tritt dieser Umschlagpunkt bereits ab 100 mm/s Vorschubgeschwindigkeit auf (vgl. Bild 78, Anhang A.2.).

Ein qualitativer Vergleich an metallographischen Querschliffen zeigt, dass die Ausprägung der Schweißnahtgeometrie über die gesamte Tiefe der Schweißnaht (siehe Bild 49) für beide Laserstrahlwellenlängen unterschiedlich ist.

Bild 49:
Vergleich der metallurgischen Querschliffe von CuSn6 in Abhängigkeit der Laserstrahlwellenlänge, der Laserleistung und der Vorschubgeschwindigkeit

d_f = 200 µm

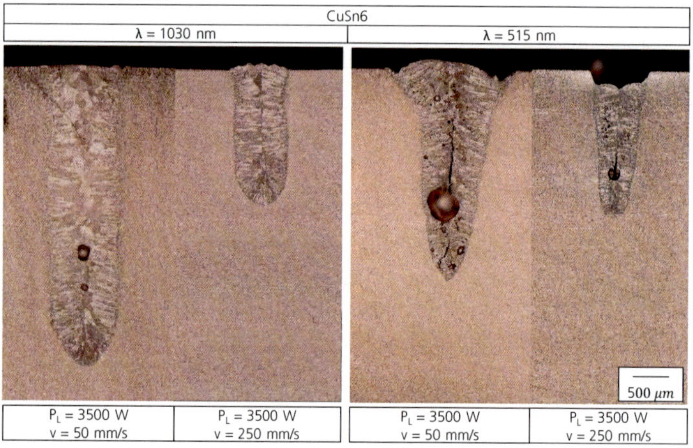

Bei der Laserstrahlwellenlänge von 1030 nm ergibt sich bei einer Vorschubgeschwindigkeit von 50 mm/s eine tiefe, nadelförmige Schweißnahtgeometrie. Die Breite der Schweißnaht bleibt bis hin zum Nahtgrund nahezu konstant. Bei Erhöhung der Vorschubgeschwindigkeit sinkt die Schweißnahttiefe, die geometrischen Verhältnisse bleiben jedoch gleich (gleiche Schweißnahtbreite über die gesamte Tiefe). Bei der Laserstrahlwellenlänge von 515 nm entsteht eine dreiecksförmige Schweißnahtgeometrie mit einer geringeren Tiefe und gleichzeitig höheren Breite an der Oberseite als bei 1030 nm Laserstrahlwellenlänge. Diese geometrische Ausprägung tritt bei beiden Vorschubgeschwindigkeiten auf. Die Schweißnahtbreite ist in der Tiefe schmaler im Vergleich zu dem Parametersatz bei 1030 nm Laserstrahlwellenlänge. Dieser Unterschied beweist, dass für 1030 nm Laserstrahlwellenlänge ein höherer Anteil der Laserstrahlung in der Tiefe der Schweißnaht reflektiert, als bei 515 nm Laserstrahlwellenlänge. Zusätzlich ist die Porosität der Schweißnähte für 515 nm in dem hier dargestellten Fall höher als für 1030 nm Laserstrahlwellenlänge.

Schlussfolgernd kann festgehalten werden, dass somit bestätigt ist, dass die Energie beim Schweißen mit 515 nm Laserstrahlwellenlänge vermehrt im oberen Teil der Dampfkapillare in die Schweißnaht eingebracht wird. Bei 1030 nm Laserstrahlwellenlänge hingegen wird diese vermehrt in die Tiefe der Schweißnaht reflektiert. Dies zeigt sich sowohl in den Messwerten von Schweißnahttiefe und Aspektverhältnis als auch in den Querschliffen. Die Beobachtungen aus den Forschungsergebnissen von Alter et al., nachdem beim Schweißen mit 515 nm Laserstrahlwellenlänge vermehrt Poren in der Schweißnaht entstehen, können bestätigt werden. Dabei entstehen nach Alter die größeren Poren auf Grund von Instabilitäten, die kleineren Poren auf Grund von Wechselwirkungen mit Gasen in der Umgebung. Eine vollständige Vermeidung dieser Prozessporen ist erst bei Geschwindigkeiten ab ca. 500 mm/s möglich, weshalb im hier untersuchten Parameterbereich für 515 nm Laserstrahlwellenlänge keine porenfreien Schweißnähte erzeugt wurden [ALT23, S.67].

Somit ist die Hypothese aus Abschnitt 3 teilweise untermauert. Mit 515 nm Laserstrahlwellenlänge kann hin zu größeren Fokusdurchmessern und Vorschubgeschwindigkeiten bei gleichbleibender Einschweißtiefe geschweißt werden. Jedoch weist die höhere Schweißnahtporosität nicht auf eine gesteigerte Prozessstabilität hin. Welche genauen Wechselwirkungsmechanismen für die Sensitivität des Prozesses, die Entstehung der Poren sowie die Energieabsorption in der Dampfkapillare die entscheidende Rolle spielen, wird in Kapitel 5.3 mittels Phasenkontrast-Bildgebung im Detail untersucht.

5.2.3 Einsatz von örtliche Leistungsmodulation bei 515 nm und 1070 nm Laserstrahlwellenlänge

Der Einsatz örtlicher Leistungsmodulation ist ein wichtiger Aspekt zur Steigerung der Anbindungsbreite und Stabilisierung des Schweißprozesses. Außerdem muss ein Verständnis zum Einsatz unterschiedlicher Laserstrahlwellenlängen erzeugt werden, um eine Methodik zu Steuerung der Einschweißtiefe optimal auslegen zu können. Dazu ist auf Basis der zuvor ermittelten Ergebnisse, ein Einfluss der Laserstrahlwellenlänge auf Schweißnahtgeometrie zu erwarten. Beim Einsatz identischer Laserparameter und Fokusdurchmesser (100 µm) werden diese in Bezug auf Einschweißtiefe, Schweißnahtbreite und Einkoppelgrad analysiert.

Eine Schweißnaht für 1070 nm Laserstrahlwellenlänge mit örtlicher Leistungsmodulation ist in Bild 50, links dargestellt.

Das Kapitel 5.2.3 enthält Ergebnisse der Masterarbeit von Adrian Schulz: *Steuerung der Schmelzbaddynamik beim Laserstrahl-Mikroschweißen mittels wellenlängenabhängiger Anpassung des zeitlichen und örtlichen Energieeintrags*. Angefertigt am 02.11.2021. Betreuender Professor: Prof. Evgeny Gurevich – Fachhochschule Münster, wissenschaftlicher Betreuer (Zweitprüfer): Marc Hummel, M.Sc. – RWTH Aachen University (LLT)

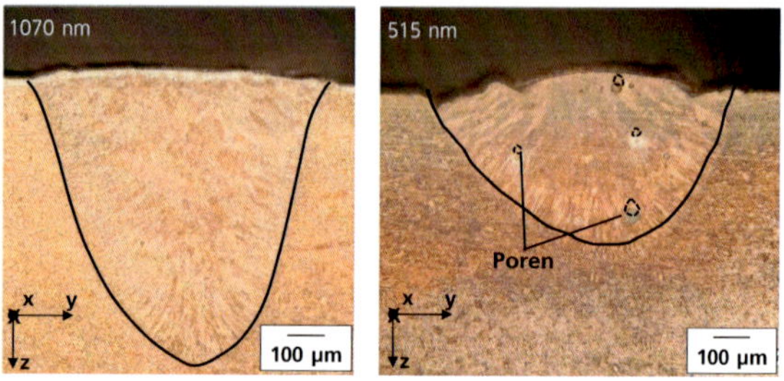

Bild 50:
Querschliff der Schweißnahte mit örtlicher Leistungsmodulation bei 1070 nm und 515 nm Laserstrahlwellenlänge

Parameter:
CuSn6
d_F = 100 µm
P_L = 1000 W
v = 100 mm/s
$A_ö$ = 0,4 mm
$f_ö$ = 500 Hz

Die Einschweißtiefe beträgt 858 µm und das Aspektverhältnis 0,93. Weder Porosität im Inneren der Schweißnaht noch Fehlstellen an der Oberfläche sind zu erkennen. Obwohl die Oszillationsamplitude auf 0,4 mm eingestellt ist und somit um Faktor vier größer als der Fokusdurchmesser, ist keine ausgeprägte Rechteckform der Schweißnaht erkennbar. Ein Unterschied zu den Ergebnisse von Häusler ist die Verwendung eines um Faktor drei größeren Fokusdurchmessers [HÄU21]. Dieser Umstand resultiert in einem geringeren Aspektverhältnis der Dampfkapillare und somit verbreitertem Energieeintrag in den Schweißprozess. Im Vergleich dazu weist die Schweißung mit 515 nm Laserstrahlwellenlänge (Bild 50, rechts) eine geringere Einschweißtiefe auf. Im Querschliff wird deutlich, dass die Aspektverhältnis niedriger ist als beim Ergebnis mit 1070 nm Laserstrahlwellenlänge. Die Einschweißtiefe beträgt 456 µm und das Aspektverhältnis der Schweißnaht 0,52. Zusätzlich ist Porenbildung in der Schweißnaht zu sehen. An der Oberfläche ist außerdem an den Rändern der Naht ein Einfall zu verzeichnen. Das bedeutet, dass entweder Material aus dem Schmelzbad ausgetragen wird oder das Material in der Schweißnaht umverteilt ist. Da in der Mitte der Naht eine Überhöhung auftritt, ist letztere Vermutung zutreffend. Nach Beck entsteht im Tiefschweißprozess eine Marangoni-Konvektion von der Dampfkapillare am Rand des Schmelzbads [BEC96]. Diese wird hervorgerufen durch einen horizontalen Temperaturgradienten, welcher in einen Gradienten in der Oberflächenspannung der flüssigen Schmelze resultiert. Unter Berücksichtigung der Grundlagen aus Bild 13 wird ersichtlich, dass auf Grund der Aufwölbung der Schweißnaht somit der Spannungs-Temperaturgradient im Schmelzbad für die Schweißung mit 515 nm Laserstrahlwellenlänge ausgeprägter ist als mit 1070 nm Laserstrahlwellenlänge. Dies führt dazu, dass an den Rändern die Schweißnaht eingefallen ist.

Eine Analyse der Energieeinkopplung während des Schweißprozesses hilft, ein besseres Verständnis für die Prozesseigenschaften zu erhalten. Für die Analyse der Laserstrahlprozesse beim Einsatz örtlicher Leistungsmodulation ist die reflektierte Leistung mittels des Doppel-Ulbrichtkugel-Aufbaus (vgl. Anhang B.4.) in situ vermessen und daraus der Einkoppelgrad berechnet (Bild 51).

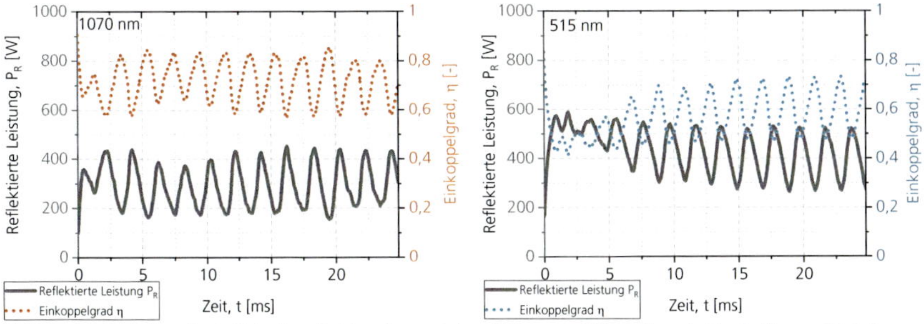

Bild 51: Vergleich der zeitaufgelösten Energieeinkopplung zwischen 1030 nm und 515 nm Laserstrahlwellenlänge auf CuSn6
Parameter:
Links: λ = 1070 nm; d_f = 100 µm; P_L = 1000 W, v = 100 mm/s, $A_ö$ = 0,4 mm, $f_ö$ = 500 Hz
Rechts: λ = 515 nm; d_f = 100 µm; P_L = 1000 W, v = 100 mm/s, $A_ö$ = 0,4 mm, $f_ö$ = 500 Hz

Auf Grund der oszillierenden Bewegung des Laserstrahls und der damit unterschiedlichen Bahngeschwindigkeit auf der Kreisbahn, stellt sich ein sinusförmiger Verlauf der reflektierten Laserleistung ein. Bei dem Schweißprozess mit 1070 nm Laserstrahlwellenlänge startet der Übergang stabilen Tiefschweißprozess bereits nach ca. 2-3 ms. Bei 515 nm Laserstrahlwellenlänge stellt sich dieser Prozess erst nach rund 5-6 ms ein. Da die Grundabsorption höher ist und dadurch das Material schneller aufgeschmolzen werden sollte, muss hier ein weiterer Mechanismus vorliegen, der diesen Prozessbeginn bis zum Gleichgewichtszustand verlangsamt. Eine Erklärung wäre die vermehrte Entstehung von Dampf im Schweißprozess, wodurch der Laserstrahl von der Materialoberfläche abgeschirmt oder gestreut wird. Dadurch würde sich ein Tiefschweißprozess erst später einstellen. Diese Erklärung deckt sich mit Untersuchungen von Haubold et al. die zeigen, dass bei Beeinflussung der Dampffackel beim Schweißen mit 515 nm Laserstrahlwellenlänge die Einschweißtiefe zunimmt [HAU18, S.448].

Nach Einstellung des konstanten Tiefschweißprozesses ist ein weiterer Unterschied in den beiden Einkoppelgraden der Schweißnähte ersichtlich. Während die sinusförmigen Schwankungen bei 1070 nm Laserstrahlwellenlänge eine unterschiedliche Amplitude aufweisen, sind die Amplituden bei 515 nm stets gleichförmig ausgeprägt. Dies deutet auf einen stabileren und gleichförmigeren Energieeintrag im Prozess hin. Grund dafür ist die höhere Grundabsorption, welche dazu führt, dass Inhomogenitäten in Material und der Materialoberfläche oder die Schwankung der Dampfkapillare eine geringere Auswirkungen auf den Energieeintrag haben.

Bei Erreichung eines konstanten Tiefschweißprozesses liegt außerdem ein geringerer mittlerer Einkoppelgrad bei der Schweißung mit 515 nm Laserstrahlwellenlänge zu Grunde. Dieser liegt für 515 nm Laserstrahlwellenlänge bei $\bar{\eta}$ = 58,9%, für 1070 nm Laserstrahlwellenlänge bei $\bar{\eta}$ = 73,2%. Wie im Stand der Technik beschrieben, ist nach Gouffé und Fabbro der Einkoppelgrad abhängig von der Tiefe und Breite der Dampfkapillare (vgl. Abschnitt 2.2.4). Dies beweist unabhängig der finalen Schweißnahtgeometrie, dass bereits im Prozess die Dampfkapillare trotz identischer Parameter für 515 nm Laserstrahlwellenlänge weniger tief ist und somit auch der Einkoppelgrad geringer ausfällt als bei 1070 nm Laserstrahlwellenlänge. Dieser Umstand unterstreicht erneut den aus der Analyse der Einschweißtiefe ermittelten Zusammenhang, dass der Schweißprozess mit 515 nm Laserstrahlwellenlänge vermehrt Energie im oberen Teil der Dampfkapillare einbringt und somit bei gleichen Prozessparametern zu einer breiteren und weniger tiefen Dampfkapillargeometrie führt als bei 1030/1070 nm Laserstrahlwellenlänge.

Wird der mittlere Einkoppelgrad zwischen den beiden Laserstrahlwellenlängen (Bild 52) betrachtet, ist eine Abnahme dieses bei mehreren aufeinanderfolgenden Schweißungen zu verzeichnen.

Bild 52:
Vergleich des mittleren Einkoppelgrads zwischen 515 nm und 1030 nm Laserstrahlwellenlänge

Parameter:
d_f = 100 µm
P_L = 1000 W
v = 100 mm/s
A_δ = 0,4 mm
f_δ = 500 Hz

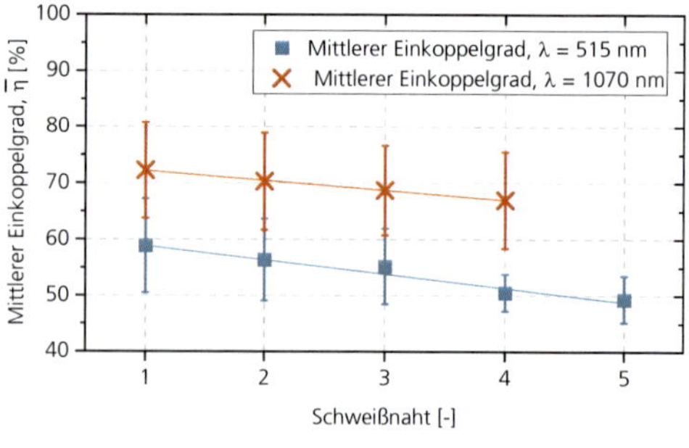

Während die Schweißungen mit 1070 nm Laserstrahlwellenlängen einen initialen, mittleren Einkoppelgrad von $\bar{\eta}_1$ = 73,2% ± 11,8% aufweißen, sinkt dieser über vier Schweißungen um durchschnittlich -1.7%-Punkte pro Schweißung. Die Schweißungen werden in zeitlichen Abständen ohne Pause durchgeführt, ohne die Dampfentstehung zu beeinflussen. Das verursacht eine Anreicherung des Metalldampfs in dem Bereich oberhalb der Prozesszone und sorgt so für Streuung und Absorption des Laserstrahls und einen geringeren Energieeintrag in den Schweißprozess. Untersuchungen, die diese Erkenntnis bestätigen, sind in der Arbeit von Hördemann dargestellt. Dabei wird gezeigt, dass die Verweildauer von Partikeln (z.Bsp. aus Dampf beim laserbasierten Abtragen von Schichten) mehrere 10 ms beträgt. Dabei sinken die Partikel nicht wieder auf die Oberfläche zurück, sondern verweilen in der Atmosphäre oberhalb des Materials [HÖR18, S.79].

Im Vergleich dazu nimmt der mittlere Einkoppelgrad für Schweißungen mit 515 nm Laserstrahlwellenlänge von $\bar{\eta}_1$ = 58,9% ± 8,3% im Mittel um -2,5%-Punkte pro Schweißung ab, was über fünf Schweißungen zu einer Gesamtabnahme von rund 10%-Punkten führt. Eine Analyse der individuellen Schweißnähte zeigt die Ursache der stetig abnehmenden mittleren Energieeinkopplung. Die dazu gehörigen Schweißnähte sind im Anhang A.3. dargestellt. In Schweißung 1 entsteht der stabile Tiefschweißprozess bereits nach rund 1 ms von Prozessbeginn aus gemessen. Dies ist auch in der mikroskopischen Draufsicht erkennbar. Bereits während der ersten Bahnkurve am Anfang der Schweißnaht (links) geht der Schweißprozess von Wärmeleitungsschweißen in Tiefschweißen über. Danach steigt die Einschweißtiefe, was sowohl an der Erhöhung der Oberflächenrauheit als auch am weiteren Anstieg des gemessenen Einkoppelgrads erkennbar ist. Die Dauer von Prozessbeginn bis zum Übergang in einen stabilen Tiefschweißprozess beträgt in allen 4 untersuchten Schweißprozessen in etwa 1 – 2 ms (siehe Einkoppelgrad). Die Anstieg der Einschweißtiefe hingegen verzögert sich in den darauffolgenden Schweißungen auf ca. 6 ms, 8 ms und 18 ms. In Schweißung 4 zeigt dies zusätzlich die Beschaffenheit der Oberfläche der Schweißnaht. Rund die Hälfte der Naht ist sehr glatt und weist eine geringe Prozessdynamik und somit eine geringe Einschweißtiefe auf. Erst in der zweiten Hälfte der Schweißnaht nimmt die Tiefe der Einschweißung zu.

Die Ergebnisse bei der Untersuchung der örtlichen Leistungsmodulation unterstreichen die Ergebnisse aus Kapitel 5.2.2. Auch in diesem Fall ist die Schweißnaht für 515 nm Laserstrahlwellenlänge tendenziell breiter und weniger tief ausgeprägt. Die für das Schweißen mit örtlicher Leistungsmodulation ermittelten Ergebnisse verdeutlichen, dass der Schweißprozess mit 515 nm Laserstrahlwellenlänge im höheren Maße durch Dampfbildung und somit der damit einhergehend verstärkten Streuung und/oder Absorption betroffen ist als der Schweißprozess mit 1070 nm Laserstrahlwellenlänge.

5.2.4 Zwischenfazit

Die metallographischen Untersuchungen und die Messungen des Einkoppelgrades beim Laserstrahlschweißen mit 515 nm und 1030/1070 nm Laserstrahlwellenlänge ergeben folgende Erkenntnisse:

- Die Einschweißtiefe nimmt mit steigender Vorschubgeschwindigkeit für 1030 nm Laserstrahlwellenlänge um Faktor 1,2 bis 1,8 stärker ab als für 515 nm Laserstrahlwellenlänge.
- Der Energieeintrag in der Dampfkapillare findet für 515 nm Laserstrahlwellenläng vermehrt im oberen Bereich der Dampfkapillare

statt. Für 1030/1070nm Laserstrahlwellenlänge wird ein höherer Anteil der Laserstrahlung in die Tiefe der Dampfkapillare reflektiert. Deshalb entstehen für 515 nm Laserstrahlwellenlänge Schweißnähte mit spitzig zulaufender Geometrie zum Nahtgrund.

- Die Porosität in der Schweißnaht ist für 515 nm Laserstrahlwellenlänge im Vergleich zu 1030 nm Laserstrahlwellenlänge höher.
- Im Schweißprozess mit 515 nm entsteht eine stärkere Dampfentwicklung im Bereich der Dampfkapillare, wodurch eine im Vergleich zu 1030 nm Laserstrahlwellenlänge stärkere Abschirmung oder Streuung der Laserstrahlung auftritt.

Darauf aufbauend ergeben sich untergeordnete Fragestellungen, um die initial aufgestellten Forschungsfragen beantworten zu können:

- Welche Ursache hat die unterschiedliche Sensitivität der Einschweißtiefe auf die Vorschubgeschwindigkeit zwischen den beiden Laserstrahlwellenlängen?
- Wodurch entsteht die unterschiedliche Porosität in Abhängigkeit der Laserstrahlwellenlänge?

Untersuchungen auf Basis der Phasenkontrast-Bildgebung werden im nachfolgenden Kapitel für die Beantwortung dieser Fragen und der übergeordneten Forschungsfragen betrachtet.

5.3 Synchrotron-basierte Analyse wellenlängenabhängiger Prozessphänomene beim Laserstrahlschweißen

5.3.1 Wellenlängenabhängige Dampfkapillargeometrie

Die grundlegende Laser-Material-Wechselwirkung beim Laserstrahltiefschweißen erfolgt innerhalb der Dampfkapillare. Die geometrische Ausprägung hat direkten Einfluss auf die Absorption und Reflexion des Laserstrahls auf der Kapillaroberfläche. Die Visualisierung der Dampfkapillare (siehe Bild 53) veranschaulicht den Einfluss der Laserleistung und Vorschubgeschwindigkeit auf den Schweißprozess. Dies dient der Analyse von Prozesseinflüssen und ermöglicht eine spätere Ableitung von Prozessstrategien.

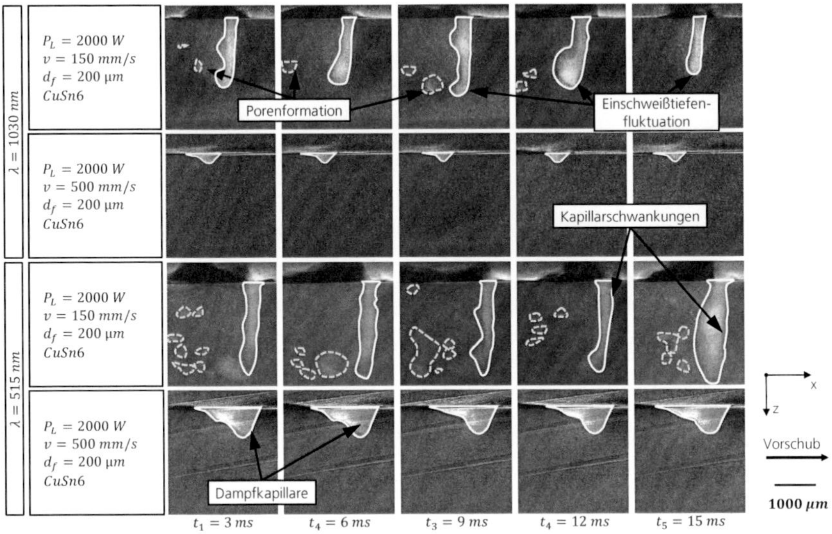

Bild 53: Vergleich der Dampfkapillargeometrie und -dynamik bei Schweißungen mit 515 nm und 1030 nm Laserstrahlwellenlänge; d_f = 200 µm; [HUM23]

Für einen direkten Vergleich zwischen den Schweißprozessen in Abhängigkeit der Laserstrahlwellenlänge sind Einzelbilder, entnommen aus einer kontinuierlichen Aufnahme, in Zeitabständen von 3 ms dargestellt. Das Zeitintervall von 3 ms dient der Verteilung der einzelnen Snapshots innerhalb

Das Kapitel 5.3.1 enthält Ergebnisse der Masterarbeit von Christian Meier: *Synchrotron-Strahlung zur Visualisierung und Analyse wellenlängenabhängiger Prozesseigenschaften beim Laserstrahlschweißen von Kupfer*. Angefertigt am 03.12.2022. Betreuender Professor: Prof. Joachim Mayer – RWTH Aachen University (GFE); Betreuer: Marc Hummel, M.Sc. – RWTH Aachen University (LLT) eines Prozesses, wodurch unterschiedliche Prozessphänomene, durch stärker ausgeprägte Änderungen zwischen zwei Bildern, erkenntlich werden. Für 1030 nm Laserstrahlwellenlänge (Bild 53, 1. Reihe) wird bei 150 mm/s Vorschubgeschwindigkeit eine tiefe Dampfkapillare erzeugt, die eine zur Materialoberfläche hin nahezu senkrecht verlaufende Kapillarfront aufweist. Im unteren Bereich ist ein Abknicken und Aufweiten der Dampfkapillare entgegen der Vorschubrichtung erkennbar. Die Tiefe der Dampfkapillare variiert im Laufe der 12 ms. Poren treten fast ausschließlich im unteren Teil der Schweißnaht an der Spitze der Dampfkapillare auf. Bei einer Laserstrahlwellenlänge von 515 nm (Bild 53, 3. Reihe) sind bei gleichen Prozessparametern die Fluktuationen und Ausbuchtungen nicht auf den unteren Teil der Dampfkapillare beschränkt. Die Grundform der Dampfkapillare ist ähnlich, Schwankungen und Ausbuchtungen treten aber über die gesamte Höhe der Dampfkapillare auf. Ebenso bilden sich Poren über die gesamte Tiefe der Schweißnaht. Bei Erhöhung der Vorschubgeschwindigkeit von $v = 150$ mm/s auf $v = 500$ mm/s, nimmt die Kapillartiefe bei beiden Laserstrahlwellenlängen ab und die Porenbildung wird reduziert. Bei einer Laserstrahlwellenlänge von 1030 nm hat sich die Tiefe der Kapillare um mehr als Faktor fünf reduziert. Dahingegen hat sich dies bei einer Laserstrahlwellenlänge von 515 nm um einen Faktor von etwa drei reduziert. Die Geometrie zeigt eine Dampfkapillare mit geringerer Tiefe und Länge für 1030 nm Laserstrahlwellenlänge als für 515 nm Laserstrahlwellenlänge. Die höhere Vorschubgeschwindigkeit ergibt ein qualitativ gleichmäßigeres Bild mit geringeren Schwankungen als die Bildserien für die niedrigere Vorschubgeschwindigkeit.

Die Betrachtung der Mittelwerte aus allen Versuchen, dargestellt in Bild 54, zeigt die mittlere Kapillargeometrie über den gesamten Schweißprozess in Abhängigkeit der Laserparameter und Laserstrahlwellenlänge.

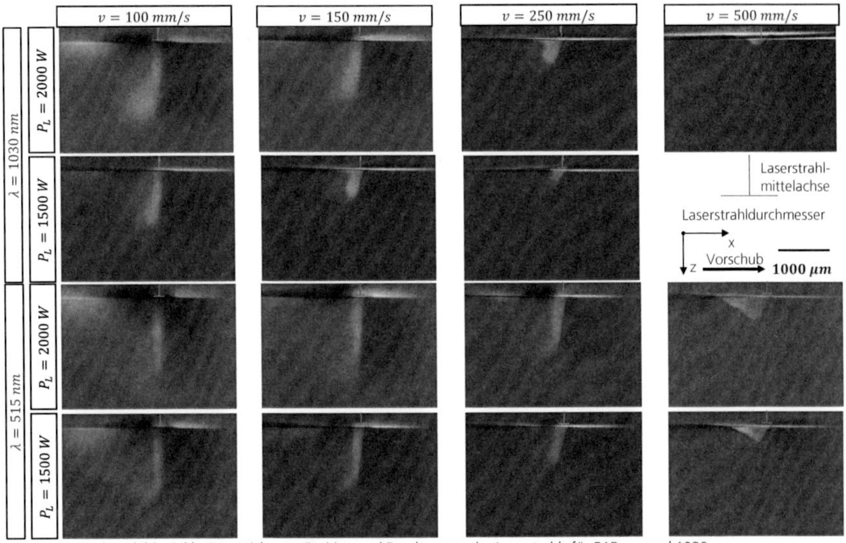

Bild 54: Mittelwertbilder inkl. eingezeichneter Position und Durchmesser des Laserstrahls für 515 nm und 1030 nm Laserstrahlwellenlänge in Abhängigkeit von Laserleistung und Vorschubgeschwindigkeit

Für beide Laserstrahlwellenlängen stellt sich, wie auch bereits in Bild 53 zu sehen, für Vorschubgeschwindigkeiten von 100 mm/s bis 150 mm/s eine tiefe und spitze Dampfkapillargeometrie ein. Für 1030 nm Laserstrahlwellenlänge beginnt bei einer Vorschubgeschwindigkeit zwischen 150 mm/s und 250 mm/s der Frontwinkel anzusteigen und die Öffnung der Dampfkapillare nach hinten setzt ein. Für 515 nm Laserstrahlwellenlänge tritt dieser Prozess erst bei einer Vorschubgeschwindigkeit zwischen 250 mm/s und 500 mm/s ein. Eine Öffnung der Dampfkapillare hat zur Folge, dass ein größerer Anteil der Laserstrahlung aus der Dampfkapillare heraus reflektiert wird. Dieser Anteil steht nicht mehr zur Ausbildung der Dampfkapillare in der Tiefe zur Verfügung. Außerdem ist zu erkennen, dass mit steigendem Vorschub die Laserstrahlmittelachse tendenziell weiter in Richtung der Kapillarfrontkante verlagert ist. Für 515 nm und 1030 nm Laserstrahlwellenlänge überlappt der Laserstrahl teilweise an der Kapillarfrontkante und bestrahlt das Material vor der Dampfkapillare. Der Anteil der Strahlung, der vor der Dampfkapillare auf die Materialoberfläche auftrifft, dient dem Vorwärmen und teilweisen aufschmelzen des Grundmaterials vor der Dampfkapillare. Diese direkten Aufnahmen der Dampfkapillare beweisen nun, dass die in Kapitel 5.2.1 ermittelten Unterschiede in der Sensitivität der Einschweißtiefe auf die Vorschubgeschwindigkeit direkt durch die Geometrie der Dampfkapillare entstehen.

Die Kapillarfront, als Ort der Laser-Material-Wechselwirkung, ist von Laserintensität und Vorschubgeschwindigkeit beeinflusst (vgl. Gleichung (2.7)). Eine genaue Vermessung der zuvor ersichtlichen Unterschiede ist in Bild 55, links dargestellt. Demnach nimmt mit Steigerung der Vorschubgeschwindigkeit der Kapillarfrontwinkel zu.

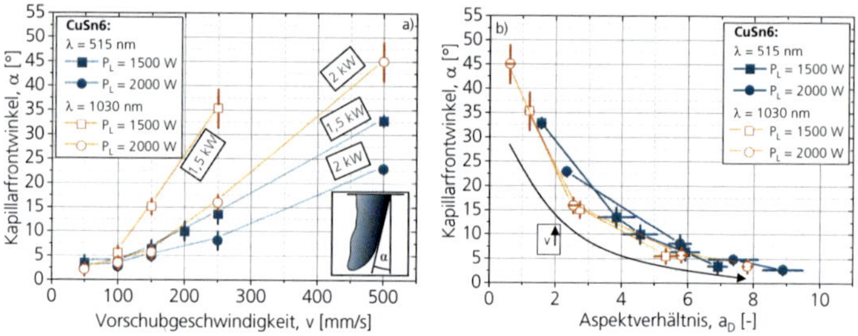

Bild 55:
Untersuchung von Kapillarfrontwinkel und Kapillartiefe in Abhängigkeit von Vorschub und Laserleistung für 515 nm und 1030 nm Laserstrahlwellenlänge

d_F = 200 µm
CuSn6

Vergleich:
[HUM23]

Bei den Schweißnähten ist für alle Laserleistungen ein Kapillarfrontwinkel von ca. 2 - 5° für Vorschubgeschwindigkeiten von 50 mm/s und 100 mm/s zu erkennen. Mit weiterer Zunahme der Vorschubgeschwindigkeit, steigt der Frontwinkel bei Schweißnähten mit einer Laserstrahlwellenlänge von 1030 nm stärker an als bei 515 nm Laserstrahlwellenlänge. Dabei steigt der Winkel stärker bei geringerer Laserleistung. Bei einem höheren Frontwinkel wird ein geringerer Anteil des Laserstrahls in den unteren Bereich der Dampfkapillare reflektiert. Daraus folgt, dass mit steigendem Frontwinkel die Kapillartiefe (Aspektverhältnis $a_D = z_K/d_f$) abnimmt (vgl. Bild 55, rechts). Dieses Verhalten, weist unabhängig von der Laserstrahlwellenlänge und der Laserleistung, den gleichen qualitativen Verlauf auf. Das bedeutet, dass die Ausbildung der Dampfkapillare einem geometrischen Zusammenhang folgt und eine Änderung des Kapillarfrontwinkels immer mit der Änderung der Kapillartiefe zusammenhängt. Das gleiche Verhalten ist bei Schweißnähten auf Cu-ETP zu beobachten (siehe Anhang A.4., Bild 81)

Eine modellhafte, geometrische Beschreibung der Kapillarfrontwand und der Kapillarfrontbewegung im Material ist von Fabbro erarbeitet und von Weberpals beim Laserstrahlschweißen von Edelstahl untersucht worden [WEB10, S.34] [FAB00, S.143]. Dieses Modell gilt primär für Durchschweißungen durch Blechmaterial, kann jedoch zur Veranschaulichung der Mechanismen auch für Einschweißungen herangezogen werden. Demnach „bohrt" sich die Kapillarfront mit einer Geschwindigkeit v_D in das Material hinein.

Diese Geschwindigkeit ist nach Formel (4.1) entsprechend

(5.1)
$$v_D = \frac{I_0 \cdot A(90° - \alpha) \cdot sin(\alpha)}{\rho(c_P \Delta T + h_S + h_v)}$$

[WEB10, S.33]

v_D: Geschwindigkeit Kapillarfront [mm/s]; I_0: Laserstrahlintensität [W/mm²]; A: Winelabhängige Fresnelabsorption [-]; α: Kapillarfrontwinkel [°]; ρ: Materialdichte [kg/m³]; c_P: spezifische Wärmekapazität [J/kgK]; ΔT: Temperaturdifferenz [K]; h_S,h_v: Schmelz- und Verdampfungsenthalphie [J/kg]

abhängig von der Energie, die benötigt wird für das Erwärmen, Aufschmelzen und Verdampfen eines definierten Materialvolumens (Nenner), sowie der im Material deponierten Energie (Zähler). Die absorbierte Energie ist abhängig von der Intensität des Laserstrahls, der Fresnelabsorption sowie der winkelabhängigen Projektion des Laserstrahls in die Dampfkapillare. Die folgende schematische Skizze veranschaulicht, wie sich dabei Kapillargeschwindigkeit v_D und Vorschubgeschwindigkeit v auf den Kapillarfrontwinkel direkt auswirken (Bild 56).

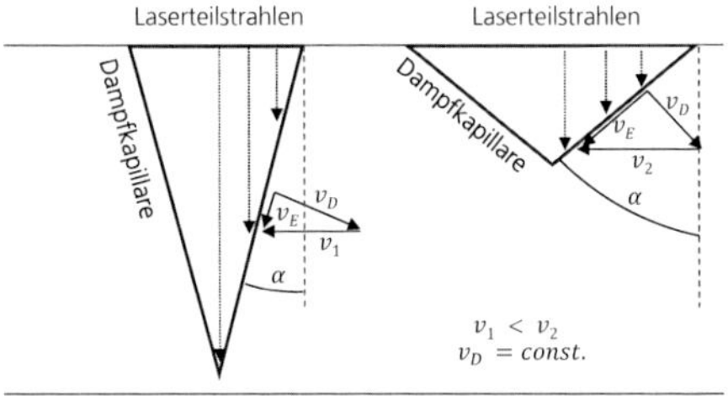

Bild 56: Schematische Darstellung der Geschwindigkeiten an der Kapillarfront

Nach [WEB10, S.27] [WEB10, S.43] [FAB00, S.143]

Die Geschwindigkeitsvektoren v_D und v_E sind Vektoren für die Materialphasengrenzen fest-flüssig. Die Vorschubgeschwindigkeit wird durch die Prozessparameter vorgegeben. Der Kapillarfrontwinkel folgt den beiden Geschwindigkeitsvektoren nach

(5.2)
$$v_D = v \cdot \cos(\alpha)$$

[WEB10, S.28]

α: Kapillarfrontwinkel [°];v_D: Geschiwndigkeitsvektor Kapillarfront [mm/s]; v: Vorschubgeschwindigkeit [m/s];

Wird bei konstanter Intensität (konstantes v_D) die Vorschubgeschwindigkeit v gesteigert (Bild 56, rechts), wird aus dem Geschwindigkeitsdreieck ersichtlich, dass der Kapillarfrontwinkel α steigt. Dies hat wiederum zur Folge, dass sich die wellenlängenabhängige Absorption und die bestrahlte Fläche ändern, bis ein neuer Gleichgewichtszustand erreicht ist. Liegt bei konstanter Vorschubgeschwindigkeit v eine geringere Laserintensität (geringere Laserleistung) vor, sinkt die Kapillarfrontgeschwindigkeit v_D nach Gleichung (5.1). Dies hat zur Folge, dass der Kapillarfrontwinkel steigt. Dieser Mechanismus deckt sich mit den experimentellen Ergebnisse in Bild 55. Auch in diesem Fall steigt der Kapillarfrontwinkel (bei konstanter Leistung) mit steigender Vorschubgeschwindigkeit und sinkt durch Erhöhung der Laserleistung (bei konstanter Vorschubgeschwindigkeit). Beide Szenarien führen zu einer Steigerung des Kapillarfrontwinkels, was auf Basis der Daten in Bild 55, rechts, zu einer Reduktion des Aspektverhältnisses, respektive der Einschweißtiefe führt. Folglich nimmt bei Verringerung des Energieeintrags (entweder durch Reduktion der eingebrachten Laserstrahlung oder Steigerung der Vorschubgeschwindigkeit) das gesamte aufgeschmolzene Volumen der Schweißnaht ab. Das Modell nach Fabbro/Weberpals ermöglicht die anschauliche Erklärung der Wirkzusammenhänge auf Basis einer geometrischen Betrachtung der Dampfkapillare. Dadurch wurde nun gezeigt, dass der Kapillarfrontwinkel von absorbierter Laserintensität und Vorschubgeschwindigkeit abhängt.

In dem Betrachtungsmodell sind somit der Anteil des Laserstrahls (Laserintensität I_0) der in die Dampfkapillare eintritt und die winkelabhängige Absorption des Laserstrahls die beiden maßgeblichen Einflussgrößen für die Ausprägung des Kapillarfrontwinkels. Zur relativen Position zwischen Laserstrahl und Kapillarfront sind in der Literatur bisher keine ausreichenden Daten zu finden, da die Dampfkapillare im Vergleich zwischen unterschiedlichen Laserstrahlwellenlängen bisher nicht mit ausreichender Präzision visualisiert wurde. Eine Quantifizierung der Beobachtungen aus den Mittelwertbildern in Bild 54, liefert die Position der Dampfkapillare in Bezug auf den Laserstrahl. Die Daten sind in Bild 57 dargestellt.

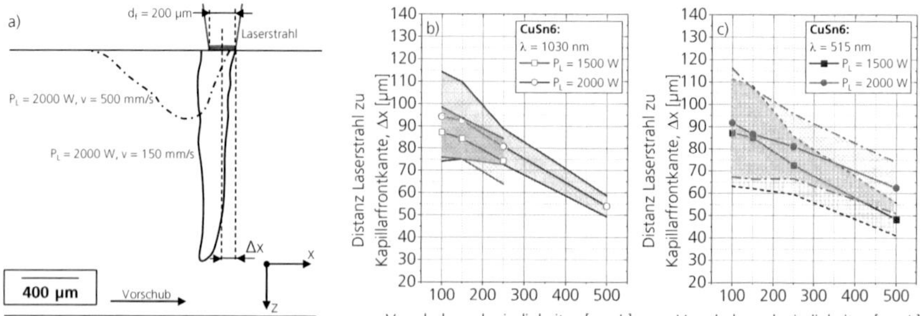

Bild 57: Distanz zwischen Laserstrahlmittelachse und Kapillarfrontkante; a) schematische Erklärung, b) Ergebnisse für 1030 nm Laserstrahlwellenlänge; c) Ergebnisse für 515 nm Laserstrahlwellenlänge; d_f = 200 µm

Δx beschreibt die Distanz zwischen der Mittelachse des Laserstrahls und der vorderen Kante der Dampfkapillare (vorderster Punkt der Dampfkapillare an der Materialoberfläche). Diese wird als Bezugspunkt gewählt, da sie bei auftretenden Prozessschwankungen einen ortsfesten Anhaltspunkt zur Vermessung darstellt (vgl. Bild 57, a). Bei der Analyse wird lediglich die Ausdehnung des Laserstrahls und der Dampfkapillare in laterale Richtung (x) betrachtet. Eine Ausdehnung in y-Richtung (in die Bildebene hinein) ist aus den Bilddaten (Synchrotron) der Dampfkapillare nicht erkennbar. Somit kann keine Einschätzung über die prozentuale Überlappung zwischen Dampfkapillare und Laserstrahl auf der Bauteiloberfläche gegeben werden, sondern lediglich über die Überlappung in Vorschubrichtung. In der weiteren Erklärung wird davon ausgegangen, dass die Ausdehnung der Dampfkapillare in y-Richtung für die Prozess beider Laserstrahlwellenlängen identisch ist. Am Beispiel der Vorschubgeschwindigkeit von 150 mm/s (Bild 57 a)) liegt die Laserstrahlmittelachse 92 µm von der Kapillarfrontkante entfernt. Das bedeutet im Umkehrschluss, dass rund 8 µm des Laserstrahls auf der Materialoberfläche oder Schmelze vor der Dampfkapillare auftreffen.

In Bild 57 b) und c) sind die quantitativen Ergebnisse aller Daten dargestellt. Dabei wird ersichtlich, dass für 1030 nm Laserstrahlwellenlänge, bei gleichen Parametern ungefähr der gleiche Anteil des Laserstrahls innerhalb der Dampfkapillare liegt, wie für 515 nm Laserstrahlwellenlänge. Dies ist im Rahmen der Prozessschwankungen für alle Parameter der Fall. Für steigende Vorschubgeschwindigkeit nimmt die Distanz zwischen Kapillarfront und Laserstrahlmittelachse ab. Das heißt, bei höherer Vorschubgeschwindigkeit trifft ein größerer Anteil des Laserstrahls vor der Dampfkapillare auf. Dadurch tritt ein geringerer Anteil des Laserstrahls in die Dampfkapillare ein als bei niedrigen Vorschubgeschwindigkeiten. Für beide Laserstrahlwellenlängen ist der Anteil im Rahmen der Messgenauigkeit und der Schwankungen jedoch gleich. Somit kann geschlussfolgert werden, dass nach Gleichung (5.1) nicht die Intensität des Laserstrahls I_0 in der Dampfkapillare einen Unterschied in der Ausprägung des Kapillarfrontwinkes zwischen den beiden Laserstrahlwellenlängen verursacht, sondern die winkelabhängige Absorption A auf der Kapillarfront.

Weshalb für beide Laserstrahlwellenlängen der gleiche Anteil des Laserstrahls in die Dampfkapillare eintritt, ist bisher nicht geklärt. Der Umstand der höheren Grundabsorption für 515 nm Laserstrahlwellenlänge auf Kupfer würde erwarten lassen, dass für 515 nm Laserstrahlwellenlänge das Kupfer schneller aufschmilzt als für 1030 nm Laserstrahlwellenlänge und somit eine weitere Ausdehnung des Schmelzbads und der Dampfkapillare in Richtung des Vorschubs auftritt. Dass dies in dem hier untersuchten Fall nicht auftritt, kann mit dem Einfluss des Dampfes oberhalb der Dampfkapillare zusammenhängen. Wie bereits in Kapitel 5.2.3 gezeigt, wird der Laserstrahl bei 515 nm Laserstrahlwellenlänge stärker durch den Dampf absorbiert oder gestreut. Den genauen Einfluss der Dampffackel im Schweißprozess für beide Laserstrahlwellenlängen sollte in weiteren Forschungsarbeiten untersucht werden.

Die Ursache für eine unterschiedliche Ausprägung des Kapillarfrontwinkels ist somit im qualitativen Verlauf der Fresnel-Absorption zu suche. In Bild 58 ist die Analyse des Kapillarfrontwinkels in Abhängigkeit der relativen Laserstrahlposition zur Kapillarfrontkante Δx dargestellt (links). Zusätzlich ist in Bild 58, rechts die Fresnel-Absorption (vgl. Kapitel 2.2.4, Literaturwerte) für Kupfer in Abhängigkeit der Kapillarfrontwinkels dargestellt ($\alpha = 90° - \varphi$).

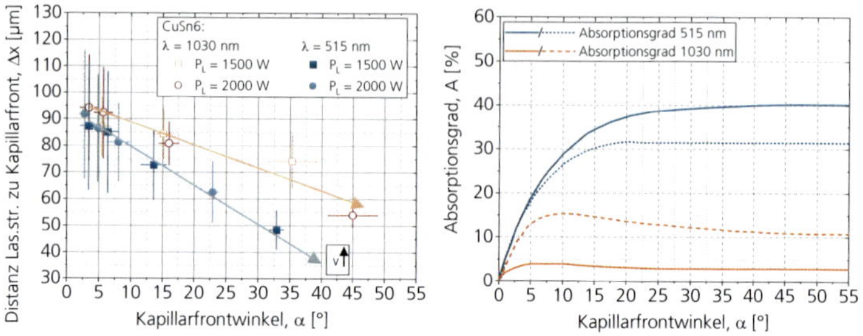

Bild 58:
Einfluss der Position des Laserstrahls zur Kapillarfront auf den Kapillarfrontwinkel für 515 nm und 1030 nm Laserstrahlwellenlänge

Mit sinkender Distanz des Laserstrahls zur Kapillarfront (sinkendes Δx), nimmt für beide Laserstrahlwellenlängen der Kapillarfrontwinkel zu. Diese Zunahme des Kapillarfrontwinkels erfolgt bei 515 nm Laserstrahlwellenlänge im Mittel mit 0,73 °/µm, bei 1030 nm Laserstrahlwellenlänge mit rund 1,32 °/µm. Dies entspricht einer um 80% stärkeren Zunahme des Kapillarfrontwinkels bei gleicher Änderung der Laserstrahlposition. Das bedeutet, je geringer der Anteil des Laserstrahls ist, der in die Dampfkapillare eintritt, desto flacher bildet sich die Dampfkapillarfront aus. Im Umkehrschluss sinkt der Kapillarfrontwinkel, wenn mehr Laserstrahlung in die Dampfkapillare eintritt. Dies entspricht der modellhaften Beschreibung nach Fabbro/Weberpals (vgl. Formel (4.1)) Für beide Laserstrahlwellenlängen sind im Bereich von Δx zwischen 80 µm bis 100 µm die Kapillarfrontwinkel im Rahmen der Schwankungen in der gleichen Größenordnung zwischen 2° bis ca. 6°. Für diesen Winkelbereich liegt die Fresnel-Absorption (Bild 58, rechts), im Vergleich der beiden Laserstrahlwellenlängen, bei einer Differenz von ca. 5-6%-Punkten. Das heißt, bei Vorschubgeschwindigkeiten bis, in diesem Fall 100 mm/s, macht sich eine Änderung der Vorschubgeschwindigkeit nur geringfügig bemerkbar (vgl. Bild 47)

Nimmt der Anteil der Laserstrahlung, der in die Dampfkapillare eintritt, weiter ab (Δx sinkt), dann steigt der Kapillarfrontwinkel für 1030 nm Laserstrahlwellenlänge stärker an als für 515 nm Laserstrahlwellenlänge. Die Erklärung dafür ist in der Fresnel-Kurve zu finden (Bild 58, rechts). Im Bereich bis 10° Kapillarfrontwinkel steigt der Absorptionsgrad für 1030 nm Laserstrahlwellenlänge auf ca. 15% an. Für 515 nm Laserstrahlwellenlänge hingegen auf ca. 27% und bis zu einem Winkel von 20° auf bis zu 32%. Dadurch wird beim Schweißprozess mit 515 nm Laserstrahlwellenlänge trotz geringerem Anteil an Laserstrahlung in der Dampfkapillare, ein weiterhin größerer Anteil davon in der Dampfkapillare absorbiert. Für 1030 nm Laserstrahlwellenlänge ist hingegen bei einem Kapillarfrontwinkel von 10° die Grenze erreicht, ab welcher keine Steigerung der Absorption mehr eintritt. Deshalb reagiert der Schweißprozess bei 1030 nm Laserstrahlwellenlänge früher und stärker auf weiter steigende Vorschubgeschwindigkeit. Deshalb steigt der Kapillarfrontwinkel und sinkt die Einschweißtiefe bei bereits geringerer Vorschubgeschwindigkeit als bei 515 nm Laserstrahlwellenlänge. Somit ist nun bewiesen, dass die winkelabhängige Fresnelabsorption Unterschiede in der Dampfkapillargeometrie und Sensitivität der Einschweißtiefe, auf die Vorschubgeschwindigkeit, hervorruft.

Was in dem rein geometrischen Teilmodell der Dampfkapillarfront nach Fabbro nicht berücksichtigt wird (da es von einer statischen Kapillarfront ausgeht), ist unter anderem der Einfluss der Verdampfung auf die Kapillarfront. Bei Steigerung der Vorschubgeschwindigkeit sinkt die Streckenenergie, da bei gleicher Laserleistung mehr Material in gleicher Zeit bestrahlt wird. Folglich sind die Temperatur und die Verdampfungsrate im Prozess geringer. Dadurch sinkt der Dampfdruck in der Dampfkapillare und der Kapillarfront wird flacher. Außerdem wird auch die Mehrfachreflexion nicht betrachtet. Demnach nimmt die Einschweißtiefe auf Grund der Reflexionen in die Tiefe der Dampfkapillare weiter zu. Dies ist im Fall von 1030 nm Laserstrahlwellenlänge auf Grund des geringeren Absorptionsgrades stärker ausgeprägt, weshalb bei geringen Vorschubgeschwindigkeiten die Schweißnähte tiefer ausgeprägt sind. Die Verringerung der Kapillarfront hat auf Basis der Mehrfachreflexionen außerdem einen selbstverstärkenden Effekt, da eine flachere Kapillarfront bedeutet, dass ein größerer Anteil der Laserstrahlung aus der Kapillare heraus und nicht in die Tiefe der Kapillare reflektiert wird.

Für einen direkten Vergleich zwischen zwei Laserstrahlwellenlängen ist nun gezeigt dass die stationäre, modellbasierte Betrachtung der Kapillarfront auf Basis der Geschwindigkeitsvektoren nach Fabbro [FAB00, S.143] auch wellenlängenübergreifend Erklärungsansätze liefert. Für die Beantwortung der 2. Forschungsfrage ist nun gezeigt, dass unabhängig der Grundabsorption bei senkrechtem Auftreffen auf die Materialoberfläche, sich im Inneren der Dampfkapillare ein Selbstregulierungsmechanismus einstellt, der lediglich von der winkelabhängigen Fresnel-Absorption der Laserstrahlung abhängt. Die unterschiedliche Sensitivität der Einschweißtiefe auf die Vorschubgeschwindigkeit hängt direkt von der Kapillarfrontwand ab. Durch die modellbasierte Erklärung wurde gezeigt, dass auf Grund der geringeren Fresnel-Absorption für 1030 nm Laserstrahlwellenlänge die Kapillarfront bereits bei geringerer Vorschubgeschwindigkeit abflacht, die Einschweißtiefe sinkt und die Öffnung der Dampfkapillare zu einer Keilform eintritt. Über das Modell hinaus muss jedoch noch zusätzlich die Mehrflachreflexion und der Dampfdruck innerhalb der Dampfkapillare betrachtet werden. Diese Mechanismen sind für zwei Laserstrahlquellen mit unterschiedlicher Fresnel-Absorption im Stand der Technik experimentell noch nicht betrachtet. Dies sollte Gegenstand zukünftiger Forschungsarbeiten sein. Auf Basis des hier bewiesenen Zusammenhangs, kann zukünftig jedoch eine Abschätzung für neuartige Schweißprozesse bereits vorab getroffen werden. Auf Basis bekannter Fresnel-Absorption-Kurven für Laserstrahlwellenlänge und Material kann somit bewertet werden, wie sich ein Schweißprozess im Vergleich zu den hier untersuchten Prozessen zum Einfluss von Vorschubgeschwindigkeit und Laserleistung verhält.

Eine Analogie zu den hier ermittelten Ergebnissen besteht bei laserbasierten Schneidprozessen im Vergleich von CO_2-Lasern (10 µm Laserstrahlwellenlänge) zu Nd:YAG-Lasern (1 µm Laserstrahlwellenlänge). Petring et al. zeigen, dass die geringere Absorption des CO_2-Laserstrahls auf dem Edelstahlmaterial für eine verstärkte Reflexion in die Tiefe der Schneidfuge führt. Bei Verwendung des Nd-YAG-Lasers mit im Vergleich dazu höherem Absorptionsgrad auf Edelstahl, wird die Laserstrahlung hingegen über die gesamte Höhe der Schneidfuge absorbiert. Folge ist eine gesteigerte Dynamik im Schneidprozess sowie die höhere Oberflächenrauheit auf der Schneidflanke. [PET12, S.189] Halm beschreibt außerdem, dass durch die unterschiedlichen Absorptionsgrade der Einfluss von Schwankungen und Wellen (verändernde Winkel der Fresnel-Absorption) auf der Schneidfront für den CO2-Laser (geringerer Absorptionsgrad) schwächer ausfällt als für den Nd:YAG-Laser. Dadurch entstehen beim Schneidprozess unter Verwendung des CO2-Lasers keine selbstverstärkenden Instabilitäten und die Prozessergebnisse weisen eine höhere Qualität auf. [HAL18, S.29].

5.3.2 Bildungsgeschwindigkeit der Dampfkapillare am Prozessbeginn

Durch Betrachtung des Prozessbeginns beim Laserstrahlschweißen (Bild 59) kann der Einfluss der Grundabsorption der Laserstrahlung auf das Aufschmelzen und Verdampfen des Materials analysiert werden. Dies lässt gleichzeitig Rückschlüsse auf die Laser-Material-Wechselwirkung auf der festen Materialoberfläche in Abhängigkeit von Laserleistung, Vorschubgeschwindigkeit und Laserstrahlwellenlänge zu. In der oberen Bildreihe ist ein Datensatz für 1030 nm Laserstrahlwellenlänge gezeigt. Vom Startpunkt des Prozesses bei $t_0 = 0$ µs ist die Entstehung der Kapillare in Schritten von 200 µs sichtbar. Die Dampfkapillare bildet sich kegelförmig in die Tiefe aus und läuft spitz zu. Dieser Verlauf ist erklärbar durch die Fresnelabsorption. Im unteren Bereich der Dampfkapillare wird auf Grund des Winkels mehr Leistung absorbiert als an den Seitenflächen der Dampfkapillare. Dadurch wird in diesem Bereich mehr Material verdampft und die Ausdehnung der Dampfkapillare in das Innere des Materials erfolgt mit höherer Geschwindigkeit als an den Seitenwänden.

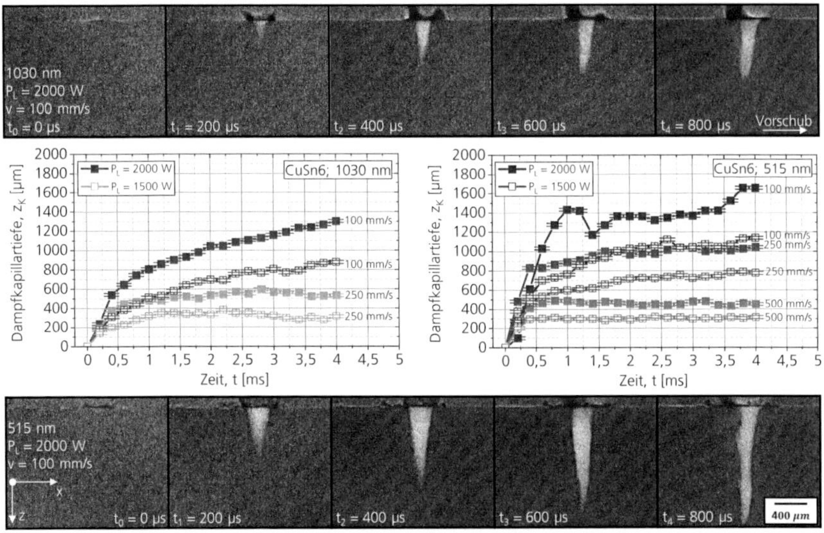

Bild 59: Analyse der Bildungsgeschwindigkeit am Prozessbeginn; 515 nm und 1030 nm Laserstrahlwellenlänge; d_f = 200 µm

Ein Vergleich zum Einstechverhalten (Bild 59, unten) für 515 nm Laserstrahlwellenlänge zeigt, dass die Dampfkapillare bei der Ausbildung an der Oberseite um rund 60% breiter ausfällt als für 1030 nm Laserstrahlwellenlänge, obwohl beide Schweißprozesse mit gleich großem Laserstrahldurchmesser durchgeführt werden. Das bedeutet, dass die Verdampfungsrate und somit der Dampfdruck im oberen Bereich an den Seitenwänden der Dampfkapillare größer sein muss als bei 1030 nm Laserstrahlwellenlänge. Dies ist auf Grund der höheren Grundabsorption von 515 nm Laserstrahlung auf Kupfer der Fall. Dadurch wird mehr Energie in das Material eingebracht und die Verdampfungstemperatur früher erreicht. Deshalb nimmt auch die Tiefe der Dampfkapillare schneller zu als mit 1030 nm Laserstrahlwellenlänge.

Eine lineare Regression im Zeitschritt zwischen dem Zeitpunkt t_0 und t_3 ermöglicht nun die Quantifizierung der Bildungsgeschwindigkeit der Dampfkapillare zu Prozessbeginn (vertikale Geschwindigkeit). Die Ergebnisse sind in Tabelle 4 dargestellt.

Tabelle 4:
Ergebnisse der linearen Regression für die Bildungsgeschwindigkeit (Δz_k) der Dampfkapillare

Einheit: [mm/s]

	Laserstrahl-wellenlänge	**515 nm**		**1030 nm**	
	Laserleistung	2000 W	1500 W	2000 W	1500 W
Vorschub-geschwindigkeit	v = 100 mm/s	*1,82 ± 0,310*	*1,18 ± 0,090*	*1,12 ± 0,140*	*0,64 ± 0,082*
	v = 250 mm/s	*1,41 ± 0,390*	*0,85 ± 0,267*	*0,76 ± 0,106*	*0,37 ± 0,092*
	v = 500 mm/s	*0,77 ± 0,185*	*0,49 ± 0,156*	-	-

Die Bildungsgeschwindigkeit der Dampfkapillare für 515 nm Laserstrahlwellenlänge ist somit um Faktor 1,63 bis 2,29 schneller, im Vergleich zur Bildungsgeschwindigkeit für 1030 nm Laserstrahlwellenlänge bei gleichen Parametern und Betrachtung der ersten drei Zeitschritte bei Prozessbeginn.

Diese Ergebnisse unterstützen die in Abschnitt 3 aufgestellt Hypothese, nach der auf Grund der höheren Grundabsorption eine stabilerer Schweißprozess eintritt. In diesem Fall wird für 515 nm bei höheren Vorschubgeschwindigkeiten schneller ein stabiler Gleichgewichtszustand erreicht. Dies ist besonders wichtig bei sensitiven Bauteilen, bei denen die Anbindungslänge von Bedeutung, damit auch bei kurzen Schweißnähten möglichst schnell die gewünschte Einschweißtiefe erreicht werden kann.

5.3.3 Schweißnahtporosität

Als weiteres Bewertungskriterium aus den Forschungszielen ist die Schweißnahtqualität auf Basis der Porosität ein maßgebender Faktor. Dabei ist der Einfluss der Vorschubgeschwindigkeit und somit des Dampfkapillarfrontwinkels auf die Porosität der entscheidende Faktor bei der Analyse. Die Betrachtungsweise der Porosität (angelehnt an die Auswertungsweise von D'Arcangelo et al. [DAR24, S.5]) bezieht sich auf die Flächen der Poren und der Schweißnaht, die sich aus den Phasenkontrast-Aufnahmen ergeben. Die Ausdehnung der Poren und der Schweißnaht in y-Richtung (Tiefe in der Bildebene) kann wegen dem Informationsgehalte der Phasenkontrast-Aufnahmen nicht gewonnen werden. Nach der Berechnung der Porosität gemäß

(5.3)
$$\Phi_P = \frac{A_{Poren}}{A_{Schweißnaht}} \cdot 100\%$$

Φ_P: Porosität [%]; A_{Poren}: Fläche aller Poren im Längsschnitt [mm^2]; $A_{Schweißnaht}$: Fläche der Schweißnaht im Längsschnitt [mm^2]

ergibt sich ein exponentiell abnehmender Verlauf der Porosität mit steigendem Kapillarfrontwinkel (Vorschubgeschwindigkeit) (Bild 60). Die Ergebnisse für 1030 nm Laserstrahlwellenlänge zeigen wiederum eine höhere Empfindlichkeit der Porosität für steigende Vorschubgeschwindigkeiten als bei 515 nm Laserstrahlwellenlänge. Auffallend ist die Verringerung der Porosität um 15% - 20%-Punkte bei steigendem Kapillarfrontwinkel von α = 2° auf ca. 12°. Dies steht im Einklang mit der von Miyagi et al. definierten Prozessgrenze von v = 167 mm/s für Schweißungen mit 1030 nm Laserstrahlwellenlänge, oberhalb derer der Prozess als stabil gilt [MIY15, S.5]. Auch hier dient der Kapillarfrontwinkel als erklärender Einflussfaktor.

Bild 60:
Vergleich der Porosität zwischen 515 nm und 1030 nm Laserstrahlwellenlänge für CuSn6

d_F = 200 µm

[HUM23]

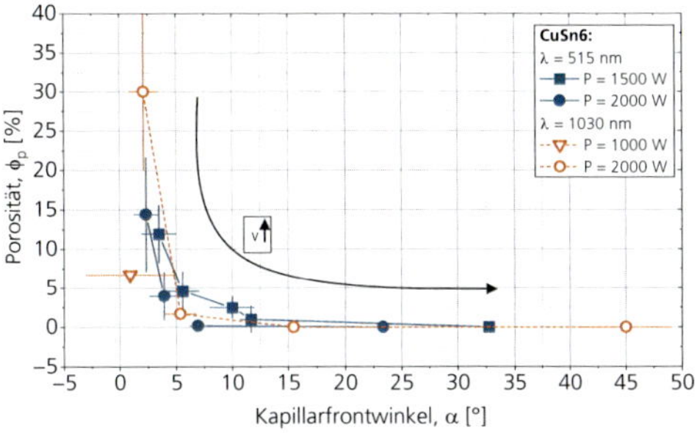

Mit steigender Vorschubgeschwindigkeit und somit Kapillarfrontwinkel wird ein zunehmender Anteil der Laserstrahlung auf die Kapillarrückwand und nicht in die Kapillartiefe reflektiert. Dadurch öffnet sich die Dampfkapillare zu einer Keilform (vgl. Bild 53). Diese Öffnung tritt bei 1030 nm bereits bei einer Vorschubgeschwindigkeit von 150 mm/s ein. Dabei weist die Dampfkapillare einen Kapillarfrontwinkel von 5,4° auf, was nach Bild 60 einer Porosität von 1,7% entspricht. Das heißt, durch die größere Öffnung der Dampfkapillare kann abströmender Dampf ungehindert aus der Dampfkapillare austreten und führt nicht zu Porenbildung im Schmelzbad. Dieser Mechanismus entspricht Ergebnissen in der Literatur (vgl. Fetzer 2018) [FET18a, S.29]. Für einen vollständig porenfreien Schweißprozess ist bei der Laserstrahlwellenlänge von 515 nm eine höhere Vorschubgeschwindigkeit erforderlich als bei einer Laserstrahlwellenlänge von 1030 nm, da sich die Dampfkapillare hier erst bei Vorschubgeschwindigkeiten > 250 mm/s zu einer Keilform öffnet (vgl. Bild 54).

Am Beispiel eines Parametersatzes zeigt die Messung der Porosität bei unterschiedlichen relativen Tiefen der Schweißnahtlängsschnitte eine unterschiedliche Ausprägung bei Verwendung beider Laserstrahlwellenlängen bei gleichen Prozessparametern (siehe Bild 61). Relative Porentiefe bedeutet in diesem Zusammenhang, dass die Lage der Pore relativ zur Kapillartiefe vermessen ist und die Porosität in jedem Bereich separat berechnet wird.

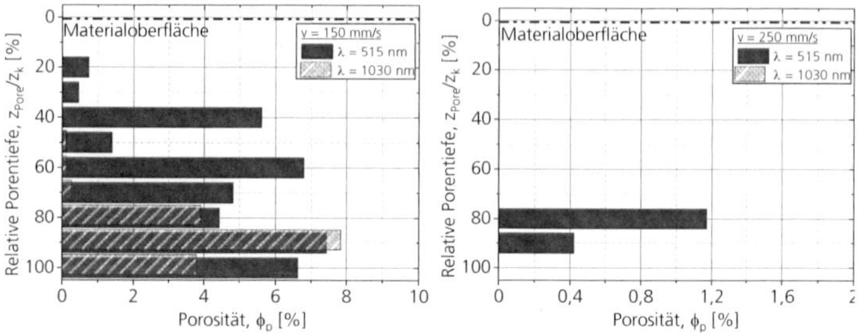

Bild 61: Vergleich der tiefenabhängigen Porosität zwischen 515 nm und 1030 nm Laserstrahlwellenlänge

d_F = 200 µm
P_L = 2000 W
Links: v = 150 mm/s
Rechts: v = 250 mm/s

[HUM23]

Bei gleichen Prozessparametern (Bild 61, links: CuSn6, P_L = 2000 W, v = 150 mm/s) bildet der Prozess mit 1030 nm Laserstrahlwellenlänge die höchste Porosität bei einer relativen Tiefe von 80% - 90%, während die Porosität bei kleineren und größeren relativen Tiefen geringer ist. Die Verwendung von 515 nm Laserstrahlwellenlänge führt zu einer gleichmäßigeren Verteilung der Poren über die gesamte Tiefe der Schweißnaht. Da die Porenbildung mit der Energieverteilung innerhalb der Dampfkapillare zusammenhängt, lässt das Ergebnis für die Laserstrahlwellenlänge von 515 nm die Interpretation einer gleichmäßigeren Absorption der Laserstrahlung über die Tiefe der Dampfkapillare zu. Bei 1030 nm Laserstrahlwellenlänge wird die Energie bevorzugt in die Tiefe reflektiert, was wiederum mit der allgemeinen Geometrie und der Ausdehnung der Dampfkapillare im unteren Bereich übereinstimmt (Bild 49). Für 1030 nm Laserstrahlwellenlänge wird die Porenbildung bei niedrigen Vorschubgeschwindigkeiten ab 250 mm/s verhindert (Bild 61, rechts: CuSn6, P_L = 2000 W, v = 250 mm/s). Bei einer Laserstrahlwellenlänge von 515 nm ist ein porenfreies Schweißen bei Geschwindigkeiten im Bereich zwischen 250 mm/s und 500 mm/s möglich. Dieses Ergebnis deckt sich mit Untersuchungen von Alter [ALT23, S.67]. Die Forschungshypothese der höheren Prozessstabilität auf Grund der höheren Grundabsorption für 515 nm im Vergleich zu 1030 nm Laserstrahlwellenlänge ist mit Bezug auf die Schweißnahtqualität (Porosität) auf Basis dieser Daten somit widerlegt. Der direkte Vergleich zwischen den Laserstrahlwellenlängen zeigt nun erstmals, dass mit 515 nm eine höhere Porosität im Schweißprozess auftritt.

Weshalb eine unterschiedliche Ausprägung der Porosität bei beiden Prozessen mit 1030 nm und 515 nm Laserstrahlwellenlänge auftritt, kann auf Basis dieser Daten nicht abschließend geklärt werden. Zum einen weisen Gasporen Größen von bis zu $\leq 5\ \mu m$ auf [ALT23, S.78]. Auf Basis des örtlichen Auflösungsvermögens der hier eingesetzten synchrotron-basierten Bildgebung (vgl. Kapitel 4.2.2) von $\geq 6{,}2\ \mu m$ sind diese Art von Poren nicht vollumfänglich zu detektieren. Außerdem ist die Bildungsgeschwindigkeit teilweise schneller als die zeitliche Auflösung der Kamerabilder. Somit ist konservativ abgeschätzt die Bildungszeitraum für Poren mit kleiner 200 µs einzuordnen (unterscheidet sich auf Basis der Porenart und des Orts der Entstehung). Dies deckt sich ebenfalls mit Untersuchungen von Berger et al. [BER11a, S.245]. Des Weiteren muss bei der Betrachtung der Porenbildung auch der Einfluss der Dampffackel und die dadurch eintretende Wechselwirkung mit dem Laserstrahl miteinbezogen werden. Dafür sind zusätzliche Versuche nötig, die die Ausprägung der Dampffackel visualisieren und in Bezug zu den Synchrotronaufnahmen setzen. Für zukünftige Versuche und die vollumfängliche Betrachtung der Porenbildung mit Synchrotronuntersuchungen, muss somit die örtliche und zeitliche Auflösung für die zuvor genannten Dimensionen angepasst werden. Dies kann durch einen optischen Zoom mit der Kamera auf die entsprechenden Regionen der Schweißnaht umgesetzt werden, in der die Poren entstehen. Zum anderen muss zur Steigerung der zeitlichen Auflösung der Photonenfluss der Synchrotronstrahlung gesteigert werden, um kürzere Belichtungszeiten zu ermöglichen.

5.4 Synchrotron-basierte Analyse der Dynamik der Dampfkapillare mit IR-Singlemode-Faserlaser

Damit die Dynamik bei Schweißprozessen mit kleinen Fokusdurchmessern (< 50 µm) untersucht werden kann, wird ebenfalls eine Analyse mit Singlemode Faserlaser mit einer Laserstrahlwellenlänge im nahen Infrarotbereich (1070 nm) durchgeführt. Mit dieser sehr hohen Fokussierbarkeit kann die örtliche Energieeinbringung mit maximaler Präzision auf der Materialoberfläche unter allen verfügbaren Laserstrahlquellen (unabhängig der Laserstrahlwellenlänge) gesteuert werden. Für den in dieser Arbeit verwendeten Singlemode-Faserlaser entspricht der Fokusdurchmesser 34 µm. Dadurch ergeben sich Aufschlüsse über die Dynamik der Dampfkapillare bei hohen Laserintensitäten.

5.4.1 Einfluss der Laserleistung auf die Dampfkapillargeometrie

Die Zeitreihe in Bild 62 zeigt den qualitativen Unterschied zu den Aufnahmen im vorherigen Abschnitt. Die Aufnahmerate der Einzelbilder beträgt dabei 5000 Hz (0,2 ms) und ist in nicht äquidistanten Schritten dargestellt. Die Bilder veranschaulichen markante Prozessphänomene während des Schweißprozesses.

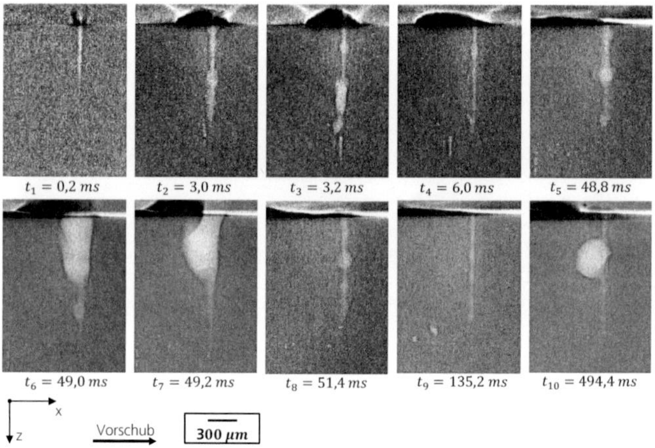

Bild 62:
Zeitreihe einer Schweißnaht auf CuSn6 ohne örtliche und zeitliche Leistungsmodulation

Parameter:
λ = 1070 nm
d_f = 34 µm
P_L = 600 W
v = 75 mm/s
$A_ö$ = 0,0 mm
$f_ö$ = 0 Hz

f_{Cam} = 5000 Hz
E_{ph} = 89 keV

Im ersten Bild zum Zeitpunkt t_1 beginnt der Schweißprozess mit dem Einstechen des Lasers in das Material und der Ausbildung einer Dampfkapillare. Die Dampfkapillare bildet sich dabei als schmaler, nadelförmiger Dampfkanal in die Tiefe aus. Bereits nach 3 ms ist eine erste Schwankung im Prozess zu erkennen. Die schmale und gleichzeitig tiefe Dampfkapillare ist an ihrer Oberfläche durch Auswölbungen gekennzeichnet. Diese entstehen durch lokale Schwankungen des Dampfdrucks innerhalb der Dampfkapillare. Die dadurch entstehenden Wellen bewegen sich entlang der Kapillaroberfläche. Zum Zeitpunkt t_3 ist bereits eine Auswölbung zu erkennen, welche jedoch zu keiner Porenbildung führt. Vielmehr expandiert die Dampfkapillare abrupt nach unten. Durch das so genannte „Spiking" (vgl. Kapitel 2.1.1 Abschnitt 4) entsteht eine längliche, nach unten gerichtete Fehlstelle am Nahtgrund. Bei all diesen dynamischen Phänomenen kann das Auftreten diagnostiziert werden. Der genaue Ort der Entstehung und der präzise Ablauf der Entstehung sind jedoch nicht erkennbar. Zum einen ist die örtliche Auflösung zu gering und auf Grund des dynamischen Rauschens, die zeitliche Aussagekraft begrenzt. Somit kann festgehalten werden, dass auch hier die Entstehung von Poren und Fehlstellen im Prozess nicht ausreichend genau erklärt werden kann.

Die Aufprägung einer Leistungsrampe während der Schweißung einer Linearnaht erlaubt die Untersuchung zum Einfluss von Laserleistung auf die Kapillargeometrie. Bei einer konstanten Vorschubgeschwindigkeit von 75 mm/s wird die Laserleistung von 300 W auf 800 W linear gesteigert (siehe Bild 63). An vier Zeitschritten weist die Dampfkapillare stets eine senkrechte, schmale Form auf. Die Dampfkapillare ist weder nach hinten gekrümmt, noch ändert sich die Geometrie in der Länge. Lediglich die Tiefe nimmt linear zu. Dieser Umstand beweist, dass die Energie der Laserstrahlung effizient in die Tiefe der Dampfkapillare reflektiert wird und dort in die Ausprägung der Dampfkapillare umgesetzt wird.

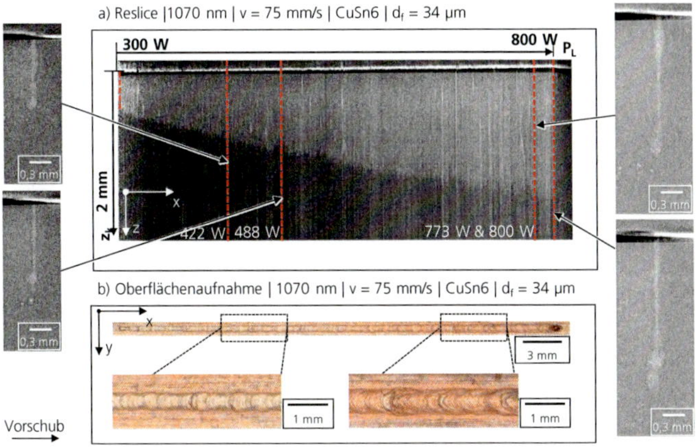

Bild 63:
Reslice in longitudinaler Richtung und Oberflächenaufnahme der Schweißnaht auf CuSn6 mit hochgerampter Leistungsmodulation

Parameter:
λ = 1070 nm
d_F = 34 µm
P_L = 300 - 800 W
v = 75 mm/s
$A_ö$ = 0,0 mm
$f_ö$ = 0 Hz

f_{Cam} = 5000 Hz
E_{ph} = 89 keV

Ein Reslice aus allen Einzelbildern des Versuchs, im jeweiligen Bereich der Dampfkapillare (Bild 63 a), zeigt die leistungsabhängige Kapillartiefe. Dadurch wird der Tiefenfortschritt der Dampfkapillare visualisiert. Der hellgraue Bereich, welcher linear mit der Leistung an Tiefe zunimmt, entspricht der Tiefe der Dampfkapillare an der jeweiligen Stelle der Schweißnaht. Zu Beginn ist ein direktes Einstechen der Dampfkapillare nach Prozessbeginn erkennbar. Die Dampfkapillare besitzt bei 300 W eine Tiefe von 383±7 µm. Im weiteren Verlauf steigt die Tiefe linear auf 1659 ± 35 µm bei 800 W Laserleistung an (Faktor 4,3). Daraus ergibt sich eine lineare Steigung von 2,343±0,247 mm/kW. Die Oberflächenaufnahme in Bild 63 b) zeigt, dass die Schweißnahtbreite mit zunehmender Laserleistung hingegen nur um einem Faktor von 2,1 ansteigt.

Dieser Zusammenhang beweist, dass eine Steigerung der Laserleistung vermehrt in die Tiefe der Dampfkapillare als in deren Breite umgesetzt wird. Dieses Ergebnis unterstützt die Hypothese aus Kapitel 3. Demnach ist nun gezeigt, dass sich die Tiefe der Schweißnaht gezielt durch Anpassung der Laserleistung mit Singlemodefaserlasern im nahen Infrarotbereich steuern lässt. Außerdem kann mit kleinem Fokusdurchmesser (hier 34 µm), eine Kapillare in der gleichen Größenordnung im Durchmesser erzeugt werden. Dadurch kann, im Vergleich zu den Dampfkapillaren in Abschnitt 5.3.1., die Energie lokal sehr gezielt in das Material eingebracht werden, ohne dass sich die Dampfkapillare in lateraler Richtung ausdehnt.

5.4.2 Einfluss von örtlicher Leistungsmodulation auf die Dampfkapillargeometrie

Damit eine effiziente Ausnutzung der Energie im Bauteil beim Einsatz von örtlicher Leistungsmodulation möglich ist, muss der Einfluss der Bahnbewegung auf die Dampfkapillargeometrie und -tiefe bekannt sein. Die grafische Untersuchung ist in Bild 64 dargestellt. Zur besseren Erkennbarkeit sind die Konturen von Schmelzbad und Dampfkapillare mit weißen Linien gekennzeichnet.

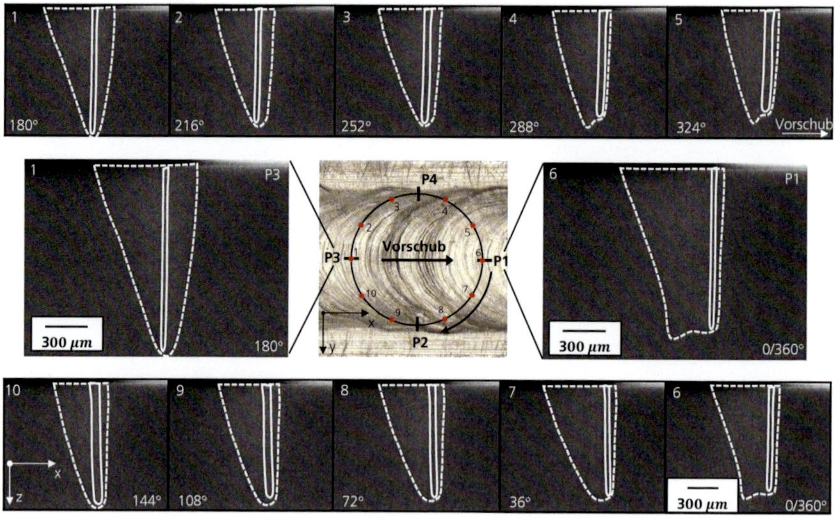

Bild 64: Betrachtung der Dampfkapillare und des Schmelzbads während einer Umdrehung beim Einsatz örtlicher Leistungsmodulation auf CuSn6
Parameter: λ = 1070 nm; d_F = 34 µm; P_L = 600 W; v = 75 mm/s; $A_ö$ = 0,1 mm; $f_ö$ = 500 Hz; f_{Cam} = 5000 Hz; E_{ph} = 89 keV

Während einer Umdrehung des Laserstrahls ist erkennbar, dass sowohl die Tiefe der Dampfkapillare als auch deren Form sich verändert. Auf der in Vorschubrichtung vorderen Kante an Punkt P1, weist die Dampfkapillare eine geringere Tiefe auf als am hinteren Punkt P3. Da an beiden Stellen die gleiche Bahngeschwindigkeit vorherrscht, entsteht dieser Unterschied auf Grund der Energie im Material. Während an Punkt P3 in bereits aufgeschmolzenes Material eingeschweißt wird, ist in Punkt P1 das noch feste Material vorhanden. Ein Teil der Laserleistung wird dabei für die Temperaturerhöhung und die Aufbringung der Schmelzenthalpie benötigt. Ein geringerer Anteil steht danach zur Ausprägung der Dampfkapillare in der Tiefe zur Verfügung. In den beiden Detailansichten in Bild 64 ist außerdem die Geometrie des Schmelzbades hervorgehoben. Zu erkennen ist, dass sich auf Grund der unterschiedlich tiefen Dampfkapillaren außerdem ein in Vorschubrichtung keilförmiges Schmelzbad ausbildet. Dieses ist wiederum an der Vorderkante weniger tief als im hinteren Bereich. Bei Vergrößerung der Oszillationsamplitude wird primär der aufgeschmolzene Bereich des Materials der Schweißnaht vergrößert. Auch die Länge des Schmelzbades nimmt zu. Die Geometrie der Dampfkapillare verändert sich nicht. Eine Darstellung und Erklärung dazu sind in Anhang A.5. zu finden.

Zur Möglichkeit des Ausgleichs dieses Tiefenunterschieds zwischen Position P1 und P3 kann die superpositionierte zeitliche (ZLM) und örtliche Leistungsmodulation (ÖLM) eingesetzt werden. Wie bereits von Häusler demonstriert, ist dadurch die Möglichkeit eines Ausgleichs in der Einschweißtiefendifferenz innerhalb der Schweißnaht möglich. Unbekannt ist bisher, welchen genauen Einfluss die überlagerte Leistungsmodulation auf die Geometrie der Dampfkapillare und die damit verbundene Dynamik hat. Dazu wird ein sinusförmiges Leistungssignal der Form

(5.4)
$$P_L(t) = 600\ W + 100\ W \cdot \sin\big(2\pi \cdot 500\ Hz_z \cdot (t - t_z)\big)$$

P_L: Laserleistung [W]; t Zeit [s]; t_z Phasenwinkelverschiebung der zeitlichen Leistungsmodulation [s]

verwendet. Eine zeitliche Darstellung der überlagerten Modulation ist im Anhang A.5. zu finden.

Durch Einstellung der Phasenwinkelverschiebung wird dieses Leistungsmaximum an die unterschiedlichen Positionen auf der Bahnkurve gelegt. Die winkelabhängige Leistungsverteilung ist in Bild 65 (links) dargestellt. Die Phasenwinkelverschiebung ist so eingestellt, dass das Leistungsmaxima bei 70°, 160°, 250° und 340° auf der Bahnkurve positioniert sind.

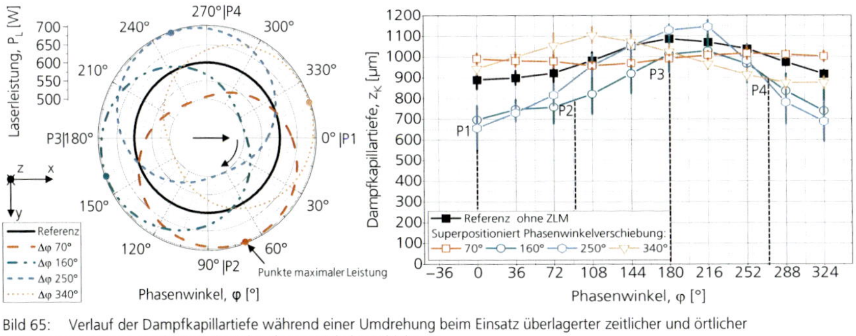

Bild 65: Verlauf der Dampfkapillartiefe während einer Umdrehung beim Einsatz überlagerter zeitlicher und örtlicher Leistungsmodulation in Abhängigkeit der Phasenwinkelverschiebung
Parameter: λ = 1070 nm; d_F = 34 µm; P_L = 600 W; v = 75 mm/s; $A_ö$ = 0,1 mm; $f_ö$ = 500 Hz; A_z = 100 W; f_z = 500 Hz

Für die Referenzmessung ergibt sich eine Dampfkapillartiefe mit sinusähnlichem Verlauf (Bild 65 , rechts). Zur Erklärung dieses Phänomens ist die Temperaturverteilung im Material herbeizuziehen. Bei der Bewegung von Position P1 zu P3 (siehe Bild 64) fährt der Laserstrahl aus einem Bereich mit geringerer Temperatur hinein in das Schmelzbad mit hoher Temperatur (vgl. [HÄU21, S.55]). Dabei fängt die Zunahme der Dampfkapillartiefe erst langsam an (0° - 36° Phasenwinkel) und nimmt bis Punkt P3 weiter zu. Bei der Bewegung von Position P3 zurück zu P1 erfolgt dieser Effekt umgekehrt. Aus dem schmelzflüssigen Bereich heraus bewegt sich die Dampfkapillare in einen Bereich geringerer Temperatur. Der Temperaturgradient aus dem Schmelzbad heraus hin zu festem Material ist dabei kontinuierlich. Somit beginnt die Abnahme der Dampfkapillartiefe mit geringer Geschwindigkeit und steigt beim Übergang in den kalten Materialbereich (Punkt P4). Einen Tiefenunterschied der Dampfkapillare zwischen den Rändern der Schweißnaht (Punkt P2 und P4) kann in diesen Untersuchungen explizit nicht festgestellt werden (Bild 65, Referenz ohne ZLM). Grund dafür kann entweder ein mangelndes Auflösungsvermögen des Bildgebungsverfahrens sein oder der Umstand, dass das Schmelzbad nicht hochdynamisch auf die Dampfkapillare reagiert. Zur genauen Visualisierung müsste der Schweißprozess von vorne geröntgt werden. Um das Schmelzbad außerdem bei den hohen Dynamiken kontrastscharf auflösen zu können, muss die zeitliche Auflösung der Phasenkontrast-Bildgebung gesteigert werden.

Bei der Überlagerung der örtlichen Bahnbewegung mit einer zeitlichen Leistungsmodulation ist der entscheidende Faktor der Gradient der Laserleistung bei der Bewegung des Laserstrahls vom bereits aufgeschmolzenen zum noch nicht aufgeschmolzenen Material. Steigt beim diesem örtlichen Übergang des Laserstrahls (im Bereich von P4 nach P1) die Laserleistung an, dann nimmt die Kapillartiefe im Bereich von P1 und P2 im Vergleich zur Referenzmessung zu. Dies tritt im hier dargestellten Fall bei einer Phasenwinkelverschiebung von 70° und 340° auf. Sinkt die Laserleistung beim örtlichen Übergang des Laserstrahls vom bereits aufgeschmolzenen Material zum nicht aufgeschmolzenen Material hingegen, so sinkt auch die Kapillartiefe an P1 und P2 im Vergleich zur Referenzmessung. Dies ist im hier dargestellten Fall bei einer Phasenwinkelverschiebung von 160° und 250° der Fall. Grund dafür ist der Energiehaushalt im Schmelzbad. Beim örtlichen Übergang des Laserstrahls vom schmelzflüssigen in das feste Material wird ein Großteil der Laserleistung zum Aufschmelzen des Materials benötigt und weniger Energie steht zur Verfügung, um die Dampfkapillare in der Tiefe auszubilden. Wird nun zusätzlich die Laserleistung abgesenkt, addieren sich diese beiden Effekte und eine zusätzliche Verringerung der Kapillartiefe ist im Bereich des festen Materials zu beobachten.

Wird analog dazu der Übergang vom festen Material in das bereits vorhandene Schmelzbad betrachtet (Im Bereich von Position P1 nach P2), so ergibt sich ein dazu identisches Bild. Wird der Laserstrahl mit steigender Leistung in das Schmelzbad hinein bewegt, so ist die Ausprägung der Kapillartiefe an Position

P3 ähnlich tief oder tiefer im Vergleich zur Referenzmessung, auch wenn die Leistung an diesem Punkt nicht identisch oder sogar niedriger ist. Dies ist in den hier dargestellten Ergebnissen der Fall bei einer Phasenwinkelverschiebung von 160° und 250°. Entsprechend wird beim Übergang in das Schmelzbad mit sinkender Laserleistung die Kapillartiefe an Punkt P3 geringer, auch wenn die Laserleistung an dieser Stelle ein gleiche oder höhere Laserleistung als die Referenzmessung aufweist.

Somit ist nun aufbauend auf dem Stand der Technik erstmals gezeigt, dass die Dampfkapillargeometrie beim Singlemode-Faserlaser bei Steigerung von Laserleistung und Vorschubgeschwindigkeit (Bahnbewegung) sich primär nur in ihrer Tiefe ändert. Eine Verlängerung der Kapillargeometrie wie bei den Versuchen in Abschnitt 5.3.1, ist dabei nicht zu erkennen. Des Weiteren ist der entscheidende Faktor für die Ausprägung der Dampfkapillartiefe neben der Laserleistung auch die Position im Schmelzbad. Das bedeutet, nicht nur die Bahnbewegung hat einen Einfluss auf die Ausprägung der Dampfkapillartiefe, sondern auch die Position dieser im flüssigen Schmelzbad oder dem noch nicht aufgeschmolzenen Festmaterial. Bei Einsatz einer überlagerten, zeitlichen Leistungsmodulation ist die dritte Einflussgröße der Gradient der Laserleistung. Dabei ist entscheidend, ob die Laserleistung zunimmt oder abnimmt, beim Übergang zwischen fester und flüssiger Materialphase. Diese Ergebnisse belegen die Forschungshypothese, nach der mittels Einsatz von örtlicher und zeitlicher Leistungsmodulation die Steuerung der Einschweißtiefe präzise und ortsgenau gesteuert werden kann.

Um diesen Zusammenhang noch exakter zu untersuchen, ist weitere Forschung nötig. Dazu zählen die Untersuchung des Einkoppelgrads bei überlagerter örtlicher und zeitlicher Leistungsmodulation während der Phasenkontrast-Bildgebung. Dadurch kann die Geometrie der Dampfkapillare direkt mit dem Einkoppelgrad verglichen werden, um bestehende numerische Kapillarmodelle (Bsp. Fabbro [FAB20]) zu präzisieren und zu verbessern. Zusätzlich muss die örtliche und zeitliche Auflösung der Phasenkontrast-Bildgebung weiter gesteigert werden. Durch die hohen Dynamiken bei der Oszillationsbewegung sind keine scharfen Kanten erkennbar. Außerdem ist die Dampfkapillare beim Singlemode-Faserlaser im unteren Bereich sehr dünn, sodass der Prozess nicht gesamtheitlich mit dem gleichen Detailgrad erfasst wird. Dies muss in zukünftigen Untersuchungen am Synchrotron getestet werden.

5.5 Zwischenfazit

Die in Kapitel 5 ermittelte Kausalkette in den Erklärungen der gewonnen Daten, lässt sich wie in Bild 66 dargestellt, zusammenfassen. Dabei ist zu erwähnen, dass sich einzelne Größen stets gegenseitig beeinflussen, bis ein Gleichgewichtszustand (stabil oder instabil) erreicht ist.

Bild 66:
Kausalkette zur Erklärung der Prozessphänomene

**Literaturwerte für flüssigen Aggregatzustand (vgl. Abschnitt 2.2.4)*

Anmerkung: Die ermittelten Werte beziehen sich auf die hier untersuchten Parameterbereiche und Analysen und sind nicht zwangsläufig allgemeingültig

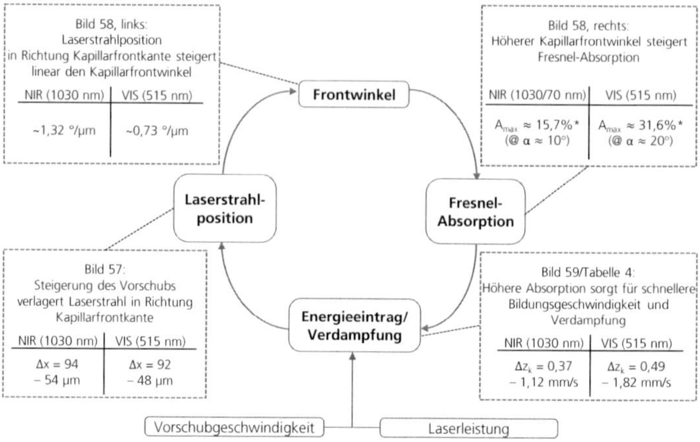

Grund für die Neigung der Dampfkapillarfront und somit der geometrischen Ausprägung der Dampfkapillare ist die winkelabhängige Fresnelabsorption auf der Dampfkapillarfront. Zudem erklärt die hier präsentierte Kausalkette den Einfluss der Vorschubgeschwindigkeit auf die Porosität. Der Schweißprozess mit 1030 nm Laserstrahlwellenlänge reagiert empfindlicher auf die Steigerung der Vorschubgeschwindigkeiten und weist bereits bei geringeren Vorschubgeschwindigkeiten keine Porenbildung mehr auf, da eine Öffnung der Dampfkapillare bereits bei geringeren Vorschubgeschwindigkeiten stattfindet als bei 515 nm Laserstrahlwellenlänge.

Für eine weitere Untermauerung der hier gefunden Zusammenhänge, speziell in Bezug auf die Unterschiedlichen Prozessausprägungen zwischen 515 nm und 1030 nm Laserstrahlwellenlänge, müssen in weiterführenden Forschungsarbeiten zusätzlich die Dampfentwicklung im Prozess und der Einfluss von Mehrfachreflexionen innerhalb der Dampfkapillare untersucht werden. Dies kann beispielsweise durch die kombinierte Untersuchung aus Phasenkontrast-Bildgebung und Messung des Einkoppelgrads erfolgen. Außerdem kann durch Schlieren-Aufnahmen die Dampffackel oberhalb der Dampfkapillare visualisiert werden. Dadurch kann der Einfluss der Dampffackel auf den Laserstrahl und somit die Ausdehnung der Dampfkapillare quantifiziert werden.

Die bisher gewonnen Ergebnisse aus den Analysen zum Einfluss von Laserleistung und Vorschubgeschwindigkeit auf den Schweißprozess für 1030 nm und 515 nm Laserstrahlwellenlänge lassen nun eine Abschätzung zu den Eigenschaften der jeweiligen Laserstrahlwellenlänge zu. Diese sind in Tabelle

5 aufgeführt. Dabei sind alle Einschätzungen stets relativ zueinander zu bewerten.

Tabelle 5: Zwischenfazit zu den betrachteten Prozessvergleichen und Ableitung von Prozesseigenschaften

515 nm	1030 nm
+ Höhere Einstechgeschwindigkeit bei Prozessstart	+ Reflektierter Strahlungsanteil in die Kapillartiefe größer
+ Geringere Tiefenempfindlichkeit bei Erhöhung der Vorschubgeschwindigkeit	+ Geringere Porosität bei gleichen Parametern
+ Weite Prozessgrenze hin zu höherer Vorschubgeschwindigkeit	+ Geringere Schwankungen der Einschweißtiefe

Für die weitergehende Entwicklung und Kompensation der Einschweißtiefenkonstanz beim Laserstrahlschweißen von Kupfer werden diese Randbedingungen der jeweiligen Prozesseigenschaften beachtet.

Auf Basis der Phasenkontrast-Bildgebung und den zuvor ermittelten metallographischen Ergebnissen können die eingangs aufgestellten Forschungsfragen nun wie folgt beantwortet werden:

- Die Schweißnähte in Kupfer weisen bei niedrigen Vorschubgeschwindigkeiten bis 100 mm/s für 1030 nm Laserstrahlwellenlänge ein höheres Aspektverhältnis auf, als Schweißnähte bei 515 nm Laserstrahlwellenlänge. Mit steigender Vorschubgeschwindigkeit nimmt die Einschweißtiefe für 1030 nm Laserstrahlwellenlänge um Faktor 1,2 bis 1,8 stärker ab. Die Ursache für die unterschiedliche Sensitivität der Dampfkapillartiefe auf eine Steigerung der Vorschubgeschwindigkeit wird durch die unterschiedlichen winkelabhängigen Absorptionsverhalten zwischen den Laserstrahlwellenlängen verursacht. Für 515 nm Laserstrahlwellenlänge steigt mit zunehmendem Kapillarfrontwinkel bis 20° die Absorption auf bis zu 31,6% an. Dies kompensiert die Abnahme des eintreffenden Anteils der Laserstrahlung in der Dampfkapillare durch Anstieg der Absorption. Für 1030 nm Laserstrahlwellenlänge steigt die winkelabhängige Absorption nur bis zu einem Winkel von 10° auf 15,7%. Somit steigt der Kapillarfrontwinkel und sinkt die Einschweißtiefe bereits bei einer geringeren Vorschubgeschwindigkeit stärker an als für 515 nm Laserstrahlwellenlänge. Gleichzeitig führt dies zu einer Öffnung der Dampfkapillare zu einer Keilform ebenfalls bei geringeren Vorschubgeschwindigkeiten.
- Die Porosität ist im Mittel über alle untersuchten Parameter für 515 nm Laserstrahlwellenlänge höher als für 1030 nm Laserstrahlwellenlänge. Die Porosität entsteht für 515 nm Laserstrahlwellenlänge über die gesamte Tiefe des Schweißprozesses. Für 1030 nm entstehen die Poren vermehrt im unteren Bereich der Dampfkapillare. Da sich die Dampfkapillare für 1030 nm Laserstrahlwellenlänge bereits bei

geringeren Vorschubgeschwindigkeiten als bei 515 nm Laserstrahlwellenlänge öffnet, reduziert sich auch die Porosität bereits bei geringeren Vorschubgeschwindigkeiten. Eine Ursache für die höhere Porosität bei 515 nm Laserstrahlwellenlänge kann im Rahmen dieser Arbeit nicht gefunden werden. Dazu ist die zeitliche und örtliche Auflösung der Phasenkontrast-Bildgebung zu gering, um die detaillierten Entstehungsmechanismen aufzulösen.

- Eine gezielte Steuerung der Einschweißtiefe ist mit 515 nm Laserstrahlwellenlänge weniger präzise möglich im Vergleich zu 1030 nm Laserstrahlwellenlänge. Auf Grund des höheren Anteils an Laserstrahlung, der für 1030 nm Laserstrahlwellenlänge in die Tiefe der Dampfkapillare reflektiert wird, kann die Tiefe gezielter gesteuert werden. Mit 515 nm Laserstrahlwellenlänge entstehen Schweißnähte mit höherer Breite an der Oberseite, welche spitz nach unten zulaufen. Dadurch entstehen beim Einsatz örtlicher Leistungsmodulation Schweißnähte mit höherer Breite und geringerer Tiefe, was sich für eine Steuerung der Einschweißtiefe negativ auswirkt. Dahingegen kann die höhere Absorption der 515 nm Laserstrahlwellenlänge auf Kupfer ausgenutzt werden, um bei hohen Vorschubgeschwindigkeiten ≥ 500mm/s Schweißnähte mit hoher Einschweißtiefenkonstanz zu erzeugen. Dies ist im hier untersuchten Fall mit 1030 nm Laserstrahlwellenlänge nicht möglich.

Speziell der zuletzt genannte Punkt wird in Kapitel 6 genutzt, um die Methodik der überlagerten örtlichen und zeitlichen Leistungsmodulation weiterzuentwickeln. Im Anschluss an Kapitel 6 wird eine Abschätzung zu Möglichkeiten und Grenzen der Methodik gegeben.

6 Steuerung der Schweißnahtgeometrie durch dynamisch angepassten Energieeintrag

Der Laserstrahlschweißprozess von Kupfer mit 515 nm Laserstrahlwellenlänge weist eine geringere Einschweißtiefe bei vergleichbaren Laserparametern < 150 mm/s in die Tiefe des Materials auf. Gleichzeitig werden die Schweißnähte breiter und weisen eine höhere Porosität auf. All diese Umstände sprechen für die Verwendung von Laserstrahlung im nahen Infrarotbereich, wenn eine möglichst präzise Steuerung der Schweißnahtgeometrie in der Tiefe erfolgen soll. Aus diesem Grund wird für die Methodik zur variablen Steuerung der Einschweißtiefe im Material ein Singlemode-Faserlaser mit 1070 nm Laserstrahlwellenlänge verwendet.

6.1 Kontrollierte Einstellung variabler Schweißnahtgeometrien

Basierend auf den Untersuchungen von Häusler (vgl. Abschnitt 2.3.3), in denen der Ausgleich der Einschweißtiefendifferenz durch die Methodik der überlagerten örtlichen und zeitlichen Leistungsmodulation gezeigt wird, erfolgt eine Erweiterung dieses methodischen Ansatzes, um die Schweißnaht in ihrer Geometrie am Nahtgrund gezielt zu steuern. In Bild 67 sind die für die Untersuchungen definierten Schweißnahtgeometrien dargestellt.

Bild 67: Definierte und angestrebte Schweißnaht-geometrien mittels überlagerter ÖLM und ZLM

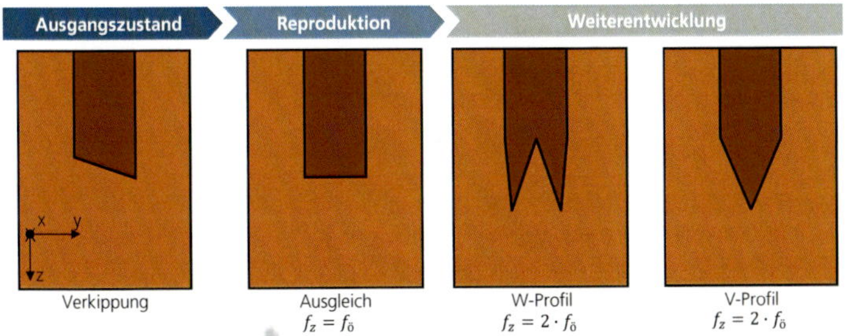

Wichtigste Stellgröße bei der Erzeugung der beschriebenen Schweißnahtgeometrien ist der Zeitpunkt, an welchem die Laserleistung auf der Bahngeometrie gesteigert und reduziert wird. Dazu wird im Bereich vor der Position des Geometriemerkmals (hohe oder geringe Einschweißtiefe) der

Das Kapitel 6.1 und 6.2 enthält Ergebnisse der Bachelorarbeit von Sebastian Mootz: *Beeinflussung der Schweißnahtgeometrie beim Laserstrahl-Mikroschweißen mittels zeitlich und örtlich superpositioniertem Energieeintrag.* Angefertigt am 11.05.2020. Betreuender Professor: Prof. Peter Loosen – RWTH Aachen University (TOS); Betreuer: Marc Hummel, M.Sc. – RWTH Aachen University (LLT)

Phasenwinkel φ der zeitlichen Leistungsmodulation variiert. Dadurch kann eine Analyse zum Einfluss der Lage der Leistungsmaxima und – minima auf die Schweißnahtgeometrie durchgeführt werden. Eine exemplarische Darstellung der überlagerten der sinusförmigen Modulation über die Zeit ist im Anhang A.5. zu finden.

Eine schematisch Darstellung mit Angaben zur Position auf der Schweißnaht (Bild 68), veranschaulicht diese Herangehensweise.

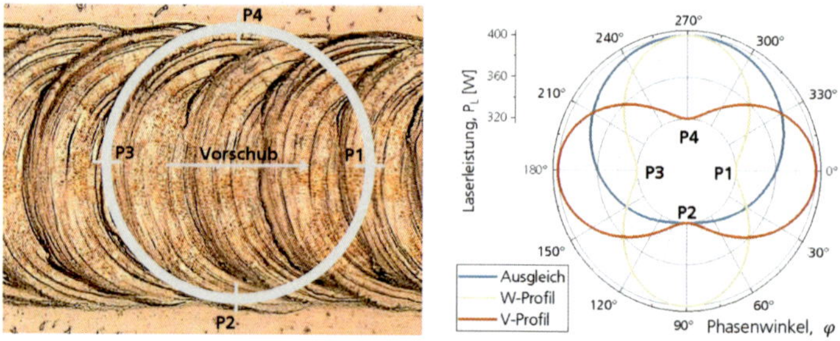

Bild 68: Positionierung von Leistungsmaxima und -minima auf der Bahnkurve der Schweißnaht

Für das Ausgleichsprofil ist das definierte Ziel die Erzeugung einer homogenen Einschweißtiefe quer zur Vorschubrichtung. Dies wird erreicht, wenn an Punkt P2 und P4 die gleiche Einschweißtiefe erreicht ist. Zum Ausgleich der unterschiedlichen Streckenenergie, beschrieben in Kapitel 2.3.1, muss dazu eine höhere Laserleistung auf die Seite von P4 und eine geringere Laserleistung auf die Seite von P2 gelegt werden. Für das W-Profil muss an Punkt P2 und P4 die maximale Einschweißtiefe erreicht werden und bei P1 und P3 die minimale Einschweißtiefe. Dabei nimmt die Laserleistung, wie in Kapitel 5.4.2 analysiert, beim Übergang vom Festmaterial (P1, 0°) in das flüssige Schmelzbad zu (vgl. Bild 68, rechts; „W-Profil"), um eine möglichst hohe Einschweißtiefendifferenz zu erzeugen. Beim V-Profil muss diese Verteilung um 90 Grad gedreht werden und bei P2 und P4 die minimale Einschweißtiefe und bei P1 und P3 die maximale Einschweißtiefe erreicht werden. Damit an Punkt P1 die maximale Einschweißtiefe erreicht wird, wird wie Kapitel 5.4.2 bestimmt, die Laserleistung beim Übergang von Schmelzbad zum Festmaterial gesteigert (vgl. Bild 68, rechts; „V-Profil"). Der Einfluss des Phasenwinkels auf die Qualität der Einschweißtiefenprofile wird untersucht, indem die Bereiche, in denen die Position der Leistungsmaxima und -minima variiert werden, örtlich vor den jeweiligen Idealpunkten P1 - P4 positioniert und in diskreten Schritten variiert wird. (vgl. Anhang A.5., Tabelle 6)

Die Überprüfung der entwickelten Maßnahmen erfolgt durch relative Referenzwerte zur Bestimmung der Schweißnahtgeometrien. Der Vergleich mit einer Referenzschweißnaht dient der Quantifizierung des

Verbesserungspotentials durch die entwickelte Prozessmethodik. Dafür wird zum einen die Schweißnaht auf ihre Symmetrie als auch auf die Einschweißtiefendifferenz, rechts und links in der Schweißnaht untersucht (siehe Bild 69).

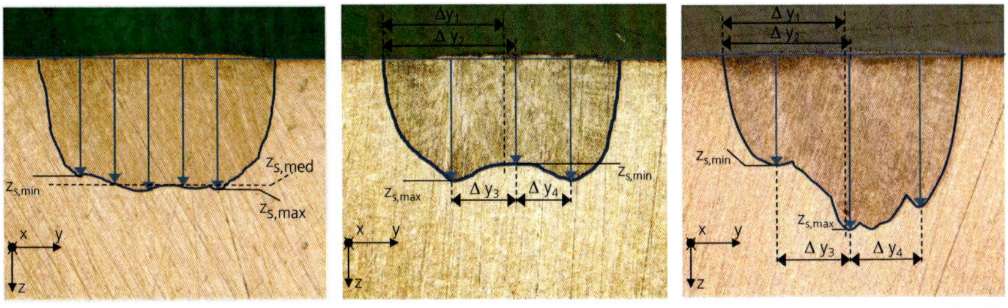

Bild 69: Messstrategien für die Quantifizierung der Prozessergebnisse bei superpositionierter örtlicher und zeitlicher Leistungsmodulation

Für die Vermessung der Schweißnähte wird die Einschweißtiefe und Position der Geometrieausprägungen in der Schweißnaht an fünf äquidistant verteilten Stellen verwendet. Diese idealisierte Betrachtungsweise ermöglicht eine vergleichbare Auswertung. Die Einschweißtiefen dienen der Kalkulation normierter Differenzen für eine von der absoluten Tiefe unabhängigen Analyse (vgl. Formeln (0.1) im Anhang A.6. und Bild 69). Dabei repräsentiert der Wert $\sigma_{t,max}$ die Abweichung zwischen geringster und höchster Einschweißtiefe am Nahtgrund. $\sigma_{t,med}$ bewertet die maximale Abweichung der Einschweißtiefe zur gemittelten Einschweißtiefe und ist somit eine Bewertungsgröße zur Analyse des Einflusses der Position der maximalen Laserleistung auf die Geometrie der Schweißnaht. Für die W- und V-Profilstrategien wird die Schweißnaht mit drei Stellen des Nahtquerschnitts analysiert. Aus diesen drei Messwerten wird ebenfalls der normierte Differenzwert $\sigma_{t,max}$ berechnet (siehe Anhang A.6., Formel 0.1). In diesem Fall ist für eine möglichst charakteristische Ausprägung des W- und V-Profils ein Maximum des Wertes zu finden. Zusätzlich wird die Symmetrie Σ der Schweißnaht bestimmt, welcher wie folgt berechnet wird (Anhang A.6. Formel 0.2-0.4). Die Symmetrie ist ein Gradmesser wie präzise die lokalen Laserleistungsmaxima und – minima an die entsprechende Position auf der Bahngeometrie gelegt werden können und in welchem Maße Schwankungen das finale Ergebnis beeinflussen.

6.1.1 Schweißung von Referenz- und Ausgleichsprofil

Ein Vergleich zwischen Referenzschweißnaht (für alle folgenden Vergleiche) und der Ausgleichsschweißnaht (Bild 70) stellt die beiden Ergebnisse gegenüber. Die örtlichen Modulationsparameter werden über alle Schweißungen hinweg konstant gehalten.

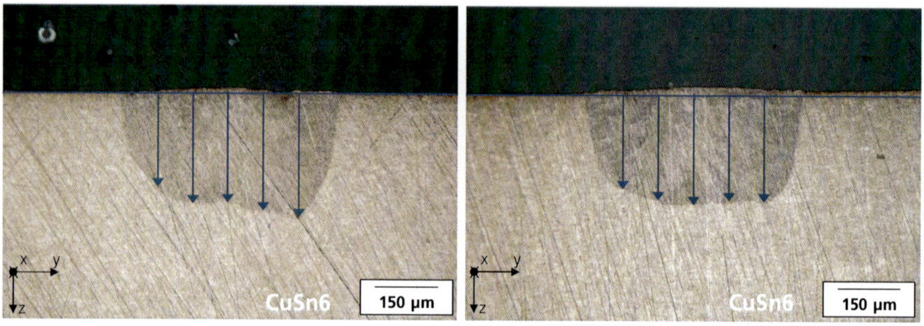

Bild 70: Vergleich von Referenzschweißnaht und Ausgleichsprofil inkl. Markierung der Messpunkte
Links: Ausgangszustand - $P_{med,L}$ = 360 W v_f = 75 mm/s, $f_ö$ = 500 Hz, $A_ö$ = 0,2 mm, f_z = -, A_z = -, ϕ = -;
Rechts: Einschweißtiefenausgleich - $P_{med,L}$ = 360 W, v_f = 75 mm/s, $f_ö$ = 500 Hz, $A_ö$ = 0,2 mm; f_z = 500 Hz, A_z = 40 W, ϕ = 250°;
[HUM21a]

Der Querschliff (Bild 70, links) zeigt die in Kapitel 2.3.3 beschriebene Verkippung der Schweißnaht auf Seite der geringen Bahngeschwindigkeit. An dieser Stelle ist die Einschweißtiefe gegenüber der gegenüberliegenden Seite größer. Dem gegenübergestellt zeigt die Schweißnaht mit dem Ausgleich der Einschweißtiefe (Bild 70, rechts) eine Reduktion der Einschweißtiefe auf der rechten Seite der Schweißnaht. Die linke Seite der Naht ist tiefer ausgeprägt als im Referenzfall, erreicht aber noch nicht die ideale Tiefe für einen ebenen Nahtgrund. Der quantitative Vergleich der Messwerte aus den Schweißnähten (Bild 71) ergibt eine über den gesamten Auswertungsbereich reduzierte Differenz in der Einschweißtiefe.

Bild 71: Quantitative Auswertung des Profilausgleichs in Abhängigkeit des Phasenwinkels

Links: Maximale Differenz am Nahtgrund normiert
Rechts: Mittlere Differenz am Nahtgrund normiert

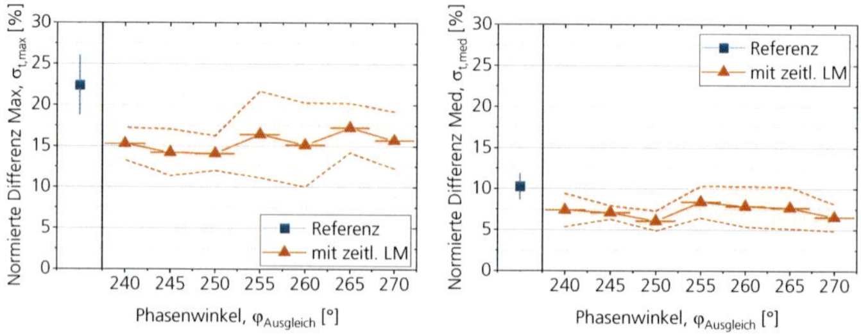

Alle Schweißnähte mit überlagerter örtlicher und zeitlicher Leistungsmodulation für den Ausgleich des Nahtprofils zeigen eine Reduktion der maximalen und mittleren Differenz auf. Für $\sigma_{t,max}$ liegt der Messwert für die

Referenzschweißnaht bei 22,4% ± 3,6%. Dahingegen reduziert sich die maximale Differenz zwischen den Schweißnahträndern auf Werte zwischen 14,1% ± 2,1% und 17,2% ± 3,0%. Dies entspricht einer maximalen Reduktion von 8,3%-Punkten, respektive 37,0%, bei einem Phasenwinkel von 250°. Der Winkel des eingestellten Leistungsmaximas liegt dabei 20° vor dem Idealpunkt P3. Bei einer örtlichen und zeitlichen Modulationsfrequenz von 500 Hz ist dies ein Zeitraum von 111 µs. Für $\sigma_{t,med}$ liegt der Messwert für die Referenzschweißnaht bei 10,2% ± 1,5%. Für das Ausgleichsprofil reduziert sich dieser Wert, ebenfalls bei einem Phasenwinkel von 250°, auf 6,1% ± 1,2%. Dies entspricht einer Reduktion von 4,2%-Punkten oder 40,8%.

Die Ergebnisse zeigen, dass mit der eingesetzten Methodik effektiv die Einschweißtiefe für Schweißnähte quer zur Vorschubrichtung gesteuert werden kann. Dem Ziel eines ebenen Nahtgrunds mit gleicher Einschweißtiefe an allen Stellen kann sich mit der neuen Methodik, angenähert werden. Durch eine weitere Optimierung der Laserleistungsparameter sind hier noch präzisere Ergebnis zu erwarten. Auf Grund statistischer Schwankungen und Prozessdynamiken ist eine Reduktion der Differenz auf 0 als eher unrealistisch anzusehen.

6.1.2 Schweißung von W- und V-Profil

Die beiden Profile mit Extremwerten der Einschweißtiefe im Zentrum und an den Rändern der Schweißnaht, dienen der Prozessentwicklung für die Anwendung an realen Bauteilen und Fügekonfigurationen (siehe Bild 72). Ein Merkmal, das bei beiden Schweißnähten auffällt, ist die insgesamt höhere Querschnittsfläche der Schweißnähte. Obwohl bei den Schweißnähten die identische mittlere Leistung von 360 W wie in Bild 70 verwendet wird, ist die Ausprägung der Schweißnaht in die Tiefe insgesamt höher. Dies hängt mit der Wärmeleitung im Material zusammen. Da die Leistungsmaxima beim W-Profil an den Rändern der Schweißnaht sitzen, akkumuliert sich im Zentrum der Naht die Energie, was zu einer Erhöhung der Temperatur und somit einer Vergrößerung des Schmelzvolumens führt. Beim V-Profil ist dieser Effekt weniger stark erkennbar. Hier sorgt die höhere Laserleistung im Zentrum im Vergleich zu den Rändern für eine Ausprägung des Schmelzbads, nicht nur in die Tiefe, sondern auf Grund der dreidimensionalen Wärmeleitung auch hin zu den Rändern.

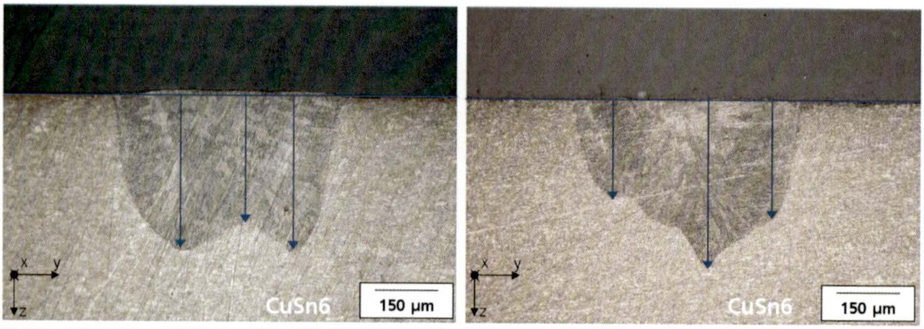

Bild 72: Vergleich von W-Profil und V-Profil inkl. Markierung der Messpunkte
Links: W-Profil - $P_{med,L}$ = 360 W, v_f = 75 mm/s, $f_ö$ = 500 Hz, $A_ö$ = 0,2 mm, f_z = 1000 Hz, A_z = 60 W, ϕ = 82,5°;
Rechts: V-Profil - $P_{med,L}$ = 360 W, v_f = 75 mm/s, $f_ö$ = 500 Hz, $A_ö$ = 0,2 mm, f_z = 1000 Hz, A_z = 60 W, ϕ = 175°; [HUM21a]

Die Vermessung der beiden Schweißnahtprofile in Bild 73 in Abhängigkeit des Phasenwinkels, ist für die normierte Tiefe wieder im Vergleich mit der Referenzschweißnaht dargestellt. Außerdem ist die Symmetrie der beiden Profile analysiert worden.

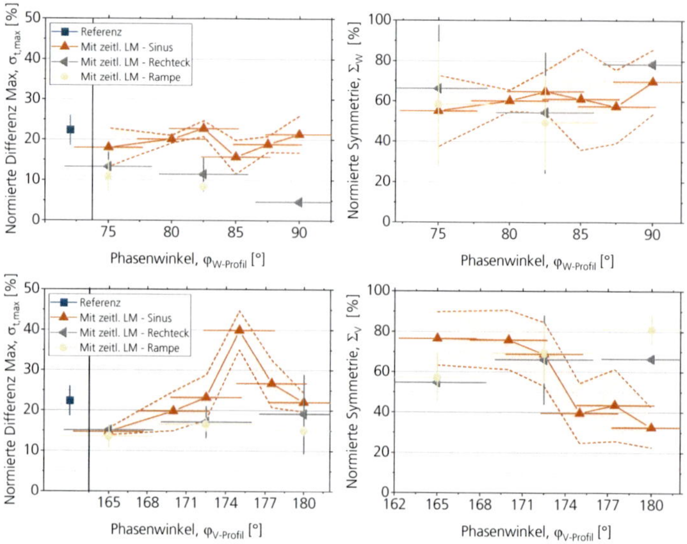

Bild 73:
Quantitative Auswertung des W- und V-Profils in Abhängigkeit des Phasenwinkels

Links: Maximale Differenz am Nahtgrund normiert

Rechts: Normierte Symmetrie

Oben: W-Profil
Unten: V-Profil

Das W-Profil (Bild 73, oben) weist bei Verwendung einer sinusförmigen zeitlichen Leistungsmodulation für einen Phasenwinkel von 82,5° eine innerhalb der Untersuchungen maximale Einschweißtiefendifferenz von 22,7% ± 1,9% auf. Minimal ergibt sich ein Wert von 15,7% ± 4,1% für die sinusförmige Modulation. Hauptgrund, weshalb die Profilform nicht stärker ausgeprägt ist, ist die Wärmeleitung von den Rändern der Schweißnaht ins Zentrum. Dadurch wird, trotz niedrigerer Laserleistung im Zentrum, das Material durch die höhere Temperatur an den Rändern tiefer aufgeschmolzen. Die Fehlerbalken in x sind ermittelt aus den Schwankungen durch die Differenz zwischen örtlicher und zeitlicher Leistungsmodulation. Auf Grund der Anlagentechnik schwanken diese Werte im Bereich von 2,7° bis 3,6°. Eine genaue Analyse der Fehler ist im Anhang in Abschnitt B.5 dargestellt. Diese Schwankung reduziert die Genauigkeit der eingestellten Position von Leistungsmaxima und minima. Bei Verwendung von rechteckiger oder rampenförmiger zeitlicher Leistungsmodulation ist für die Winkel von 75° bis 90° eine stetige Abnahme der Differenz zu erkennen. Das bedeutet, dass diese Modulationsarten weniger geeignet sind, eine ausgeprägte Differenz der Einschweißtiefe zwischen einzelnen Stellen in der Schweißnaht hervorzurufen, als die sinusförmige Modulationsart. Die rechtechtförmige Modulationsstrategie könnte somit beispielsweise bei Schweißungen im Stumpfstoß verwendet werden, wo nicht lokal eine einzelne Stelle tiefer eingeschweißt werden soll, sondern ein ganzer Teilbereich der Schweißnaht (zum Beispiel rechte oder linke Seite).

Die normierte Symmetrie des Profils erreicht im Mittel ihren Maximalwert bei einem Phasenwinkel von 90°. Jedoch ist auch hier auf Grund der Schwankungen in x und ebenfalls in y lediglich eine Tendenz auszumachen. Die Fehleranalyse in Kapitel B.5 zeigt, dass durch den systematischen Fehler des Phasenwinkels von wenigen Grad bereits eine Abweichung der Positionen in y-Richtung von über 12 µm entstehen. Bezogen auf die Gesamtbreite der Schweißnaht sorgt dies für einen systematischen Fehler in der Symmetrie von bis zu ± 15,2%. Beide Analysen zeigen, dass die Schweißung eines W-Profils grundsätzlich möglich ist, die Lage der Leistungsmaxima und -minima auf Grund des großen Schmelzbades im Vergleich zum Fokusdurchmesser und den systemtechnischen Schwankungen, jedoch nicht eindeutig und reproduzierbar positioniert werden kann. Dies führt dazu, dass eine präzise Einstellung im hier untersuchten Fall nicht reproduzierbar ist.

Die Untersuchungen des V-Profils (Bild 73, unten) ergibt eine höhere Empfindlichkeit der normierten Einschweißtiefendifferenz, als auch der Symmetrie, auf den Phasenwinkel. Beim Schweißen mit sinusförmiger zeitlicher Leistungsmodulation steigt die Einschweißtiefendifferenz bei 165° Phasenwinkel von 14,7% ± 0,8% an auf 40,0% ± 5,0% bei 175 Phasenwinkel. Danach fällt die Tiefendifferenz wieder stetig auf 22,0% ± 2,4% ab. Beim Einsatz von rechteckförmiger und rampenförmiger zeitlicher Leistungsmodulation ist, wie auch beim W-Profil, keine Verbesserung der Einschweißtiefendifferenz zu erkennen. Die Symmetrie des V-Profils weist ein, im Vergleich dazu negativen Trend auf. Bei Annäherung an den Punkt P3 von 165° in Richtung 180° nimmt die Symmetrie sukzessive ab. Auch hier sind wie bereits beim W-Profil Schwankungen im Phasenwinkel als auch in der Geometrie der Schweißnaht zu erkennen. Der Phasenwinkel schwankt auf Grund der Systemtechnik um ± 2,7° für die sinusförmige Modulation und 3,4° respektive 3,6° für rechteck- und rampenförmige Modulation.

Im Gegensatz zum W-Profil zeigt der Phasenwinkel beim V-Profil einen stärkeren Einfluss auf die Ausprägung der Tiefendifferenz und der Symmetrie. Hauptgrund dafür ist die Wärmeleitung auf Grund der Positionierung der Leistungsmaxima. Da das Leistungsmaximum im Zentrum der Schweißnaht positioniert ist, wird die Wärme zu den Rändern der Schweißnaht geleitet. Dadurch tritt in Zentrum kein Wärmestau auf, wodurch sich die Schweißnaht nicht zusätzlich vertieft. Ein weiterer Grund dafür ist die Betrachtungsweise der Schweißnahtgeometrie. Die Querschliffe erzeugen eine Frontalansicht in Vorschubrichtung. Die Position der Leistungsmaxima im V-Profil bewegt sich dann in der y-z-Ebene bei Veränderung des Phasenwinkels. Die Leistungsmaxima des W-Profils hingegen befinden sich an den Rändern der Schweißnaht und bewegen sich bei Veränderung des Phasenwinkels in der x-z-Ebene. Eine Bewegung in der x-z-Ebene auf der Kreisbahn hat, wie in Anhang B.5 Bild 91 gezeigt, einen um eine Größenordnung geringeren Einfluss auf den Versatz in der x-y Ebene. Das heißt, der Symmetriewert des W-Profils reagiert auf Grund seiner geometrischen Definition weniger empfindlich auf Schwankungen des Phasenwinkels. Ein weiterer Aspekt bei der Ausprägung der Tiefendifferenz kann die unterschiedlichen Bedingungen für die Wärmeleitung sein. Beim V-Profil herrscht ein annähernd symmetrisches Temperaturprofil in der y-z-Ebene auf Grund der Geometrie vor. Für das W-Profil ist besonders an den Rändern die Wärmeleitung nach außen höher als ins Zentrum der Schweißnaht hinein. Dadurch wird ein Teil der eingebrachten Energie nicht genutzt, um die Dampfkapillare in der Tiefe auszubilden, sondern wird in das Grundmaterial abgeleitet.

Auf Basis der Einschweißtiefendifferenz bei den drei untersuchten Einschweißprofilen kann festgehalten werden, dass für das Ausgleichsprofil ($f_z = 500\,Hz$) die Position des Leistungsmaximums ca. 20° vor die Position des gewünschten Einschweißtiefenmaxima gelegt werden muss. Für das W- und V- liegen die Werte zwischen 2,5° - 7,5° ($f_z = 500\,Hz$). Das heißt, je höher die Frequenz, respektive je steiler der Gradient der Laserleistungsmodulation ist, desto näher kann das Maximum der Laserleistung an die gewünschte Stelle in der Schweißnaht positioniert werden, in der eine Ausprägung realisiert werden soll.

Eine aus den Daten ersichtliche Herausforderung beim Prozess der überlagerten zeitlichen und örtlichen Leistungsmodulation sind die hohen Schwankungen, hervorgerufen durch die zuvor beschriebenen Unsicherheiten in der

Ansteuerungstechnik. Für einen robusten und auch in der Industrie reproduzierbare Methodik, müsste hier die Schwankung bei der Synchronisation von zeitlicher und örtlicher Leistungsmodulation gesenkt werden. Mit steigender örtlicher Modulationsamplitude oder höheren örtlichen und zeitlichen Modulationsfrequenzen, nimmt dieser Fehler weiter zu. Die absolute Abweichung in y-Richtung ist dabei proportional zur Frequenz und der Amplitude der örtlichen Kreisbewegung. Der relative Fehler in y-Richtung ist nur von der Frequenz abhängig. Das heißt, speziell bei Laserstrahlschweißprozessen, bei denen hohe Vorschubgeschwindigkeiten und somit hohe örtliche Modulationsfrequenzen benötigt werden, steigt die Ungenauigkeit der hier vorgestellten Methodik.

6.1.3 Energieeinkopplung im Schweißprozess mit örtlicher und zeitlicher Leistungsmodulation

Die quantitativen Verläufe des Einkoppelgrads (Bild 74, links), zu den Schweißungen aus Bild 70, zeigen die charakteristische sinusförmigen Verläufe auf Grund der periodischen Oszillation des Laserstrahls. Dieser Verlauf entspricht einer periodischen Schwingung mit der Frequenz der örtlichen Leistungsmodulation (500 Hz). Dieses Schwingen ist wie auch bei den Untersuchungen im Kapitel 5.4.2, auf die veränderte Bahngeschwindigkeit beim Umlauf einer Bahnkurve zurückzuführen. Die mikroskopischen Schwankungen im Verlauf des Einkoppelgrads sind Prozessschwankungen, die durch Schwankungen in der Energieeinkopplung des Laserstrahls oder dynamischen Vorgängen im Schmelzbad entstehen. Im Vergleich dazu sind im Verlauf des Einkoppelgrads für die Ausgleichsschweißung die mikroskopischen Schwankungen weniger ausgeprägt. Dieses Verhalten zeigt, dass eine aufgeprägte Leistungsänderung und somit Änderung der Dampfkapillartiefe, Mikroschwankungen aktiv unterdrücken kann.

Bild 74: Zeitlicher Einkoppelgrad beim Einsatz örtlicher und zeitlicher Leistungsmodulation

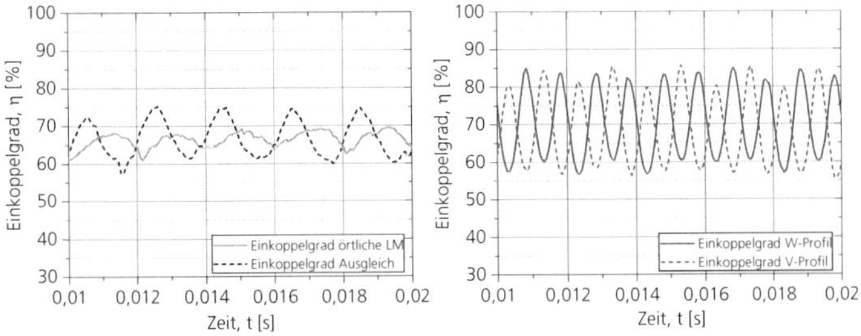

Der mittlere Einkoppelgrad beträgt für die Referenzschweißnaht $\eta = 66{,}2\% \pm 2{,}3\%$, für das Ausgleichsprofil $\eta = 66{,}0\% \pm 4{,}8\%$. Der im Mittel gleiche Einkoppelgrad ist dadurch zu erklären, dass die Energie innerhalb der

Schweißnaht auf Basis der Streckenenergie lediglich umverteilt wird. Innerhalb des Schweißprozesses für das Ausgleichsprofil existiert kein zusätzliches Leistungsmaxima, das für veränderte Wärmeleitungsbedingungen sorgt. Die stärkere Schwankung des Einkoppelgrads ist wiederum auf die Laserleistungsamplitude von 40 W zurückzuführen.

Die beiden Verläufe des Einkoppelgrads für W- und V-Profil (Bild 74, rechts), weisen, wie die Messung des Ausgleichsprofils, einen sinusförmigen Verlauf auf. Auf Grund der doppelten zeitlichen Frequenz ist die zeitliche Periode der Sinuskurve halbiert. Wiederum sind, wie auch beim Ausgleichsprofil, keine Mikroschwankungen in der Messung erkennbar. Die Amplituden des Einkoppelgrads nehmen wegen einer Erhöhung der Leistungsamplitude von 40 W auf 60 W weiter zu. Der mittlere Einkoppelgrad des W-Profils liegt bei $\eta = 69{,}3\% \pm 8{,}9\%$, für das V-Profil bei $\eta = 67{,}9\% \pm 9{,}2\%$. Der höhere mittlere Einkoppelgrad lässt sich auf Grund der gesamtheitlich höheren Einschweißtiefe der Schweißnaht, wie auch in den Querschliffen erkennbar, erklären. Ein weiterhin auffallendes Merkmal der beiden Messungen sind die unterschiedlich hoch ausgeprägten Maxima und Minima im Einkoppelgrad. Das W-Profil weist jede halbe Umdrehung (π) unterschiedlich tiefe Minima auf. Das V-Profil weist hingegen jede halbe Umdrehung (π) unterschiedlich hohe Maxima auf. Da die Minima des W-Profils und die Maxima des V-Profils jeweils im Zentrum der Schweißnaht liegen (P1 und P3), existiert hier offenkundig eine unterschiedliche Prozessdynamik. Da an beiden Punkten die gleiche Bahngeschwindigkeit herrscht und somit die jeweils gleiche Streckenenergie, muss die Differenz im Einkoppelgrad durch eine unterschiedlich tiefe Dampfkapillare hervorgerufen werden. Eine Erklärung dafür ist das erneute Überfahren von bereits aufgeschmolzenem Material. Während der Laserstrahl an Punkt P3 bereits aufgeschmolzenes Material nochmals überfährt, muss der Laserstrahl an Punkt P1 neues Material aufschmelzen, was dazu führt, dass die Energie in Form von Schmelzenthalpie aus dem Prozess abgeführt wird und nicht für die tiefere Ausbildung der Dampfkapillare zur Verfügung steht. Dieser Umstand ist auch in der Analyse mittels Synchrotronstrahlung bewiesen worden (vgl. Bild 64)

Durch die Untersuchungen zur Methodikentwicklung der örtlich und zeitlich superpositionierten Leistungsmodulation können folgende Schlussfolgerungen gezogen werden:

- Die maximale Tiefe der Dampfkapillare und somit der Ort maximalen Einkoppelgrads kann durch die zeitliche Leistungsmodulation an die gewünschte Stelle in der Schweißnaht gelegt werden.
- Der Einkoppelgrad hängt direkt von der Tiefe der Dampfkapillare ab und nimmt mit steigender Tiefe zu.
- Durch den Einsatz einer gezielten Energieverteilung in der Schweißnaht kann trotz gleichbleibender mittlerer Laserleistung das Schmelzvolumen und somit die Energieeffizienz gesteigert werden.

- Rampenförmige und rechteckförmige Modulationsart der Laserleistung erzielen eine geringere Steuerung der Einschweißtiefe an einzelnen Stellen in der Schweißnaht, im Vergleich zur sinusförmigen Modulation.
- Im hier untersuchten Fall besteht ein Einfluss systemtechnischer Schwankungen bei der Positionierung der Leistungsmaxima auf der Bahnkurve. Mit steigender Frequenz nimmt die Schwankung systembedingt zu und die Präzision des Verfahrens sinkt. Speziell für Laserstrahlschweißprozesse, bei denen hohe Vorschubgeschwindigkeiten und somit hohe örtliche Modulationsfrequenzen benötigt werden, steigt die Ungenauigkeit der hier vorgestellten Methodik.

6.2 Steigerung der Einschweißtiefenkonstanz in artungleichen Materialsystemen

Die in Kapitel 6.1 entwickelte Methodik kann eingesetzt werden, um zwei Materialien unterschiedlicher Art miteinander im I-Stoß zu verschweißen. Ein Beispiel ist die Verwendung von Kupfer CuSn6 und Edelstahl 1.4301 bei elektrischen Kontaktierungen von Batteriezellen. Die beiden Materialien unterscheiden sich primär in ihrer Wärmeleitfähigkeit, sowie dem Absorptionsgrad von Laserstrahlung mit 1070 nm Laserstrahlwellenlänge. Diese beiden Materialparameter beeinflussen die Ausprägung der Schweißnaht dabei essenziell. Exakte Materialparameter sind im Anhang B.9. aufgelistet. Die Position der Schweißnaht wird für die Untersuchungen mittig auf die Fügekante gesetzt, sodass beide Materialien miteinander verschweißt werden (siehe Bild 75).

Bild 75: Methodische Herangehensweise beim Schweißen von artungleichen Materialien im Stumpfstoß

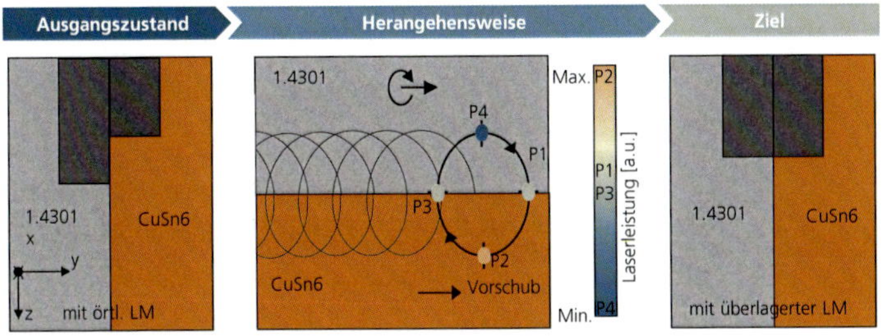

Primärer Unterschied bei Anwendung der Methodik ist hierbei, dass das Laserleistungsmaxima nicht auf die Seite der höchsten Bahngeschwindigkeit gelegt, sondern materialabhängig verlagert wird. Das Leistungsmaxima muss dafür auf die Seite der höheren Wärmeleitfähigkeit und geringeren Absorption gelegt werden, in diesem Fall auf die Seite des CuSn6. Damit außerdem ein maximal hoher Energieeintrag auf die Seite des CuSn6 realisiert wird, ist außerdem ein Rechteckprofil für die Modulation eingesetzt worden. Dadurch wird der Bereich hoher Laserleistung auf die Seite des CuSn6 verlagert. Beim Übergang zum Edelstahl 1.4301 sinkt die Laserleistung auf das Minimum ab.

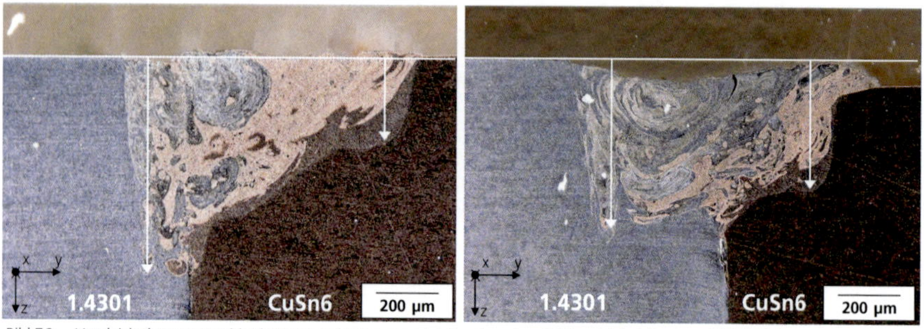

Bild 76: Vergleich der superpositionierten Laserleistungsmodulation im artungleichen Materialsystem; [HUM21b]
Links: Ausgangszustand - $P_{med,L}$ = 360 W v_f = 75 mm/s, $f_ö$ = 500 Hz, $A_ö$ = 0,3 mm, f_z = -, A_z = -, ϕ = -;
Rechts: Einschweißtiefenausgleich - $P_{med,L}$ = 360 W, v_f = 75 mm/s, $f_ö$ = 500 Hz, $A_ö$ = 0,3 mm, f_z = 500 Hz, A_z = 40 W, ϕ = 75°

Im linken Bild ist die Referenzschweißnaht dargestellt. Deutlich zu erkennen ist hierbei die Verkippung der Einschweißtiefe auf Seite des Edelstahls 1.4301. Der Tiefenunterschied beträgt dabei 418 µm, respektive einem Faktor von 2,65. Dahingegen ist im rechten Bild die Schweißnaht zu sehen, bei welcher die Methodik angewendet wird. Hierbei sind alle Schweißparameter identisch. Lediglich die Verwendung der superpositionierten zeitlichen Leistungsmodulation ist zusätzlich angewendet. Durch die Methodik kann in diesem Fall die Differenz der Einschweißtiefe in den beiden Materialien auf 127 µm, respektive einem Faktor von 1,33 reduziert werden. Dies entspricht einer Reduktion der Tiefendifferenz um 69,7%.

Dieses Kapitel zeigt die neuartigen Möglichkeiten auf, welche, durch eine dynamische Modulation der Laserleistung kombiniert in Zeit und Raum, entstehen. Zwar sind auf Grund systemtechnischer Schwankungen die Präzision der Methodik limitiert, dieser Umstand kann jedoch mit Anpassungen überwunden werden. Dazu muss speziell die zeitliche Schwankung zwischen Modulation der Laserleistung und der Bewegung der Scannerspiegel minimiert werden. Zur weiteren Steigerung der Präzision kann für weitergehende Untersuchungen zusätzlich die Amplitude sowie die Frequenz der zeitlichen Leistungsmodulation variiert werden, um einen noch optimaleren Ausgleich der Einschweißtiefendifferenz zu erreichen.

7 Zusammenfassung und Ausblick

Der steigende Bedarf an elektrischen Systemen und Batteriespeichern bedarf hochqualitativer und effizienter Schweißprozesse für Kupfermaterialien. Diese bieten höchste elektrische Leitfähigkeit, sind aber gleichzeitig, auf Grund ihrer hohen Reflektivität für Laserstrahlung im nahen Infrarotbereich, herausfordernd zu bearbeiten. Neuartige Laserstrahlquellen im sichtbaren Wellenlängenbereich von 515 nm bieten, auf Grund des höheren Grundabsorptionsgrads, eine Alternative zu etablierten Schweißprozessen. Damit diese Laserstrahlquellen industriell eingesetzt werden können, müssen grundlegende Prozessphänomene verstanden und Unterschiede zu dem aktuellen Stand der Technik erkannt sein. Ziel der Arbeit ist deshalb die Analyse der Laserstrahlschweißprozesse auf Kupferbasislegierungen in Form von CuSn6 und Cu-ETP mit Laserstrahlquellen von 515 nm und 1030/1070 nm Laserstrahlwellenlänge. Durch Visualisierung der inneren Prozessvorgänge mit Synchrotronstrahlung kann das grundlegende Verständnis für das Laserstrahlschweißen erweitert und detailliert die Einflüsse von Laserprozessparametern, wie Laserleistung und Vorschubgeschwindigkeit im Schweißprozess, analysiert werden. Mittels einer Weiterentwicklung beim Einsatz von superpositionierter örtlicher und zeitlicher Leistungsmodulation soll eine flexible Steuerung der Einschweißtiefe ermöglicht werden. Dadurch kann die Möglichkeit gegeben werden, zukünftig individuelle Schweißnahtgeometrien zu erzeugen und Einschweißtiefendifferenzen in artungleichen Materialsystemen auszugleichen.

Das Forschungsziel der hochpräzisen Visualisierung innerer Prozessphänomene konnten in dieser Arbeit durch den Einsatz der Phasenkontrast-Bildgebung an einer Synchrotronstrahlquelle erreicht werden. Optimierungsschritte für den Spezialfall des Laserstrahlschweißens sind dabei die Einstellung der Röntgenenergie, die Auswahl des Szintillatormaterials und die Bestimmung der verwendbaren Szintillatordicke. Dabei hat sich für die Untersuchung von Kupferproben mit einer Durchstrahlungsstärke von 2 mm ein Wert von 89 keV für die Photonenenergie ergeben. Als Szintillator kommt ein GaGG:Ce-Kristall mit einer Stärke von 1200 µm, für die Umwandlung der Röntgenstrahlung in sichtbares Licht, zum Einsatz. Die Materialprobe wird in einem Abstand von 3 m zum Szintillator platziert, um durch Beugungseffekte einen ausreichend breiten Phasenkontrast zu erzeugen und diesen mit der Hochgeschwindigkeits-Kamera aufzulösen. Alle zuvor genannten Maßnahmen resultieren in einer theoretischen zeitlichen und örtlichen Auflösung der Phasenkontrast-Aufnahmen von 200 µs und 6,2 µm.

Im Rahmen dieser Arbeit ist damit erstmals die exakte Geometrie der Dampfkapillare beim Schweißen von Kupferwerkstoffen für 515 nm und

1030 nm Laserstrahlwellenlänge analysiert worden. Im Vergleich zum Stand der Technik ist nun ein Diagnosemethode für das Laserstrahlschweißen verfügbar, die bisher nicht realisierbare Details liefert. Die Analyse der Schweißprozesse für die beiden Laserstrahlwellenlängen mittels der Phasenkontrast-Bildgebung hat auf Basis einer geometrischen Modellvorstellung der Dampfkapillare gezeigt, dass ein unterschiedlicher Kapillarfrontwinkel im Schweißprozess auf Grund der winkelabhängigen Fresnel-Absorption auf der Dampfkapillarfront entsteht. Der Kapillarfrontwinkel beeinflusst wiederum direkt die Dampfkapillartiefe sowie die Öffnung der Dampfkapillare zur Oberfläche hin. Für 515 nm Laserstrahlwellenlänge steigt die Absorption mit steigendem Kapillarfrontwinkel stärker an als für 1030 nm Laserstrahlwellenlänge. Dadurch wird eine Reduktion des Energieeintrags (durch eine Erhöhung der Vorschubgeschwindigkeit) auch bei hohen Vorschubgeschwindigkeiten kompensiert. Deshalb kann der Schweißprozess mit 515 nm Laserstrahlwellenlänge auch bei höheren Vorschubgeschwindigkeiten aufrechterhalten werden. Somit wurde nachgewiesen, dass die Fresnel-Absorption die geometriebestimmende Einflussgröße bei der Ausbildung der Dampfkapillare ist. Bei den Untersuchungen hat sich jedoch auch gezeigt, dass hochdynamische Prozessphänomene, wie die exakten Entstehungsmechanismen von Fluktuationen zwischen fest-flüssig und flüssig-gasförmiger Materialphasengrenzen, nicht aufgelöst werden können. Zwar ist die Existenz dieser ersichtlich, jedoch können keine detaillierten Mechanismen analysiert werden. Die Hypothese zur Einsetzbarkeit von Synchrotronstrahlung und der Phasenkontrast-Bildgebung für die Untersuchung von Laserstrahlschweißprozessen ist damit teilweise bestätigt.

Der Unterschied in der winkelabhängigen Fresnel-Absorption zwischen den beiden Laserstrahlwellenlängen wirkt sich auf die Prozessdynamik und das finale Schweißergebnis aus. Durch die Vermessung der Parametergrenzen für das Tiefschweißen wurde gezeigt, dass mit 515 nm Laserstrahlwellenlänge bei gleicher Laserleistung und Vorschubgeschwindigkeit, ein auf CuSn6 um Faktor 1,6 bis 2 größerer Fokusdurchmesser verwendet werden kann, um einen stabilen Tiefschweißprozess zu erzeugen. Für Cu-ETP liegt dieser Faktor im Bereich von 2 bis 3. Außerdem ist die Empfindlichkeit der Einschweißtiefe auf die Vorschubgeschwindigkeit bei 515 nm Laserstrahlwellenlänge geringer, im Vergleich zu 1030 nm Laserstrahlwellenlänge. Mit steigender Vorschubgeschwindigkeit nimmt die Einschweißtiefe bei 1030 nm Laserstrahlwellenlänge um Faktor 1,2 bis 1,8 stärker ab als für 515 nm Laserstrahlwellenlänge. Dadurch wurde gezeigt, dass bei gleicher Laserleistung mit 515 nm Laserstrahlwellenlänge auch bei hohen Vorschubgeschwindigkeiten geschweißt werden kann, ohne dass der Schweißprozess abbricht. Bei hohen Vorschubgeschwindigkeiten > 250 mm/s sinkt außerdem die Einschweißtiefenschwankung, wodurch eine gleichmäßigere Ausprägung der Schweißnaht in der Tiefe erzielt wird. Die Hypothese zur gesteigerten

Prozessstabilität für 515 nm Laserstrahlwellenlänge ist in Bezug auf die Vorschubgeschwindigkeit bestätigt.

Der Einsatz der beiden Laserstrahlwellenlängen mit örtlicher Leistungsmodulation zeigt, dass sich bei gleichen Prozessparametern die Schweißnaht bei 1030-1070 nm Laserstrahlwellenlänge tiefer ausbildet als bei 515 nm. Dieser Unterschied tritt ebenfalls bei linearen Schweißungen auf. Mit 515 nm Laserstrahlwellenlänge werden breitere und tendenziell weniger tiefe Schweißnahte im Vergleich zu 1030 nm Laserstrahlwellenlänge bei Vorschubgeschwindigkeiten bis 100 mm/s erzeugt. Im untersuchten Fall ist damit bewiesen, dass die Steuerung der Einschweißtiefe bei Fokusdurchmessern von 100 µm und 200 µm mit 1030 nm Laserstrahlwellenlänge besser geeignet ist. Da zum Zeitpunkt der Untersuchungen keine Singlemode-Faserlaser mit 515 nm Laserstrahlwellenlänge verfügbar war, können diese Untersuchungen in zukünftigen Arbeiten erweitert werden. Dadurch kann der Einfluss der Prozessparameter Laserleistung und Vorschubgeschwindigkeit zwischen den Laserstrahlwellenlängen auch bei kleinen Fokusdurchmessern < 50 µm untersucht werden.

Die Porosität in der Schweißnaht ist bei 515 nm Laserstrahlwellenlänge im Mittel über alle untersuchten Prozessparameter höher als für 1030 nm Laserstrahlwellenlänge. Dies deckt sich mit Ergebnissen der Literatur [ALT23]. Aufbauend darauf wurde erstmals gezeigt, dass die Porosität bei 515 nm Laserstrahlwellenlänge über die gesamte Höhe der Schweißnaht verteilt ist. Bei 1030 nm Laserstrahlwellenlänge tritt die Porenbildung hingegen vermehrt im unteren Teil der Schweißnaht auf. Die Ergebnisse zeigen, dass eine Steigerung der Prozessstabilität für 1030 nm Laserstrahlwellenlänge, mit einhergehender geringerer Porenbildung, bereits bei geringerer Vorschubgeschwindigkeit auftritt als bei 515 nm Laserstrahlwellenlänge. Grund dafür ist das frühere Öffnen der Dampfkapillare von einer tiefen, senkrechten hin zu einer keilförmigen Kapillarform. Dadurch kann der Dampf aus der Kapillare entweichen, ohne diese zu destabilisieren. Auf Basis der Phasenkontrast-Bildgebung kann jedoch nur die Existenz der Poren nachgewiesen werden. Die Bildung der Blasen im Schmelzbad, sowie deren Ausdehnungsgeschwindigkeit kann auf Grund der zu geringen zeitlichen Aufnahmerate nicht dargestellt werden. Für zukünftige Versuche und den Vergleich mit numerischen Kapillarmodellen, müssen diese im Detail, mit höherer zeitlicher Auflösung, im Synchrotron untersucht werden.

Die aufgestellte Hypothese zum Unterschied beim Schweißen von Kupfer mit 515 nm und 1030 nm Laserstrahlwellenlänge kann teilweise bestätigt werden. Der Schweißprozess mit 515 nm Laserstrahlwellenlänge ist in weiteren Parameterbereichen, d.h. bei gleichem Fokusdurchmesser mit niedrigerer Laserleistung und höherer Vorschubgeschwindigkeit einsetzbar als bei 1030 nm Laserstrahlwellenlänge. Die Hypothese zur gesteigerten Prozessstabilität für 515 nm Laserstrahlwellenlänge ist in Bezug auf eine Steigerung der

Vorschubgeschwindigkeit bestätigt, in Bezug auf die Schweißnahtqualität (Porosität) hingegen widerlegt.

Auf Basis des so erlangten Wissens zu den Prozesseigenschaften der beiden Laserstrahlwellenlängen, wurde mittels eines Singlemode-Faserlasers mit 1070 nm Wellenlänge die Steuerung der Schweißnahtgeometrie in der Tiefe der Naht weiterentwickelt. Die Steuerung der Schweißnahtgeometrie basiert dabei auf der superpositionierten örtlichen und zeitlichen Leistungsmodulation aus der Arbeit von Häusler [HÄU21]. Diese wird verwendet und weiterentwickelt, um W- und V-förmige Schweißnahtprofile im Querschnitt zu erzeugen. Dabei wurde die Einschweißtiefendifferenz zwischen dem Zentrum und den Rändern der Schweißnaht im Vergleich zur Referenzschweißnaht von 22,4% auf bis zu 40% gesteigert. Dies entspricht einer Steigerung von 56%. Die Hypothese zum Einsatz der superpositionierten örtlichen und zeitlichen Leistungsmodulation zur Generierung variabler Einschweißprofile durch Steuerung der lokalen Einschweißtiefe ist im Rahmen dieser Arbeit bestätigt. Dabei zeigt sich jedoch auch, dass der Prozess von Instabilitäten beeinflusst wird. Dazu zählt primär die systemtechnische Schwankung bei der Synchronisation zwischen Bewegung des Scannerspiegels (örtlich) und Modulation der Laserleistung (zeitlich). Diese Schwankungen sorgen dafür, dass die Position der maximalen und minimalen Laserleistung zwischen jeder Messung (im hier eingesetzten System um bis zu 3,6°) verschoben ist. Die Demonstration an einem Anwendungsfall ergibt, in einem artungleichen Materialsystem aus Kupfer CuSn6 und Edelstahl 1.4301 im Stumpfstoß, eine Reduktion der Einschweißtiefendifferenz in jedem der beiden Fügepartner von 418 µm auf 127 µm (-69,7%). Die prinzipielle Funktionalität der Methodik ist demonstriert, die Genauigkeit in der exakten Steuerung muss dafür, auf Basis der eingesetzten Hardware, weiter gesteigert werden.

Zusammenfassend kann festgehalten werden, dass die Untersuchungen in dieser Arbeit neue Erkenntnisse ergeben in Bezug auf die Kausalitätskette: Prozessparameter – zeitabhängige Keyholegeometrie – Absorptionsverhalten – Energieeinkopplung – Schweißnahtgeometrie - zur Wechselwirkung zwischen Laserstrahl und Material für zwei verschiedene Laserstrahlwellenlängen. Erstmals wurde dafür die Interaktion zwischen Laserstrahl und Kapillarfrontwand mittels Synchrotronstrahlung visualisiert und gezeigt, dass der Einfluss von Vorschubgeschwindigkeit und Laserleistung für 515 nm und 1030 nm Laserstrahlwellenlängen auf den Schweißprozess von der winkelabhängigen Fresnel-Absorption abhängt. Diese Wechselwirkung hat direkten Einfluss auf die Geometrie der Dampfkapillare und die Porenbildung im Schweißprozess. Mit der erarbeiten Diagnosemethode kann zukünftig jegliche Laser-Materialkombination untersucht werden. Die Erkenntnisse können genutzt werden, um eine Methodik mit überlagerter örtlicher und zeitlicher Leistungsmodulation auf Basis des Stands der Technik weiterzuentwickeln. Mit dieser Methodik ist nun erstmals die örtlich gezielt Energieeinbringung in der Schweißnaht möglich, um so die Einschweißtiefe ortsgenau in der Schweißnaht zu steuern. Dadurch kann die

Einschweißtiefendifferenz in artungleichen Materialsystemen im Stumpfstoß ausgeglichen werden. Diese Methodik kann zukünftig für weitere Fügeanordnungen oder Materialkombinationen genutzt und angepasst werden.

Als wichtigster Faktor für zukünftige Untersuchungen von Schweißprozessen mittels Phasenkontrast-Bildgebung hat sich die Erhöhung der Bildqualität und der zeitlichen Auflösung ergeben. Dadurch können auch hochdynamische Effekte auf der Kapillarfront, der Kapillarrückwand und der Porenbildung visualisiert werden, welche bisher noch nicht bestimmt werden können. Dies ist notwendig, um exakte Wechselwirkungsmechanismen zu verstehen und Modelle weiterzuentwickeln. Bilderwiederholungsraten von > 100 kHz sind dafür zu erreichen, um alle Details im Laserstrahlschweißprozess aufzulösen. Hierzu muss für weiterführende Forschungsvorhaben ein erhöhter Photonenfluss des Synchrotronstrahls realisiert werden.

Mit diesen Maßnahmen ist ein noch umfangreicheres Verständnis über die Zusammenhänge zwischen Laserstrahlwellenlänge und Dampfkapillardynamik möglich. Dazu sollte aufbauend auf dieser Arbeit, zusätzlich der Aspekt der Mehrfachreflexionen in der Dampfkapillare detailliert untersucht werden. Die Ergebnisse dieser Arbeit liefern eine Aussage über die Interaktion des Laserstrahls mit der Kapillarfront. Welchen Einfluss die Mehrfachreflexionen in Abhängigkeit der winkelabhängigen Fresnel-Absorption jedoch an der unterschiedlichen Ausbildung der Dampfkapillargeometrie in der Tiefe und Länge hat, ist bisher nicht bekannt. Die hier geschaffene Grundlage der Phasenkontrast-Bildgebung dient als Basis, um synchronisierte Messungen zwischen Dampfkapillargeometrie und Energieeinkopplung durchzuführen. Dadurch werden die Wissenslücken, im Zusammenhang zwischen Mehrfachreflexion und Kapillargeometrie für die unterschiedlichen Laserstrahlwellenlängen, geschlossen. Dabei spielt auch die Dampfentwicklung innerhalb und oberhalb der Dampfkapillare eine wichtige Rolle. Die Ergebnisse in dieser Arbeit zeigen, dass die Dampffackel bei 515 nm Laserstrahlwellenlänge den Laserstrahl stärker absorbiert oder streut als bei 1030 nm Laserstrahlwellenlänge. Unklar ist jedoch die genaue Wechselwirkung zwischen Metalldampf und Laserstrahl. Auf Basis der Phasenkontrast-Bildgebung besteht die Möglichkeit, eine ergänzende Visualisierung mit Schlieren-Aufnahmen einzusetzen. Diese würde Aufschluss darüber ergeben, welcher Anteil der Laserstrahlung in die Dampfkapillare eintritt oder am Dampf gestreut/absorbiert wird und wie sich dieses Verhalten, in Abhängigkeit der Laserstrahlwellenlänge, auf die Geometrie der Dampfkapillare auswirkt.

Literaturverzeichnis

[ADV22a] ADVATECH-UK, 2022. *Literaturwerte Szintillatoren: CsI(Tl)- Cesium Iodide (Thallium)* [online] [Zugriff am: 9. November 2022]. Verfügbar unter: https://www.advatech-uk.co.uk/csi_tl.html

[ADV22b] ADVATECH-UK, 2022. *Literaturwerte Szintillatoren: GAGG(Ce)- Gadolinium Aluminium Gallium Garnet (Ce)* [online] [Zugriff am: 9. November 2022]. Verfügbar unter: https://www.advatech-uk.co.uk/gagg_ce.html

[ADV22c] ADVATECH-UK, 2022. *Literaturwerte Szintillatoren: LuAG(Ce) Lutetium Aluminium Garnet (Ce)* [online]. Verfügbar unter: https://www.advatech-uk.co.uk/luag_ce.html

[ALL95] ALLMEN, M. von und A. BLATTER, 1995. *Laser-beam interactions with materials. Physical principles and applications.* 2., updated ed. Berlin: Springer. Springer series in materials science. 2. ISBN 978-3-540-59401-7.

[ALT18] ALTER, L., A. HEIDER und J.-P. BERGMANN, 2018. Investigations on copper welding using a frequency-doubled disk laser and high welding speeds [online]. *Procedia CIRP*, **74**, 12-16. ISSN 22128271. Verfügbar unter: DOI: 10.1016/j.procir.2018.08.003

[ALT20] ALTER, L., A. HEIDER und J.P. BERGMANN, 2020. Influence of hydrogen, oxygen, nitrogen, and water vapor on the formation of pores at welding of copper using laser light at 515 nm wavelength [online]. *Journal of Laser Applications*, **32**(2), 22020. ISSN 1042-346X. Verfügbar unter: DOI: 10.2351/7.0000063

[ALT23] ALTER, L., 2023. *Porenbildung beim Schweißen von Kupferwerkstoffen unter Verwendung von Laserstrahlung im grünen Wellenlängenbereich.*

[BEC96] BECK, M., 1996. *Modellierung des Lasertiefschweißens:* Teubner. ISBN 978-3519062189.

[BER08] BERGSTRÖM, D., 2008. *The Absorption of Laser Light by Rough Metal Surfaces.* Dissertation. Lulea.

[BER11a] BERGER, P., H. HÜGEL und T. GRAF, 2011. Understanding Pore Formation in Laser Beam Welding [online]. *Physics Procedia*, **12**, 241-247. ISSN 18753892. Verfügbar unter: DOI: 10.1016/j.phpro.2011.03.031

[BER11b] BERGER, P., R. SCHUSTER, M. ZVYAGOLSKAYA, H. HÜGEL und P. SCHÄFER, 2011. Zur Bedeutung von gleitenden Stufen an der Kapillarfront beim Schweißen und Schneiden mit Laserstrahlen - Teil 1. *Schweissen und Schneiden*, **63**(1-2), 20-28. Schweissen und Schneiden.

[BER13] BERGER, P. und H. HÜGEL, 2013. Fluid Dynamic Effects in Keyhole Welding – An Attempt to Characterize Different Regimes [online]. *Physics Procedia*, **41**, 216-224. ISSN 18753892. Verfügbar unter: DOI: 10.1016/j.phpro.2013.03.072

[BIZ96] BIZEK, H.M., 1996. The Advanced Photon Source List of Parameters [online] [Zugriff am: 20. Juni 2023]. Verfügbar unter: https://www.aps.anl.gov/files/APS-sync/technical_bulletins/files/APS_1421579.pdf

[BLO03] BLOM, A., P. DUNIAS, P. VAN ENGEN, W. HOVING und J. de KRAMER, 2003. Process spread reduction of laser microspot welding of thin copper parts using real-time control [online]. *Proceedings SPIE*, **4977**, 493-507. Proceedings SPIE. Verfügbar unter: DOI: 10.1117/12.478612

[BNC22] BNC BERKELEY NUCLEONICS CORP, 2022. *Literaturwerte Szintillatoren: SrI2(Eu) - Strontium Iodide High Resolution / Low Background Scintillators* [online] [Zugriff am: 9. November 2022]. Verfügbar unter: https://www.berkeleynucleonics.com/srl2eu-strontium-iodide

[BON13] BONO, P. de, 2013. Laser processing of thin copper and aluminium thin sheets with green (532nm) and infrared (1064nm) [online]. *Kaierle (Hg.) 2013 – Congress proceedings*, 520-528. Kaierle (Hg.) 2013 – Congress proceedings. Verfügbar unter: DOI: 10.2351/1.5062925

[BRA21] BRAUN, H., GARVEY, T., JÖRG, M., ASHTON, A., WILLMOTT, P., KOBLER, R., ... ZEHNDER, E, 2021. *SLS 2.0 Storage Ring Technical Design Report* [online]. Verfügbar unter: https://www.dora.lib4ri.ch/psi/islandora/object/psi%3A39635

[BRI05] BRILLO, J. und I. EGRY, 2005. Surface tension of nickel, copper, iron and their binary alloys [online]. *Sci.*, (40(9–10) 2213–2216). Sci. Verfügbar unter: DOI: 10.1007/s10853-005-1935-6

[BRO22] BROOKHAVEN NATIONAL LABORATORY, 2022. *NSLS-II by the Numbers* [online] [Zugriff am: 15. Oktober 2022]. Verfügbar unter: https://www.bnl.gov/nsls2/accelerator/machine.php

[BRÜ89] BRÜCKNER, M., J.H. SCHÄFER und J. UHLENBUSCH, 1989. Ellipsometric measurement of the optical constants of solid and molten aluminum and copper at λ=10.6 µm [online]. *Journal of Applied Physics*, **66**(3), 1326-1332. ISSN 0021-8979. Verfügbar unter: DOI: 10.1063/1.344431

[CHA00] CHANG, C.-L., 2000. *Berechnung der Schmelzbadgeometrie beim Laserstrahlschweißen mit Mehrfokustechnik.* Zugl.: Stuttgart, Univ., Diss., 2000. München: Utz Wiss. Laser in der Materialbearbeitung. ISBN 3-89675-825-X.

[CHE20] CHEN, Y., S.J. CLARK, C.L.A. LEUNG, L. SINCLAIR, S. MARUSSI, M.P. OLBINADO, E. BOLLER, A. RACK, I. TODD und P.D. LEE, 2020. In-situ Synchrotron imaging of keyhole mode multi-layer laser powder bed fusion additive manufacturing [online]. *Applied Materials Today*, **20**, 100650. ISSN 23529407. Verfügbar unter: DOI: 10.1016/j.apmt.2020.100650

[CHE21] CHEN, X., M. JIANG, Y. CHEN, Z. LEI, S. ZHAO und S. LIN, 2021. Laser welding-brazing under temporal and spatial power modulation for dissimilar materials AA6061 to Ti6Al4V joints [online]. *Manufacturing Letters*, **29**, 70-73. ISSN 22138463. Verfügbar unter: DOI: 10.1016/j.mfglet.2021.07.004

[CLA04] CLARKE, J., 2004. *The-Science-and-Technology-of-Undulators-and-Wigglers*.

[CON18] CONZEN, J.H., A. HAEUSLER, J. STOLLENWERK, A. GILLNER, R. POPRAWE und P. LOOSEN, 2018. Laserstrahl-Mikroschweißen von mikroelektronische Baugruppen unter Anwendung von örtlicher und zeitlicher Energiedeposition.

[DAR24] DARCANGELO, S., L. CAPRIO, D. CHESI, D. NOCCIOLINI, R. CORBINELLI, B. PREVITALI und A.G. DEMIR, 2024. Comprehensive benchmarking of laser welding technologies including novel beam shapes and wavelengths for e-drive copper hairpins [online]. *Optics & Laser Technology*, **169**, 109964. ISSN 00303992. Verfügbar unter: DOI: 10.1016/j.optlastec.2023.109964

[DEM17] DEMTRÖDER, W., 2017. *Experimentalphysik 2*. Berlin, Heidelberg: Springer Berlin Heidelberg. ISBN 978-3-662-55789-1.

[DES09] DESY, 2009. *Machine Parameters Petra III* [online] [Zugriff am: 15. Oktober 2022]. Verfügbar unter: https://photon-science.desy.de/facilities/petra_iii/machine/parameters/index_eng.html

[DES22] DESY, 1. Januar 2022. *Unified Data Sheet. P07 - High Energy Materials Science Beamline* [online] [Zugriff am: 1. Januar 2022]. Verfügbar unter: https://photon-science.desy.de/facilities/petra_iii/beamlines/p07_high_energy_materials_science/unified_data_sheet_p07/index_eng.html

[DOW17] DOWDEN, J. und W. SCHULZ, 2017. *The Theory of Laser Materials Processing*. Cham: Springer International Publishing. 119. ISBN 978-3-319-56710-5.

[ENG11] ENGLER, S., R. RAMSAYER und R. POPRAWE, 2011. Process Studies on Laser Welding of Copper with Brilliant Green and Infrared Lasers [online]. *Physics Procedia*, **12**, 339-346. ISSN 18753892. Verfügbar unter: DOI: 10.1016/j.phpro.2011.03.142

[ENG15] ENGLER, S., 2015. *Laserstrahlschweißen von Kupferwerkstoffen mit brillanten Strahlquellen im infraroten und grünen Wellenlängenbereich* [online]. Dissertation. Aachen. Verfügbar unter: http://publications.rwth-aachen.de/record/658690

[ERI11] ERIKSSON, I., J. POWELL und A.F.H. KAPLAN, 2011. Measurements of fluid flow on keyhole front during laser welding [online]. *Science and Technology of Welding and Joining*, **16**(7), 636-641. ISSN 1362-1718. Verfügbar unter: DOI: 10.1179/1362171811Y.0000000050

[ERI13] ERIKSSON, I., J. POWELL und A. KAPLAN, 2013. Melt behavior on the keyhole front during high speed laser welding [online]. *Optics and Lasers in Engineering*, **51**(6), 735-740. ISSN 01438166. Verfügbar unter: DOI: 10.1016/j.optlaseng.2013.01.008

[ESR18] ESRF, 2018. *EBS Storage Ring Technical Report* [online] [Zugriff am: 15. Oktober 2022]. Verfügbar unter: https://www.esrf.fr/files/live/sites/www/files/about/upgrade/documentation/Design%20Report-reduced-jan19.pdf

[FAB00] FABBRO, R. und K. CHOUF, 2000. Dynamical description of the keyhole in deep penetration laser welding [online]. *Journal of Laser Applications*, **12**(4), 142-148. ISSN 1042-346X. Verfügbar unter: DOI: 10.2351/1.521924

[FAB10] FABBRO, R., 2010. Melt pool and keyhole behaviour analysis for deep penetration laser welding [online]. *Journal of Physics D: Applied Physics*, **43**(44), 445501. ISSN 0022-3727. Verfügbar unter: DOI: 10.1088/0022-3727/43/44/445501

[FAB20] FABBRO, R., 2020. Depth Dependence and Keyhole Stability at Threshold, for Different Laser Welding Regimes [online]. *Applied Sciences*, **10**(4), 1487-1509. Applied Sciences. Verfügbar unter: DOI: 10.3390/app10041487

[FET18a] FETZER, F., C. HAGENLOCHER und R. WEBER, 2018. High Power, High Speed, High Quality [online]. *Laser Technik Journal*, **15**(3), 28-31. ISSN 16137728. Verfügbar unter: DOI: 10.1002/latj.201800017

[FET18b] FETZER, F., H. HU, P. BERGER, R. WEBER, P. EBERHARD und T. GRAF, 2018. Fundamental investigations on the spiking mechanism by means of laser beam welding of ice [online]. *Journal of Laser Applications*, **30**(1), 12009. ISSN 1042-346X. Verfügbar unter: DOI: 10.2351/1.4986641

[FET18c] FETZER, F., M. SOMMER, R. WEBER, J.-P. WEBERPALS und T. GRAF, 2018. Reduction of pores by means of laser beam oscillation during remote welding of AlMgSi [online]. *Optics and Lasers in Engineering*, **108**, 68-77. ISSN 01438166. Verfügbar unter: DOI: 10.1016/j.optlaseng.2018.04.012

[FOX11] FOX, M., 2011. *Optical properties of solids.* Second edition, reprinted (with corrections). Oxford: Oxford University Press. Oxford master series in condensed matter physics. 3. ISBN 978-0-19-957336-3.

[FRA17] FRANCO, D.F., 2017. *Wobbling laser beam welding of copper* [online]. Verfügbar unter: http://hdl.handle.net/10362/27684

[FUR21] FURUNO, T., A. KOSHIKAWA, T. KAWABATA, M. ITOH, S. KUROSAWA, T. MORIMOTO, M. MURATA, K. SAKANASHI, M. TSUMURA und A. YAMAJI, 2021. Response of the GAGG(Ce) scintillator to charged particles compared with the CsI(Tl) scintillator [online]. *Journal of Instrumentation*, **16**(10), P10012. Journal of Instrumentation. Verfügbar unter: DOI: 10.1088/1748-0221/16/10/P10012

[GED07] GEDICKE, J., A. OLOWINSKY, J. ARTAL und A. GILLNER, 2007. Influence of temporal and spatial laser power modulation on melt pool dynamics [online], 816-822. Verfügbar unter: DOI: 10.2351/1.5061009

[GOU45] GOUFFE, A., 1945. Corrections d' ouverture des corps-noirs artificiels compte tenu des diffusions multiples internes [online]. *Rev. Opt.*, **24**, 1-7. Rev. Opt. Verfügbar unter: https://ci.nii.ac.jp/naid/10025970252/

[GRO12] GROSS, R. und A. MARX, 2012. *Festkörperphysik* [online]. München: Oldenbourg. Mathematik, Physik 10-2012. ISBN 9783486712940. Verfügbar unter: https://www.degruyter.com/isbn/9783486714869

[HAG75] HAGEMANN, H., 1975. Optical constants from the far infrared to the x-ray region [online]. *JOURNAL OF THE OPTICAL SOCIETY OF AMERICA*, 1-3. JOURNAL OF THE OPTICAL SOCIETY OF AMERICA. Verfügbar unter: DOI: 10.1364/JOSA.65.000742

[HAL18] HALM, U., 2018. *Simulation hochdynamischer Vorgänge in der Schmelze beim Laserstrahlschneiden.* Dissertation. Ingenieurwissenschaften. ISBN 9783843938846.

[HÄU17] HÄUSLER, A., B. MEHLMANN, A. OLOWINSKY, A. GILLNER und R. POPRAWE, 2017. Efficient Copper Microwelding with Fibre Lasers using Spatial Power Modulation. *Lasers in Engineering*, **36**(1-3), 133-146. ISSN 0898-1507.

[HAU18] HAUBOLD, M., A. GANSER, T. EDER und M.F. ZÄH, 2018. Laser welding of copper using a high power disc laser at green wavelength [online]. *Procedia CIRP*, **74**, 446-449. ISSN 22128271. Verfügbar unter: DOI: 10.1016/j.procir.2018.08.161

[HÄU21] HÄUSLER, A., 2021. *Präzisionserhöhung beim Laserstrahl-Mikroschweißen durch angepasstes Energiemanagement.* Aachen: Aprimus Verlag. Ergebnisse aus der Lasertechnik. ISBN 978-3-86359-933-1.

[HEI05] HEIGL, R., 2005. *Herstellung von Randschichten auf Aluminiumgusslegierungen mittels Laserstrahlung.* Zugl.: Stuttgart, Univ., Diss., 2004. München: Utz Wiss. Laser in der Materialbearbeitung - Forschungsberichte des IFSW. ISBN 3-8316-0460-6.

[HEI18] HEIDER, A., 2018. *Erweitern der Prozessgrenzen beim Laserstrahlschweißen von Kupfer mit Einschweißstiefen zwischen 1 mm und 10 mm.* München: Herbert Utz Verlag. Laser in der Materialbearbeitung. ISBN 978-3-8316-4738-5.

[HEL22] HELM, J.G.M., 2022. *Prozessstabilität und Prozesseffizienz beim Laserstrahlfügen von hoch reflektiven Kupferwerkstoffen; 1. Auflage.*

[HES10] HESS, A., A. HEIDER, R. SCHUSTER, R. WEBER und T. GRAF, 2010. *Benefits from combining laser beams with different wavelengths (green and IR) for copper welding.*

[HES11] HESS, A., R. SCHUSTER, A. HEIDER, R. WEBER und T. GRAF, 2011. Continuous Wave Laser Welding of Copper with Combined Beams at Wavelengths of 1030 nm and of 515 nm [online]. *Physics Procedia*, **12**, 88-94. ISSN 18753892. Verfügbar unter: DOI: 10.1016/j.phpro.2011.03.012

[HEß12] HEß, A., 2012. *Vorteile und Herausforderungen beim Laserstrahlschweißen mit Strahlquellen höchster Fokussierbarkeit* [online]. Zugl.: Stuttgart, Univ., Diss., 2012. München: Utz. Laser in der Materialbearbeitung. ISBN 978-3831641987. Verfügbar unter: http://d-nb.info/1026043484/34

[HOB00] HOBOKEN, 2000. Copper, L.A.: In: Ullmann's Encyclopedia of Industrial Chemistry.

[HOL23] HOLLATZ, S., 2023. *Funktionsorientiertes Laserstrahl-Mikroschweißen von Aluminium-Kupfer-Verbindungen mit örtlicher Leistungsmodulation.* Dissertation. Ergebnisse aus der Lasertechnik. ISBN 978-3-98555-178-1.

[HÖR18] HÖRDEMANN, C., 2018. *Partikelfreier Abtrag von Schichtsystemen für Feststoffbatterien mittels Ultrakurzpuls-Laserbearbeitung. = Particle-free ablation of layer systems for solid-state batteries by means of ultrashort pulsed laser processing.* Aachen: Apprimus Verlag. Edition Wissenschaft - Apprimus. ISBN 9783863596484.

[HÜG09] HÜGEL, H. und T. GRAF, 2009. *Laser in der Fertigung. Grundlagen der Strahlquellen, Systeme, Fertigungsverfahren.* 2. Auflage. Wiesbaden: Springer Vieweg. Lehrbuch. ISBN 978-3-8348-9570-7.

[HÜG22] HÜGEL, H. und T. GRAF, 2022. *Materialbearbeitung mit Laser.* Wiesbaden: Springer Fachmedien Wiesbaden. ISBN 978-3-658-37250-7.

[HUM21a] HUMMEL, M., A. HÄUSLER und A. GILLNER, 2021. High-Precision Adjustment of Welding Depth during Laser Micro Welding of Copper Using Superpositioned Spatial and Temporal Power Modulation [online]. *Journal of Manufacturing and Materials Processing*, **5**(4), 127. Journal of Manufacturing and Materials Processing. Verfügbar unter: DOI: 10.3390/jmmp5040127

[HUM21b] HUMMEL, M., A. HÄUSLER, S. HOLLATZ, C. HAGENLOCHER, J. LIND, U. HALM, C. SCHÖLER, A. OLOWINSKY und A. GILLNER, 2021. *Temporally and spatially highly resolved reconstruction of vapor capillary geometry during laser beam welding using synchrotron radiation* [online]. Verfügbar unter: https://publications.rwth-aachen.de/record/821069

[HUM21c] HUMMEL, M., C. SCHÖLER und A. GILLNER, 2021. Metallographic Comparison for Laser Welding of Cu-ETP and CuSn6 with Laser Beam Sources of 515 nm and 1030 nm Wavelength [online]. *Enhanced Material, Parts Optimization and Process Intensification : proceedings of the First International Joint Conference on Enhanced Material and Part Optimization and Process Intensification, EMPOrIA 2020, May 19-20, 2020, Aachen, Germany / Uwe Reisgen, Dietmar Drummer, Holger Marschall, Editors,*, **1**, 14-28. Enhanced Material, Parts Optimization and Process Intensification : proceedings of the First International Joint Conference on Enhanced Material and Part Optimization and Process Intensification, EMPOrIA 2020, May 19-20, 2020, Aachen, Germany / Uwe Reisgen, Dietmar Drummer, Holger Marschall, Editors,. Verfügbar unter: DOI: 10.1007/978-3-030-70332-5_2

[HUM21d] HUMMEL, M., C. SCHÖLER und A. GILLNER, 2021. Metallographic Comparison for Laser Welding of Cu-ETP and CuSn6 with Laser Beam Sources of 515 nm and 1030 nmWavelength [online]. Verfügbar unter: DOI: 10.1007/978-3-030-70332-5_2

[HUM23] HUMMEL, M., C. MEIER, A. OLOWINSKY, A. GILLNER, F. BECKMANN, J. MOOSMANN und C. HÄFNER, 28. Januar 2023 - 3. Februar 2023. *In situ synchrotron observation of the vapor capillary geometry in laser welding of copper with 1030 nm and 515 nm laser beam sources* [online]. Verfügbar unter: https://www.spiedigitallibrary.org/conference-proceedings-of-spie/12414/2648946/In-situ-synchrotron-observation-of-the-vapor-capillary-geometry-in/10.1117/12.2648946.full

[IEA21] IEA, 2021. *Net Zero by 2050* [online]. Paris [Zugriff am: 16. Oktober 2022]. Verfügbar unter: https://www.iea.org/reports/net-zero-by-2050

[IXC22] IXCAMERAS, 2022. *Data Sheet iSpeed 727* [online] [Zugriff am: 17. Januar 2023]. Verfügbar unter: https://www.ix-cameras.com/downloads/i-SPEED_7_Series_Datasheet.pdf

[JAC07] JACKSON, A., 2007. *The Australian Synchrotron project.*

[KAI14a] KAISER, E., 2014. SputterFreeUniformLaserWeldingOfCopperContactsWithGreenLase_LANE [online]. *Proc. of the 8th Int. Conference on Photonic Technologies LANE.* Proc. of the 8th Int. Conference on Photonic Technologies LANE. Verfügbar unter: file:///C:/Users/cmeier/Downloads/LANE2014_Kaiser_Sputter-free_and_Uniform.pdf

[KAI14b] KAISER, E., R. HUBER, C. STOLZENBURG und A. KILLI, 2014. Sputter-free and Uniform Laser Welding of Electric or Electronical Copper Contacts with a Green Laser. *Proc. of the 8th Int. Conference on Photonic Technologies LANE.* Proc. of the 8th Int. Conference on Photonic Technologies LANE.

[KAP11] KAPLAN, A.F.H. und J. POWELL, 2011. Spatter in laser welding [online]. *Journal of Laser Applications*, **23**(3), 32005. ISSN 1042-346X. Verfügbar unter: DOI: 10.2351/1.3597830

[KAP15] KAPLAN, A.F.H. und R.S. MATTI, 2015. Absorption peaks depending on topology of the keyhole front and wavelength [online]. *Journal of Laser Applications*, **27**(S2), S29012. ISSN 1042-346X. Verfügbar unter: DOI: 10.2351/1.4906469

[KAU23a] KAUFMANN, F., C. FORSTER, M. HUMMEL, A. OLOWINSKY, F. BECKMANN, J. MOOSMANN, S. ROTH und M. SCHMIDT, 2023. Characterization of Vapor Capillary Geometry in Laser Beam Welding of Copper with 515 nm and 1030 nm Laser Beam Sources by Means of In Situ Synchrotron X-ray Imaging [online]. *Metals*, **13**(1), 135. Metals. Verfügbar unter: DOI: 10.3390/met13010135

[KAU23b] KAUFMANN, F., M. STRUGULEA, C. HÖLTGEN, S. ROTH und M. SCHMIDT, 2023. Seam Properties of Overlap Welding Strategies from Copper to Aluminum Using Green Laser Radiation for Battery Tab Connections in Electric Vehicles [online]. *Materials (Basel, Switzerland)*, **16**(3). ISSN 1996-1944. Verfügbar unter: DOI: 10.3390/ma16031069

[KAW19] KAWAHITO, Y. und H. WANG, 2019. In-situ Observation of Laser Manufacturing with X-ray Technique [online]. *Synchrotron Radiation News*, **32**(2), 14-19. ISSN 0894-0886. Verfügbar unter: DOI: 10.1080/08940886.2019.1582283

[KOC04] KOCSIS, M. und A. SNIGIREV, 2004. Imaging using synchrotron radiation [online]. *Nuclear Instruments and Methods in Physics Research Section A: Accelerators, Spectrometers, Detectors and Associated Equipment*, **525**(1-2), 79-84. ISSN 01689002. Verfügbar unter: DOI: 10.1016/j.nima.2004.03.129

[KOH22] KOHL, S., F. KAUFMANN und M. SCHMIDT, 2022. Why Color Matters—Proposing a Quantitative Stability Criterion for Laser Beam Processing of Metals Based on Their Fundamental Optical Properties [online]. *Metals*, **12**(7), 1118. Metals. Verfügbar unter: DOI: 10.3390/met12071118

[KRA02] KRAMER, T., A.M. OLOWINSKY und F. DURAND, 2002. SHADOW: a new welding technique [online], 545. Verfügbar unter: DOI: 10.1117/12.470664

[KRA11] KRAETZSCH, M., J. STANDFUSS, A. KLOTZBACH, J. KASPAR, B. BRENNER und E. BEYER, 2011. Laser beam welding with high-frequency beam oscillation: welding of dissimilar materials with brilliant fiber lasers. *Physics Procedia*, **12**, 142-149. ISSN 18753892.

[KRI16] KRISTIANSEN, P., U. JOHANSSON, T. URSBY und B.N. JENSEN, 2016. Vibrational stability of a cryocooled horizontal double-crystal monochromator [online]. *Journal of synchrotron radiation*, **23**(Pt 5), 1076-1081. Journal of synchrotron radiation. Verfügbar unter: DOI: 10.1107/S1600577516009243

[KRI90] KRISHNAN, S., G.P. HANSEN, R.H. HAUGE und J.L. MARGRAVE, 1990. *Emissivities and Optical Constants of Electromagnetically Levitated Liquid Metals as Functions of Temperature and Wavelength.* Materials Chemistry at High Temperatures. Vol. 1. ISBN 978-1-4612-6781-2.

[KRO22] KROHMER, E., F. SCHMEISER, B. WAHLMANN, J. ROSIGKEIT, G. GRAF, P. SPOERK-ERDELY, H. CLEMENS, P. STARON, C. KÖRNER, W. REIMERS und E. UHLMANN, 2022. Revealing dynamic processes in laser powder bed fusion with in situ X-ray diffraction at PETRA III [online]. *The Review of scientific instruments*, **93**(6), 65104. The Review of scientific instruments. Verfügbar unter: DOI: 10.1063/5.0077105

[LEI00] LEIPOLD, F. und ET AL, 2000. Electron density measurements in an atmospheric pressure air plasma by means of infrared heterodyne interferometry [online]. *Journal of physics D: Applied physics*, (33). ISSN 0022-3727 [Zugriff am: 6. September 2022]. Verfügbar unter: https://iopscience.iop.org/article/10.1088/0022-3727/33/18/310

[LEQ18] LEQUANG, T., S.A. SHEVCHIK, B. MEYLAN, F. VAKILI-FARAHANI, M.P. OLBINADO, A. RACK und K. WASMER, 2018. Why is in situ quality control of laser keyhole welding a real challenge? [online]. *Procedia CIRP*, **74**, 649-653. ISSN 22128271. Verfügbar unter: DOI: 10.1016/j.procir.2018.08.055

[LEU18] LEUNG, C.L.A., S. MARUSSI, R.C. ATWOOD, M. TOWRIE, P.J. WITHERS und P.D. LEE, 2018. In situ X-ray imaging of defect and molten pool dynamics in laser additive manufacturing [online]. *Nature communications*, **9**(1), 1355. Nature communications. Verfügbar unter: DOI: 10.1038/s41467-018-03734-7

[LIG22] LIGHTSOURCE.ORG, 2022. *Light sources of the world* [online] [Zugriff am: 15. Oktober 2022]. Verfügbar unter: https://lightsources.org/lightsources-of-the-world/

[LOS00] LOSSIN, A., 2000. *Copper*.

[MAT15] MATTI, R.S. und A. KAPLAN, 2015. Analyzing and Post-modelling the High Speed Images of a Wavy Laser Induced Boiling Front [online]. *Physics Procedia*, **78**, 192-201. ISSN 18753892. Verfügbar unter: DOI: 10.1016/j.phpro.2015.11.043

[MIC04] MICHEL, J., 2004. *Approximatives Modell für das Tiefschweißen mit Laserstrahlung.* Zugl.: Aachen, Techn. Hochsch., Diss., 2003. Aachen: Shaker. Berichte aus der Lasertechnik. ISBN 3-8322-2407-6.

[MIY15] MIYAGI, M., X. ZHANG, Y. KAWAHITO und S. KATAYAMA, 2015. Development of spatter suppression technology for copper by high speed laser scanner welding [online], 544-548. Verfügbar unter: DOI: 10.2351/1.5063203

[MIY17] MIYAGI, M., Y. KAWAHITO, H. KAWAKAMI und T. SHOUBU, 2017. Dynamics of solid-liquid interface and porosity formation determined through x-ray phase-contrast in laser welding of pure Al [online]. *Journal of Materials Processing Technology*, **250**, 9-15. ISSN 09240136. Verfügbar unter: DOI: 10.1016/j.jmatprotec.2017.06.033

[MIY18] MIYAGI, M., Y. KAWAHITO, H. WANG, H. KAWAKAMI, T. SHOUBU und M. TSUKAMOTO, 2018. X-ray phase contrast observation of solidification and hot crack propagation in laser spot welding of aluminum alloy [online]. *Optics express*, **26**(18), 22626-22636. Optics express. Verfügbar unter: DOI: 10.1364/OE.26.022626

[MOC05] MOCHAN, W.L., 2005. Encyclopedia of Condensed Matter Physics [online], 310-317 [Zugriff am: 27. Oktober 2022]. Verfügbar unter: https://www.sciencedirect.com/science/article/pii/B0123694019006616

[MOE08] MOELLER, E., 2008. *Handbuch Konstruktionswerkstoffe. Auswahl, Eigenschaften, Anwendung.* München: Hanser. ISBN 9783446401709.

[MOR16] MORI, M., J. XU, G. OKADA, T. YANAGIDA, J. UEDA und S. TANABE, 2016. Comparative study of optical and scintillation properties of Ce:YAGG, Ce:GAGG and Ce:LuAGG transparent ceramics [online]. *Journal of the Ceramic Society of Japan*, **124**(5), 569-573. ISSN 1882-0743. Verfügbar unter: DOI: 10.2109/jcersj2.15239

[NIS22] NIST, 2022. Fundamental Physical Constants Database [online] [Zugriff am: 12. Oktober 2022]. Verfügbar unter: https://physics.nist.gov/cuu/Constants/

[ORD85] ORDAL, M.A., R.J. BELL, R.W. ALEXANDER, L.L. LONG und M.R. QUERRY, 1985. Optical properties of fourteen metals in the infrared and far infrared: Al, Co, Cu, Au, Fe, Pb, Mo, Ni, Pd, Pt, Ag, Ti, V, and W [online]. *Applied optics*, **24**(24), 4493. ISSN 1559-128X. Verfügbar unter: DOI: 10.1364/ao.24.004493

[PAR18] PARAB, N.D., C. ZHAO, R. CUNNINGHAM, L.I. ESCANO, K. FEZZAA, W. EVERHART, A.D. ROLLETT, L. CHEN und T. SUN, 2018. Ultrafast X-ray imaging of laser-metal additive manufacturing processes [online]. *Journal of synchrotron radiation*, **25**(Pt 5),

1467-1477. Journal of synchrotron radiation. Verfügbar unter: DOI: 10.1107/S1600577518009554

[PET12] PETRING, D., T. MOLITOR, F. SCHNEIDER und N. WOLF, 2012. Diagnostics, Modeling and Simulation: Three Keys Towards Mastering the Cutting Process with Fiber, Disk and Diode Lasers [online]. *Physics Procedia*, **39**, 186-196. ISSN 18753892. Verfügbar unter: DOI: 10.1016/j.phpro.2012.10.029

[POP05] POPRAWE, R., 2005. *Lasertechnik für die Fertigung. Grundlagen, Perspektiven und Beispiele für den innovativen Ingenieur ; mit 26 Tabellen* [online]. Berlin: Springer. VDI-Buch. ISBN 3-540-21406-2. Verfügbar unter: http://lib.myilibrary.com/detail.asp?id=62162

[POP11] POPRAWE, R., 2011. *Tailored Light 2. Laser Application Technology* [online]. Berlin, Heidelberg: Springer-Verlag Berlin Heidelberg. RWTHedition. ISBN 978-3-642-01236-5. Verfügbar unter: http://site.ebrary.com/lib/alltitles/docDetail.action?docID=10444212

[POP18] POPRAWE, R., K. BOUCKE und D. HOFFMAN, 2018. *Tailored Light 1. High Power Lasers for Production* [online]. Berlin, Heidelberg: Springer Berlin Heidelberg. RWTHedition. ISBN 978-3-642-01233-4. Verfügbar unter: http://dx.doi.org/10.1007/978-3-642-01234-1

[ROM12] ROMINGER, V., T. HARRER, S. KEẞLER, H. BRAUN, F. DORSCH, F. ABT, M. JARWITZ, A. HEIDER, R. WEBER und T. GRAF. *Formation mechanism of process instabilities and strategies to improve welding quality*.

[RÜT11] RÜTTIMANN, C., U. DÜRR, A. MOALEM und M. PRIEHS, 2011. *Reliable laser micro-welding of copper*.

[SAI22] SAINT-GOBAIN, 2022. *Literaturwerte Szintillatoren: CdWO4 Scintillation Crystal* [online] [Zugriff am: 9. November 2022]. Verfügbar unter: https://www.crystals.saint-gobain.com/radiation-detection-scintillators/crystal-scintillators/cdwo4-cadmium-tungstate

[SCH12] SCHMITT, F., 2012. *Laserstrahl-Mikroschweißen mit Strahlquellen hoher Brillanz und örtlicher Leistungsmodulation:* Shaker. ISBN 3844010416.

[SCH13a] SCHELL, N., A. KING, F. BECKMANN, T. FISCHER, M. MÜLLER und A. SCHREYER, 2013. The High Energy Materials Science Beamline (HEMS) at PETRA III [online]. *Materials Science Forum*, **772**, 57-61. Materials Science Forum. Verfügbar unter: DOI: 10.4028/www.scientific.net/MSF.772.57

[SCH13b] SCHWEIER, M., J.F. HEINS, M.W. HAUBOLD und M.F. ZAEH, 2013. Spatter Formation in Laser Welding with Beam Oscillation [online]. *Physics Procedia*, **41**, 20-30. ISSN 18753892. Verfügbar unter: DOI: 10.1016/j.phpro.2013.03.047

[SCH15] SCHMIDT, P.A., 2015. *Laserstrahlschweißen elektrischer Kontakte von Lithium-Ionen-Batterien in Elektro- und Hybridfahrzeugen*. Dissertation. Forschungsberichte / IWB. Band 304. ISBN 978-3-8316-4519-0.

[SCH18a] SCHMIDT, L., F. NAGEL, FRIEDMANN, H. REINHARD, M. und J.P. BERGMANN, 2018. Potentiale angepasster Intensitätsverteilungen zur Spritzerreduzierung beim Laserstrahlschweißen. *11. Jenaer Lasertagung*, 86-96. 11. Jenaer Lasertagung.

[SCH18b] SCHMIDT, M., M. ZÄH, L. LI, J. DUFLOU, L. OVERMEYER und F. VOLLERTSEN, 2018. Advances in macro-scale laser processing [online]. *CIRP Annals*, **67**(2), 719-742. ISSN 00078506. Verfügbar unter: DOI: 10.1016/j.cirp.2018.05.006

[SCH19] SCHMIDT, L., K. SCHRICKER, J.P. BERGMANN und S. HICKETHIER, 2019. Effect of gas flow on spatter formation in deep penetration welding at high welding speeds. *Lasers in Manufacturing Conference.* Lasers in Manufacturing Conference.

[SCH22] SCHRICKER, K., L. SCHMIDT, H. FRIEDMANN, C. DIEGEL, M. SEIBOLD, P. HELLWIG, F. FRÖHLICH, J.P. BERGMANN, F. NAGEL, P. KALLAGE, A. RACK, H. REQUARDT und Y. CHEN, 2022. Characterization of keyhole dynamics in laser welding of copper by means of high-speed synchrotron X-ray imaging [online]. *Procedia CIRP*, **111**, 501-506. ISSN 22128271. Verfügbar unter: DOI: 10.1016/j.procir.2022.08.079

[SCH94] SCHMIDT, H., 1994. *Hochgeschwindigkeits-Schweissen von Feinstblechen mit CO2-Laserstrahlung unter besonderer Berücksichtigung des Humping-Effektes:* Mainz. ISBN 3930085445.

[SEE11] SEECK, O.H., C. DEITER, K. PFLAUM, F. BERTAM, A. BEERLINK, H. FRANZ, J. HORBACH, H. SCHULTE-SCHREPPING, B.M. MURPHY, M. GREVE und O. MAGNUSSEN, 2011. The high-resolution diffraction beamline P08 at PETRA III [online]. *Journal of synchrotron radiation.* Journal of synchrotron radiation [Zugriff am: 1. September 2022]. Verfügbar unter: https://bib-pubdb1.desy.de/record/95173/files/vv5026.pdf

[SEI16] SEITZ, B., 2016. Energy Resolution and Temperature Dependence of Ce:GAGG Coupled to 3mm × 3mm Silicon Photomultipliers [online]. *IEEE TRANSACTIONS ON NUCLEAR SCIENCE,*. IEEE TRANSACTIONS ON NUCLEAR SCIENCE,. Verfügbar unter: DOI: 10.1109/TNS.2016.2535235

[SEL22] SELTZER, S., 2022. Tables of X-Ray Mass Attenuation Coefficients and Mass Energy-Absorption Coefficients, NIST Standard Reference Database 126 [online]. Verfügbar unter: DOI: 10.18434/T4D01F

[SHA06] SHANGHAI SYNCHROTRON RADIATION FACILITY, 2006. *SSRF Overview* [online] [Zugriff am: 15. Oktober 2022]. Verfügbar unter: http://e-ssrf.sari.ac.cn/about/overview/ssrfoverview/201506/t20150609_295855.html

[STR14] STRITT, P., C. HAGENLOCHER, C. KIZLER, R. WEBER, C. RÜTTIMANN und T. GRAF, 2014. Laser Spot Welding of Copper-aluminum Joints Using a Pulsed Dual Wavelength Laser at 532 and 1064 nm [online]. *Physics Procedia*, **56**, 759-767. ISSN 18753892. Verfügbar unter: DOI: 10.1016/j.phpro.2014.08.083

[STR18] STROTH, U., 2018. *Plasmaphysik.* Berlin, Heidelberg: Springer Berlin Heidelberg. ISBN 978-3-662-55235-3.

[TOR12] TORSTEN FLIEßBACH, 2012. *Elektrodynamik. Lehrbuch zur Theoretischen Physik II.* 6. Auflage: Springer. ISBN 978-3-8274-3035-9.

[VAN04] VAN DER VEEN, F. und F. PFEIFFER, 2004. Coherent x-ray scattering [online]. *Journal of Physics: Condensed Matter*, **16**(28), 1-29. ISSN 0953-8984. Verfügbar unter: DOI: 10.1088/0953-8984/16/28/020

[VAN15] VAN NIEUWENHOVE, V., J. de BEENHOUWER, F. de CARLO, L. MANCINI, F. MARONE und J. SIJBERS, 2015. Dynamic intensity normalization using eigen flat fields in X-ray imaging [online]. *Optics express*, **23**(21), 27975-27989. Optics express. Verfügbar unter: DOI: 10.1364/OE.23.027975

[VOL17] VOLPP, J., 2017. *Dynamik und Stabilität der Dampfkapillare beim Laserstrahltiefschweißen* [online]. Dissertation. Wissenschafft Wirtschaft. Band 63. ISBN 9783933762573. Verfügbar unter: http://d-nb.info/1136710256/34

[WAG21] WAGNER, J., C. HAGENLOCHER, M. HUMMEL, A. OLOWINSKY, R. WEBER und T. GRAF, 2021. Synchrotron X-ray Analysis of the Influence of the Magnesium Content on the Absorptance during Full-Penetration Laser Welding of Aluminum [online]. *Metals*, **11**(5), 797. Metals. Verfügbar unter: DOI: 10.3390/met11050797

[WEA81] WEAVER, J.H., C. KRAFKA, D.W. LYNCH und E.E. KOCH, 1981. Optical properties of metals [online]. *Applied optics*, **20**(7). ISSN 1559-128X. Verfügbar unter: DOI: 10.1364/AO.20.1124_1

[WEB10] WEBERPALS, J.-P., 2010. *Nutzen und Grenzen guter Fokussierbarkeit beim Laserschweißen.* Zugl.: Stuttgart, Univ., Diss., 2010. München: Utz. Laser in der Materialbearbeitung. ISBN 978-3-8316-0995-6.

[WIL96] WILKINS, S., GUREYEV, T., GAO, D., 1996. Phase-contrast imaging using polychromatic hard X-rays. [online]. *Nature Physics*, **1996**(384), 335-338. ISSN 1745-2473. Verfügbar unter: https://www.nature.com/articles/384335a0#citeas

[ZHA13] ZHANG, M., G. CHEN, Y. ZHOU und S. LI, 2013. Direct observation of keyhole characteristics in deep penetration laser welding with a 10 kW fiber laser [online]. *Optics express*, **21**(17), 19997-20004. Optics express. Verfügbar unter: DOI: 10.1364/OE.21.019997

[ZHA17] ZHAO, C., K. FEZZAA, R.W. CUNNINGHAM, H. WEN, F. de CARLO, L. CHEN, A.D. ROLLETT und T. SUN, 2017. Real-time monitoring of laser powder bed fusion process using high-speed X-ray imaging and diffraction [online]. *Scientific reports*, **7**(1), 3602. Scientific reports. Verfügbar unter: DOI: 10.1038/s41598-017-03761-2

THIELMANN, A., C. NEEF, T. HETTESHEIMER, H. DÖSCHER, M. WIETSCHEL und J. TÜBKE, 2017. *Energiespeicher-Roadmap (Update 2017) - Hochenergie-Batterien 2030+ und Perspektiven zukünftiger Batterietechnologien* [online]. Fraunhofer-Institut für System- und Innovationsforschung (hrsg. Organ). Karlsruhe. Verfügbar unter: https://www.isi.fraunhofer.de/content/dam/isi/dokumente/cct/lib/Energiespeicher-Roadmap-Dezember-2017.pdf

Abbildungsverzeichnis

Tabellenverzeichnis

Anhang A: Weitere Ergebnisse und Inhalte

A.1. Ergebnisse der Prozessregimegrenzen für 515 nm und 1070 nm Laserstrahlwellenlänge

Bild 77:
Grenzen der Schweißregime für 515 nm (oben) und 1070 nm (unten) Laserstrahlwellenlänge für Cu-ETP

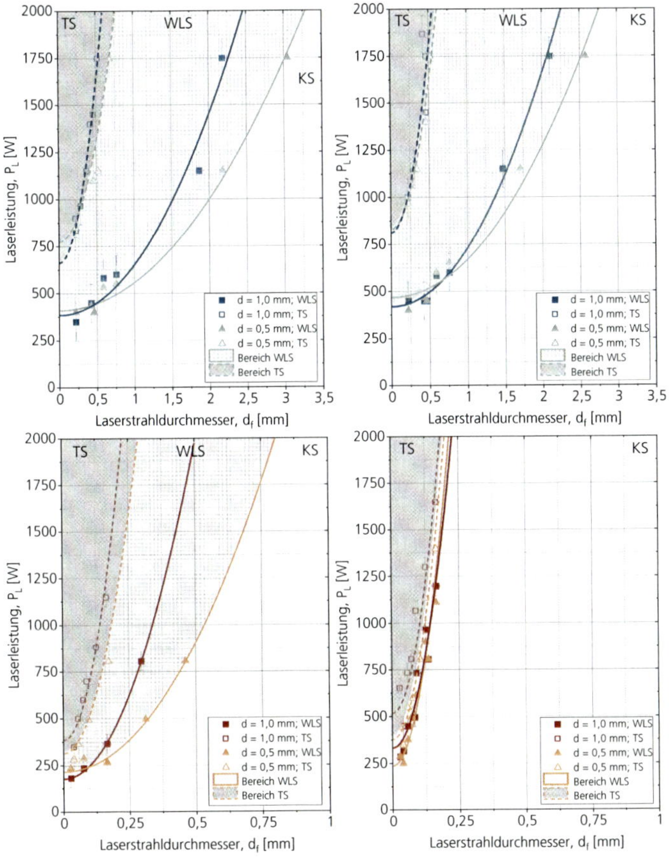

A.2. Ergebnisse der metallurgischen Untersuchungen für 515 nm und 1030 nm Laserstrahlwellenlänge

Bild 78:
Vergleich der metallurgischen Einschweißtiefe von Cu-ETP in Abhängigkeit von Laserleistung und Vorschubgeschwindigkeit

d_f = 200 µm
1030 nm (links)
515 nm (rechts)

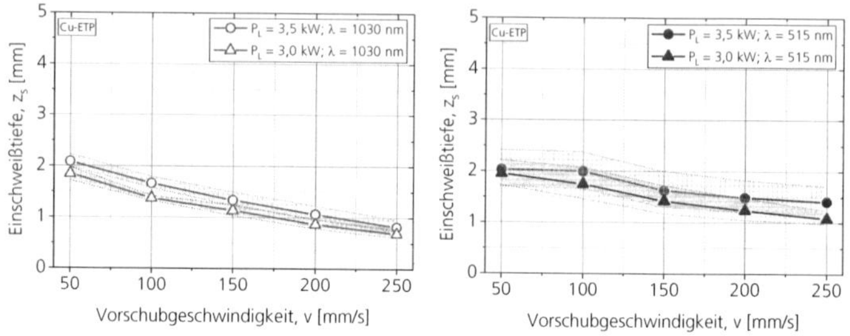

Bild 79:
Vergleich der metallurgischen Schweißnahtbreite von CuSn6 (links) und Cu-ETP (rechts) in Abhängigkeit von Laserleistung und Vorschubgeschwindigkeit

d_f = 200 µm

Oben:
λ = 1030 nm
Unten:
λ = 515 nm

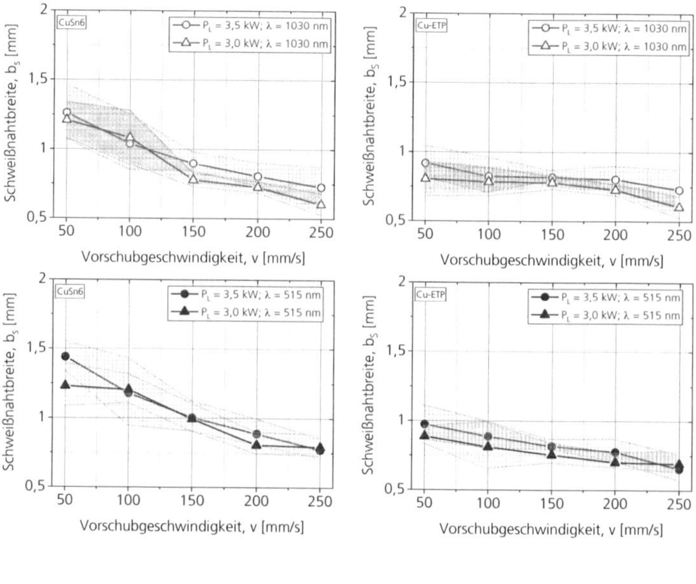

A.3. Ergebnisse beim Schweißen mit örtlicher Leistungsmodulation

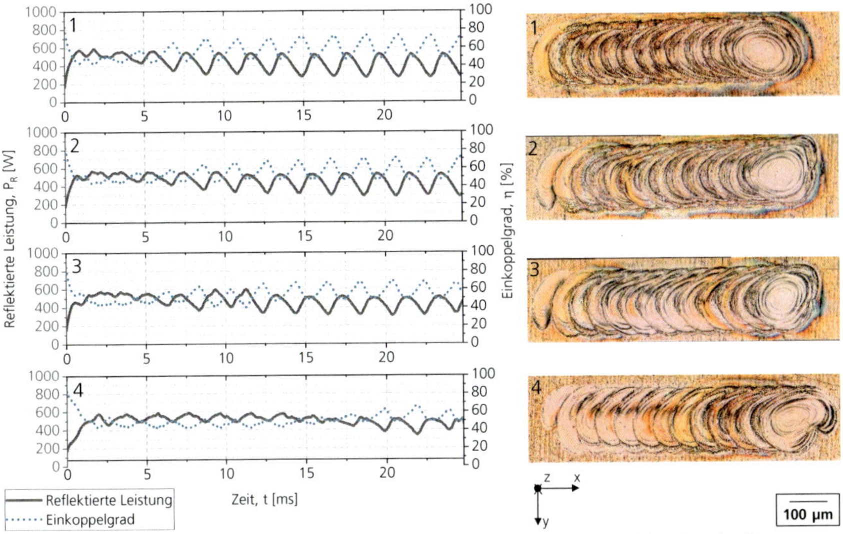

Bild 80: Vergleich der Energieeinkopplung mit 515 nm Laserstrahlwellenlänge bei vier aufeinander folgenden Schweißungen
Parameter: P_L = 1000 W, v = 100 mm/s, $A_ö$ = 0,4 mm, $f_ö$ = 500 Hz; d_f = 100 µm

A.4. Ergebnisse der Synchrotronanalyse für 515 nm und 1030 nm Laserstrahlwellenlänge

Bild 81:
Geometrische Daten für Kapillartiefe und Kapillarfrontwinkel für Cu-ETP

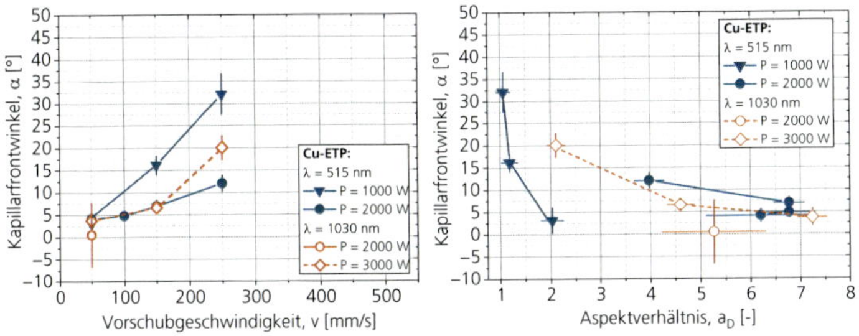

A.5. Synchrotronuntersuchungen von IR-Singlemode-Faserlaser

Bild 82:
Verlauf der Dampfkapillartiefe während einer Umdrehung beim Einsatz örtlicher Leistungsmodulation (Referenzmessung)

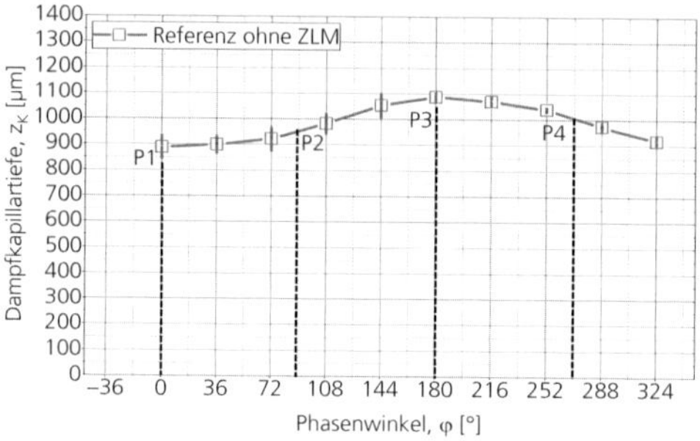

Bild 83:
Verlauf von örtlicher Modulationsamplitu de in y-Richtung und zeitlicher Leistungsmodulation über die Zeit

Parameter:
$A_ö$ = 0,1 mm
$f_ö$ = 500 Hz
f_z = 500 Hz

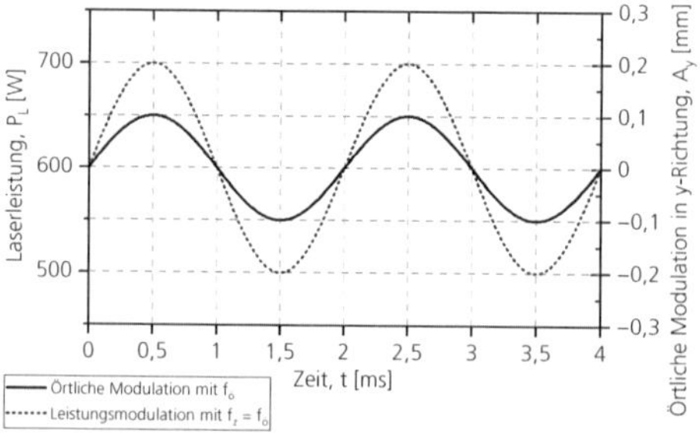

Bild 84:
Betrachtung der Dampfkapillare und der Schmelze an zwei Positionen der Bahnkurve

Parameter:
λ = 1070 nm
d_f = 34 µm
P_L = 600 W
v = 75 mm/s
$A_ö$ = 0,1 mm
$f_ö$ = 500 Hz

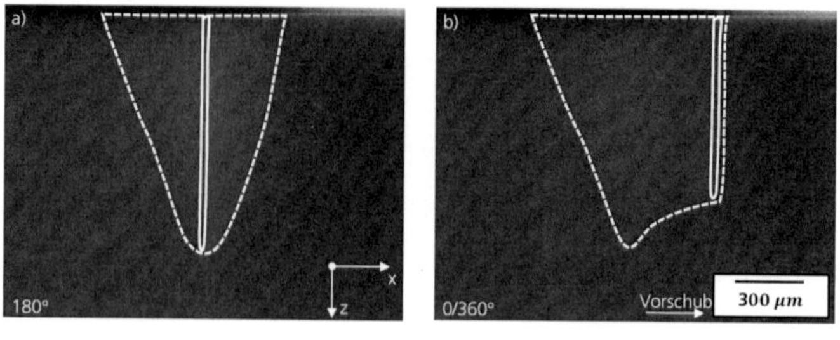

A.6. Superpositionierte örtliche und zeitliche Leistungsmodulation

Bild 85:
Verlauf von örtlicher Modulationsamplitude in y-Richtung und zeitlicher Leistungsmodulation über die Zeit

Parameter:
$A_ö = 0{,}2$ mm
$f_ö = 500$ Hz
$f_z = 500$ Hz/1000 Hz

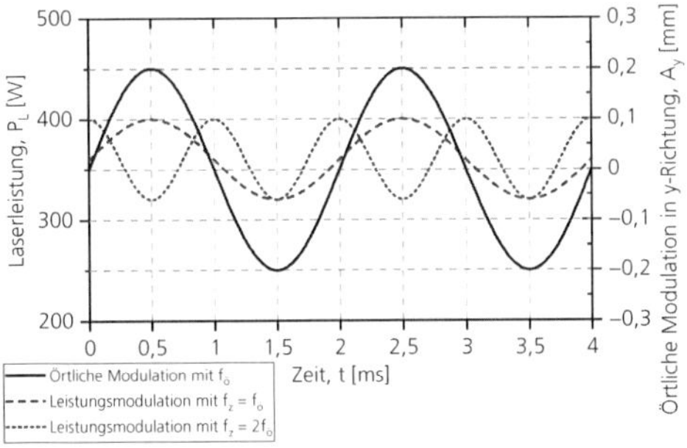

Tabelle 6:
Phasenwinkelbereich für die Untersuchung der unterschiedlichen Schweißnahtprofile

Profil	Laserleistungsmaxima	Laserleistungsminima
Ausgleich	240° - 270°	60° - 90°
W-Profil	75° - 90° 255° - 270°	165° - 180° 345° - 360°
V-Profil	165° - 180° 345° - 360°	75° - 90° 255° - 270°

(0.1) $$\sigma_{t,max} = \frac{z_{s,max} - z_{s,min}}{z_{s,max}} \cdot 100\% \qquad \sigma_{t,med} = \frac{z_{s,max} - z_{s,med}}{z_{s,max}} \cdot 100\%$$

$\sigma_{t,max}$: normierte Differenz der minimalen zur maximalen Einschweißtiefe[%]; $s_{t,max}$: maximale Einschweißtiefe [m]; $s_{t,min}$: minimale Einschweißtiefe [m]; $\sigma_{t,med}$: normierte Differenz der mittleren zur maximalen Einschweißtiefe [%]; $s_{t,med}$: gemittelte Einschweißtiefe [m]

(0.2) $$\Sigma = \upsilon_1 \cdot \upsilon_2 \cdot 100\ \%$$

(0.3) $$mit \quad \upsilon_1 = \frac{\Delta y_1}{\Delta y_2} \quad \text{für } \Delta y_1 \leq \Delta y_2 \quad oder \quad \upsilon_1 = \frac{\Delta y_2}{\Delta y_1} \quad \text{für } \Delta y_1 > \Delta y_2$$

(0.4) $$und \quad \upsilon_2 = \frac{\Delta y_3}{\Delta y_4} \quad \text{für } \Delta y_3 \leq \Delta y_4 \quad oder \quad \upsilon_2 = \frac{\Delta y_4}{\Delta y_3} \quad \text{für } \Delta y_3 > \Delta y_4$$

Σ : Kennwerte der Symmetrie der Schweißnaht [%]; υ_1: Symmetriewert 1 [-]; υ_2: Symmetriewert 2 [-]; Δy_1: Halbe Schweißnahtbriet [m]; Δy_2: Abstand in y-Richtung der minimalen Tiefe zum linken Rand der Schweißnaht [m]; Δy_3, Δy_4: Abstand in y-Richtung des rechten und linken maximalen Tiefe zur minimalen Tiefe (W) bzw. rechten und linken minimalen Tiefe zur maximalen Tiefe (V) [m]

Anhang B: Daten und Informationen

B.1. Massenschwächungskoeffizient von Kupfer

Bild 86: Massenschwächungskoeffizient von Kupfer in Abhängigkeit der Photonenenergie des Synchrotronstrahls

[SEL22]

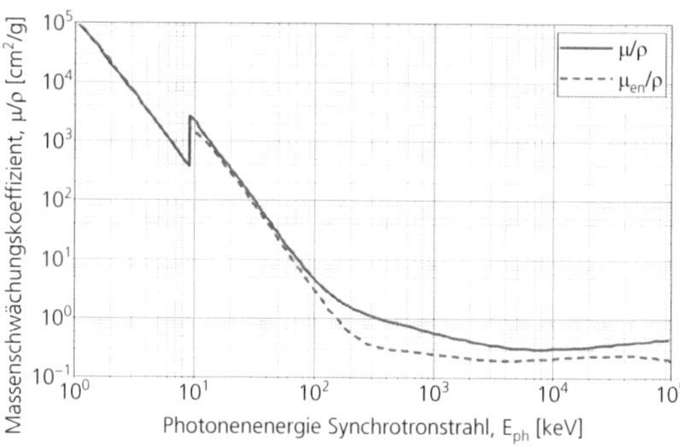

B.2. Fresnel-Kirchhoffsches Beugungsintegral

Das Fresnel-Kirchhoffsche Beugungsintegral gegeben durch

(B.0.1)

$$E(x,z) = \frac{ik_w}{2\pi} \cdot \int_{dX'} \int_{dZ'} cos(\theta)\, E(x',z') \cdot \frac{e^{ik_w r}}{r} dx'dz'$$

[DEM17, S.314]

$E(x,z)$: Elektrische Feldstärke Schirm $[V/m]$; $E(x',y')$: Elektrische Feldstärke Probe $[V/m]$; i: imaginäre Zahl $[1]$; θ: Winkel zwischen eintretendem und austretendem Strahl in der Probe [°]; k_w: Wellenvektor $[1/m]$; $dX'dZ'$: Flächenelement der durchstrahlten Probe $[m^2]$; $r = r(x,x',z,z')$: Abstand zwischen Punkt auf Probe und Punkt auf Schirm $[m]$

wird in Abhängigkeit der Gegebenheiten bei den Synchrotronuntersuchungen angepasst und genähert. Zum Verständnis der geometrischen Abschätzungen ist in Bild 87 schematisch der Verlauf der elektromagnetischen Welle durch die Materialprobe aufgezeigt.

Bild 87: Schematisch-geometrische Erklärung der Wellenbeugung an den Phasenkanten

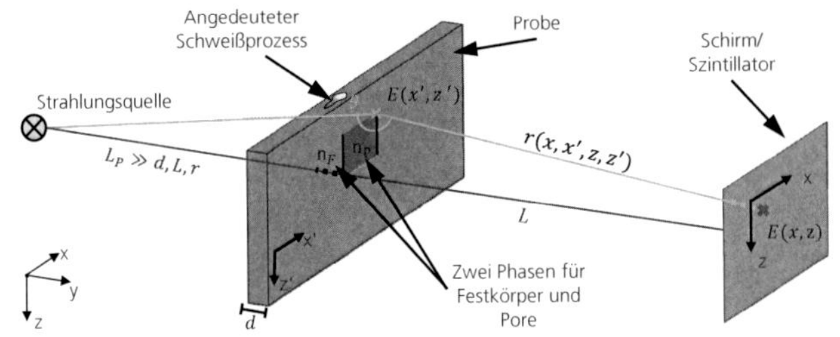

Als erste Näherung wird $\cos(\theta) = \cos(10\ \mu rad) = 1 - 5 * 10^{-11} \approx 1$ gesetzt (s. Kapitel 4.1). Weiterhin ist der Abstand zwischen Quelle und Probe $L_P \approx 10\ m - 50\ m$ mindestens eine Größenordnung über der Entfernung zwischen Probe und Schirm $L \approx 1\ m - 5\ m$ anzunehmen (s. Tabelle 19)).

Durch einfache geometrische Beziehungen lässt sich ein Ausdruck für r finden. Im zweiten Schritt wird unter der Annahme $(x - x'), (y - y') \ll R_0$ die Wurzel bis zur zweiten Ordnung genähert, so dass

(B.0.2)

$$\mathrm{r} = \sqrt{L^2 + (x - x')^2 + (z - z')^2} \approx L + \frac{(x - x')^2}{2L} + \frac{(z - z')^2}{2L}$$

[DEM17, S.314]

$r = r(x, x', z, z')$: Abstand zwischen Punkt auf Probe und Punkt auf Schirm $[m]$; L: Abstand Probe-Schirm $[m]$; $x, z/x', z'$: Punkte auf Schirm /Probe $[m]$

gilt. Dies ist sinnvoll, da die Größenordnung der zu erwartenden Dampfkapillare bzw. der Poren mit μm klein gegenüber der Größenordnung von einigen Metern von L anzunehmen ist [WAG21, S.8]. Auftrennung des Brechungsindex für Pore und Festkörper führt zur Beschreibung der elektromagnetischen Welle durch

(B.0.3)

$$\mathrm{E}(\mathrm{x}', \mathrm{z}') = E_0 \cdot e^{i\phi} e^{-k_w \kappa d} = E_0 \cdot e^{-ik_w(d\delta_F - 2r_P\delta_F\theta_P)}\, e^{-k_w \kappa d}$$

$E(x', z')$: Elektrische Feldstärke auf Probe $[V/m]$; E_0: Elektrische Feldstärke vor Probe $[V/m]$; i: imaginäre Zahl $[1]$; ϕ: Phase $[1]$; d: Dicke der Probe $[m]$; κ: Absorptionsindex $[1]$; k_w: Wellenvektor $[1/m]$; θ: Heaviside Funktion $[1]$;δ_F: Brechungsindex Realteil Festkörper $[1]$; r_P: Porenradius $[m]$

Dabei wird festgelegt, dass der Brechungsindex dem des Festkörpers δ_F entspricht, da dieser um mehr als zehn Größenordnungen über dem der Pore liegt. Einsetzen von Formel (B.0.2) und (B.0.3) in Formel (B.0.1) führt zur notwendigen Modellbeschreibung in Formel (B.0.4). Dabei wird auf Grund des numerischen Rechenaufwands lediglich der Fall einer eindimensionalen Pore in x-Richtung betrachtet.

(B.0.4) $$E(x,z) = \frac{ik_w E_0 e^{ik_w(L-\delta_F d)} e^{-k_w \kappa d}}{2\pi L} \cdot \int_{dX'} \int_{dZ'} e^{ik_w 2 r_p \delta_F \theta_P} \cdot e^{\frac{ik_w}{2L}\left((x-x')^2+(z-z')^2\right)} dx'dz'$$

(B.0.5) $$= const \cdot \left(\int_{-20r_P}^{-r_P} e^{\frac{ik_w(x-x')^2}{2L}} dx' + e^{ik_w r_p \delta_F} \int_{-r_P}^{r_P} e^{\frac{ik_w(x-x')^2}{2L}} dx' + \int_{r_P}^{20r_P} e^{\frac{ik_w(x-x')^2}{2L}} dx' \right)$$

$E(x,z)$: Elektrische Feldstärke Szintillator $[V/m]$; (x,z): Position auf Szintillator $[m]$; (x',z'): Position auf Probe $[m]$; E_0: Elektrische Feldstärkenamplitude vor Probe $[V/m]$; i: imaginäre Zahl $[1]$; k_w: Wellenvektor $[1/m]$; L: Abstand Probe-Szintillator $[m]$; d: Dicke der Probe $[m]$; κ: Absorptionsindex $[1]$; r_p: Radius der Pore $[m]$; θ_P: Heaviside Funktion für den Bereich der Pore $[1]$; δ_F: Brechungsindex Realteil Festkörper $[1]$; $dx'dy'$: infinitesimales Flächenelement auf Probe $[m^2]$;

In diesem Fall wird für die modellhafte Betrachtung der Bereich des Festkörpers außerhalb der Pore als um einen Faktor zwanzig größer angenommen. Dadurch werden die Interferenzphänomene auch in einem ausreichenden Bereich abseits der Pore betrachtet. Mit der Stammfunktion

(B.0.6) $$\int_a^b e^{\frac{ik_w(x-x')^2}{2L}} dx' = \frac{\sqrt{\pi}\,\mathrm{erf}\left(\sqrt{-\frac{ik_w}{2L}}\,x + \sqrt{\frac{k_w}{i2L}}\,x'\right)}{\sqrt{-\frac{2ik_w}{L}}},$$

i: imaginäre Zahl $[1]$; k_w: Wellenvektor $[1/m]$; a,b: Integrationsgrenzen $[m]$; $x/\,x'$: Position auf Szintillator/ Probe $[m]$; L: Abstand Probe Szintillator $[m]$; erf: Gaußsche Fehlerfunktion $[1]$

der Gaußschen Fehlerfunktion

(B.0.7) $$erf(x) = \frac{2}{\sqrt{\pi}} \int_0^x e^{-\tau^2}\, d\tau$$

$\mathrm{erf}\,(x)$: Fehlerfunktion von x $[1]$; τ: Integrationsvariable $[1]$

und nach Umrechnen der elektrischen Feldstärke in eine Intensität gemäß

(B.0.8) $$I(y) = \frac{1}{2}\epsilon_0 c |E|^2 = I_0 e^{4\pi \cdot k \cdot y/\lambda} \stackrel{!}{=} I_0 e^{-\mu(E_{ph})\rho y}.$$

[POP18, S.49]

I: Intensität $[W/m^2]$; y: Position entlang Oberflächennormalen $[m]$; ϵ_0: Permittivität $[C^2/(Nm^2)]$; c: Lichtgeschwindigkeit $[m/s]$; E: Wellenfunktion $[V/m]$; λ: Wellenlänge $[m]$; k: Imaginärteil Brechungsindex (Extinktionskoeffizient) $[1]$; I_0: Intensität vor der Probe $[W/m^2]$; μ: Massenabschwächungskoeffizient $[1/m]$

kann das Verhältnis der Intensitäten zwischen einfallendem Synchrotronstrahl und dem transmittierten Strahl hinter der Materialprobe gebildet werden. Dabei beschreibt E die Wellenfunktion mittels

(B.0.9) $$E(y,t) = E_0 \cdot e^{-i\omega t + ik_w x} = E_0 \cdot e^{-i\omega t} \cdot e^{i \cdot n y \omega / c} \cdot \underbrace{e^{-k \cdot y\omega/c}}_{\text{Dämpfungsterm}}$$

[TOR12, S.303–304] $E(x,t)$: Elektrischer Feldvektor $[V/m]$; y: Ort entlang Oberflächennormalen in der Probe $[m]$; t: Zeit $[s]$; E_0: Elektrischer Feldvektor $[V/m]$; ω: Kreisfrequenz $[Hz]$; c: Lichtgeschwindigkeit $[m/s]$; n (k): Realteil (Imaginärteil) Brechungsindex $[1]$; k_w: Wellenvektor $[1/m]$

was der Beschreibung einer ebenen elektromagnetischen Welle entspricht, wobei der Wellenvektor $\tilde{k}_w = 2\pi f/\tilde{c} = (n + ik) \cdot 2\pi f/c = (n + ik) \cdot k_w$ mit reduzierter Ausbreitungsgeschwindigkeit $\tilde{c}$ die Dämpfung im Medium in Form des Imaginärteils beschreibt.

B.3. Auswahl des Szintillatormaterials für die Synchrotronuntersuchungen

Parameter	Einheit	SrI2:Eu	CdWO4	GaGG:Ce	LuAG:Ce	CsI:Tl
Emissions-Wellenlänge $\boldsymbol{\lambda_{max}}$	[nm]	435	490	520	535	550
Lichtertrag $\boldsymbol{L_{ertrag}}$	[1/keV]	115	28	46	25	54
Photonenanzahl $\boldsymbol{N_{ph}}$	[1/keV]		$L_{ertrag} \cdot 0{,}643 = 18{,}004$	$L_{ertrag} \cdot 0{,}7544 = 34{,}7$	$L_{ertrag} \cdot 0{,}79 = 19{,}75$	$L_{ertrag} \cdot 0{,}743 = 40{,}122$
Zerfallszeit $\boldsymbol{\Gamma}$	[ns]	1200	5000	90	70	900
Dichte $\boldsymbol{\rho}$	[g/cm³]	4,55	7,9	6,63	6,73	4,51
Hygroskopisch	[-]	Ja	Nein	Nein	Nein	Leicht
Sonstiges	[-]	Hohe Temperaturabhängig keit				

Tabelle 7: Vergleich verfügbarer Szintillatormaterialien für die Verwendung in phasenkontrastoptischen Bildgebungsverfahren [ADV22a;ADV22b;ADV22c;BNC22;SAI22]

B.4. Kalibrierung des Doppel-Ulbrichtkugel-Aufbaus

Innerhalb der unteren Ulbricht-Kugel (819C-SF-4, Newport Corporation) ist die Materialprobe platziert. Die Position ermöglicht die Messung der diffus reflektierten Strahlung mittels der unteren Photodiode. Der koaxial reflektierte Anteil wird über einen Strahlteiler in die obere Ulbricht-Kugel (819D-SF-4, Newport Corporation) abgelenkt. Der Strahlteiler besitzt einen Transmissionsgrad von 90% und einen Reflexionsgrad von 10%. Die Messungen in den beiden Ulbricht-Kugeln werden mittels Si-Photodioden (Thorlabs DET10A/M) durchgeführt. Zur Minderung von Störsignalen sind beide Photodioden mit einem Bandpassfilter ausgestattet. Der Bandpassfilter muss entsprechend der Laserstrahlwellenlänge für den jeweiligen Versuch angepasst werden. Zur weiteren Reduzierung der Messsignale an den Photodioden bei Übersteuerung werden optische Filter mit bekannter Dichte eingesetzt (Thorlabs NEK01). Die Signale der beiden Photodioden werden mit einem Agilent Technologies InfiniiVision DSO-X 2002A Oszilloskop aufgezeichnet.

Bevor die Messungen beim Laserstrahlschweißen durchgeführt werden können, müssen die beiden Signale der Photodioden kalibriert werden. Um den quantitativen Anteil reflektierter Strahlung bestimmen zu können, muss der Zusammenhang zwischen dem Anteil der reflektierten Laserleistung und der emittierten Laserleistung ermittelt werden. Die dazu notwendige Kalibration erfolgt über einen Spiegel mit bekanntem Reflexionsgrad (Thorlabs BB05-E02). Im Folgenden wird als die Laserleistung P die Leistung nach Abzug aller Verluste an optischen Komponenten bezeichnet. Die Laserleistung P ergibt sich im Rahmen der Kalibration nach Abzug der Verluste am Strahlteiler und am Spiegel zu

(B.0.10) $$P = R_{Sp} \cdot (1 - R_{St}) \cdot P_L.$$

R_{Sp}: Relefxionsgrad des Spiegels [-]; R_{St}: Reflexionsgrad des Strahlteilers [-]; P_L: Laserleistung [W]; P: Laserleistung nach Abzug von Verlusten [W]

Im ersten Schritt wird der Spiegel waagerecht auf der Probenoberfläche platziert. Dies dient der Berücksichtigung der senkrecht aus der Ulbricht-Kugel reflektierten Strahlung. Die Spannung der oberen Photodiode wird bei nicht fokussiertem Strahl gemessen. Dazu wird eine Messreihe bei mehreren Laserleistungen aufgenommen um einen linearen Zusammenhang der Form

(B.0.11) $$P(U_{K2}) = A_{S2} \cdot U_{K2}$$

P: Laserleistung nach Abzug von Verlusten [W]; A_{S2}: Steigung der linearen Anpassung bei senkrechter Reflexion [W/V]; U_{K2}: Diodenspannung der oberen Photodiode [V]

zu bilden. Dieser Zusammenhang ist in Bild 88 beispielhaft für eine Laserstrahlwellenlänge von 1070 nm dargestellt. Für jede Änderung am experimentellen Aufbau oder der Laserstrahlquelle muss eine entsprechende Kalibrierung erneut durchgeführt werden.

Entweicht nun beim eigentlichen Schweißprozess Strahlung aus der unteren Ulbricht-Kugel, so kann diese mithilfe der oberen Photodiode quantifiziert werden.

Bild 88:
Linearer Zusammenhang zwischen der Spannung der oberen Photodiode und der Laserleistung bei senkrechter Reflexion

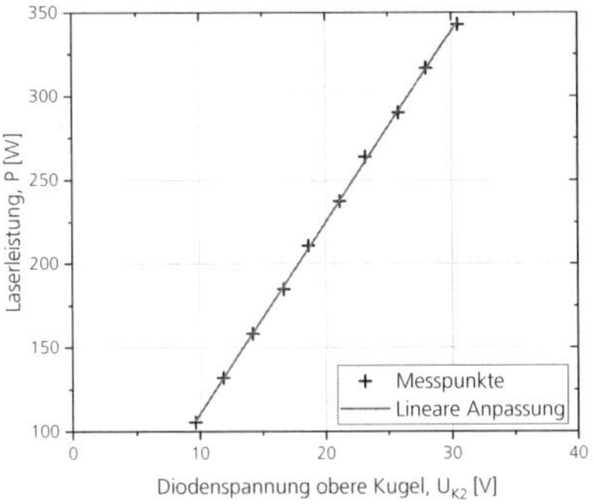

Die diffus reflektierte Strahlung beim Schweißprozess wird mit Hilfe der unteren Ulbricht-Kugel erfasst. Hierzu muss ebenfalls eine Kalibration durchgeführt werden, um die Diodenspannung und die reflektierte Leistung in Zusammenhang zu setzen. Dazu wird der Spiegel auf der Oberfläche gekippt und der Laserstrahl auf die Oberfläche der Ulbricht-Kugel abgelenkt. In Bild 89 ist die Anordnung des Spiegels dargestellt.

Bild 89:
Aufbau der Ulbricht-Kugeln zur Kalibrierung der Messgrößen

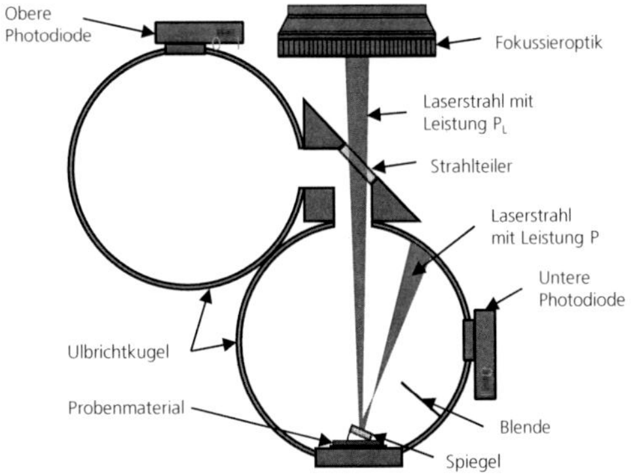

Durch das Kippen des Spiegels ist gewährleistet, dass die gesamte Laserleistung diffus in der unteren Kugel reflektiert wird. Der Auftreffpunkt auf der Oberfläche muss dabei außerhalb des direkten Sichtfeldes der Photodiode liegen, um das

Ergebnis nicht durch Überbelichtung der Photodiode zu verfälschen. Wiederum kann ein linearer Zusammenhang zwischen der Spannung und Leistung der Form

(B.0.12) $$P(U_{K1}) = A_{K1} \cdot U_{K1}$$

P: Laserleistung nach Abzug von Verlusten [W]; A_{K1}: Steigung der linearen Anpassung bei diffuser Reflexion [W/V]; U_{K1}: Diodenspannung der unteren Photodiode [V]

vorgenommen werden.

Bei der diffusen Reflexion der Strahlung auf dem schräg angebrachten Spiegel tritt immer ein Teil der Strahlung durch die Öffnung in die obere Ulbricht-Kugel aus. Dieser Strahlungsanteil muss bei der eigentlichen Messung subtrahiert werden. Hierbei ergibt sich ebenfalls ein linearer Zusammenhang der Form

(B.0.13) $$U_{K2}(U_{K1}) = A_{K2} \cdot U_{K1}$$

U_{K2}: Diodenspannung der oberen Photodiode [V]; A_{K2}: Steigung der linearen Anpassung bei diffuser Reflexion [W/V];

Durch die aus der Kalbration erhaltenen Ausgleichswerte (A_{K1}, A_{K2}, A_{S2}) zwischen Diodenspannung und reflektierter Leistung kann nun der Anteil der reflektierten Leistung bei den Schweißungen gemäß

(B.0.14) $$P_R(U_{K1}, U_{K2}) = A_{K1} \cdot U_{K1} + A_{S2} \cdot (U_{K2} - U_{K1} \cdot A_{K2})$$

P_R: Reflektierter Anteil der Laserleistung [W]; A_{K1}: Steigung der linearen Anpassung bei diffuser Reflexion [W/V]; U_{K1}: Diodenspannung der unteren Photodiode [V]; A_{S2}: Steigung der linearen Anpassung bei senkrechter Reflexion [W/V]; U_{K2}: Diodenspannung der oberen Photodiode [V]; A_{K2}: Steigung der linearen Anpassung bei diffuser Reflexion [W/V];

berechnet werden.

Aus dem Zusammenhang

(B.0.15) $$P_R = R_S \cdot P$$

P_R: Reflektierter Anteil der Laserleistung [W]; R_S: Reflexionskoeffizient [-]; P: Laserleistung nach Abzug von Verlusten [W]

kann abschließend der Reflexionskoeffizient R_S beim Schweißprozess bestimmt werden. So können Schweißungen mit verschiedenen Laserparametern quantitativ hinsichtlich der eingekoppelten Laserleistung miteinander verglichen werden.

B.5. Vermessung der systemtechnischen Phasenverschiebung zwischen örtlicher und zeitlicher Leistungsmodulation und Fehlerbetrachtung

Für die exakte Positionierung der Laserleistungsmaxima und minima auf der Bahnkurve einer Schweißnaht müssen die beiden Systeme für die Vorgabe der Laserleistung und die Vorgabe der Oszillationsbewegung miteinander synchronisiert werden. Diese Phasendifferenz dieser beiden Signale entsteht durch die Trägheit des Lasersystems, des Galvanometerscanners, Verzögerungen durch elektrische Schnittstellen und Leitungen sowie die verwendete Software. Da diese eingesetzten Komponenten an jeder Anlage unterschiedlich sind, muss an jeder neuen Anlage oder nach einem technischen Umbau diese Synchronisation wieder neu kalibriert werden.

Im Folgenden sin die Vermessungen zu den in dieser Arbeit verwendeten Komponenten durchgeführt. Dazu wird die Phasenverschiebung für verschiedene Laserleistungsmodulationen (Sinus, Rechteck, Rampe) für verschiedene Modulationsfrequenzen gemessen. Die gemessen Zeitdifferenz wird daraufhin in einen Phasenwinkel umgerechnet. Dieser gibt an wie viel Grad die Modulation der Laserleistung der Modulation des Galvanometerscanners hinterherläuft. Die Ergebnisse sind in Bild 90 dargestellt.

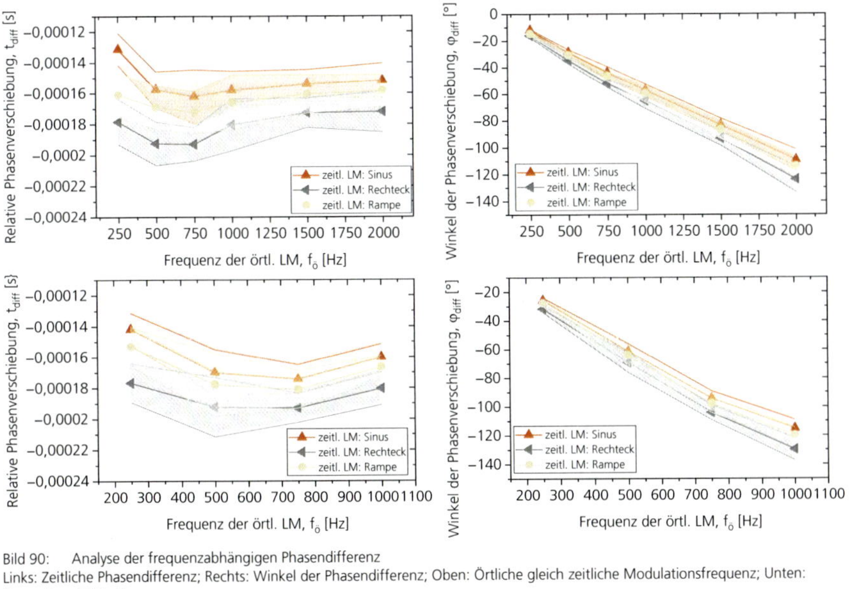

Bild 90: Analyse der frequenzabhängigen Phasendifferenz
Links: Zeitliche Phasendifferenz; Rechts: Winkel der Phasendifferenz; Oben: Örtliche gleich zeitliche Modulationsfrequenz; Unten: Doppelte zeitliche Frequenz

Bei der für diese Arbeit verwendeten örtlichen Modulationsfrequenz von 500 Hz ergibt sich für die drei Modulationsstrategien Sinus, Rechteck und Rampe ein zeitlicher Winkelversatz $\Delta\varphi_{Fehler}$ von -28,3° ± 2,2° (Sinus), -30,4° ± 2,5° (Rampe) und -34,7° ± 2,52° (Rechteck) bei gleicher zeitlicher Frequenz. Bei doppelter zeitlicher Frequenz ergeben sich -61,1° ± 5,4° (Sinus), -64,8° ± 5,8° (Rechteck) und -63,9° ± 7,3° (Rampe). Bei doppelter zeitlicher Frequenz muss der Winkel bei Umrechnung auf die örtliche Modulationsskala halbiert werden. Dabei hat die Schwankung der Phasendifferenz sowohl Einfluss als x-Fehler als auch indirekt auf die Symmetrie als y-Fehler. Die dabei ermittelte rotatorische Schwankung verursacht bei Durchführung der Experimente einen lateralen Versatz zwischen der eingestellten Position der Laserleistungsmaxima und -minima und der tatsächlichen Position. Diese Veränderung ist geometrisch in Bild 91 erläutert.

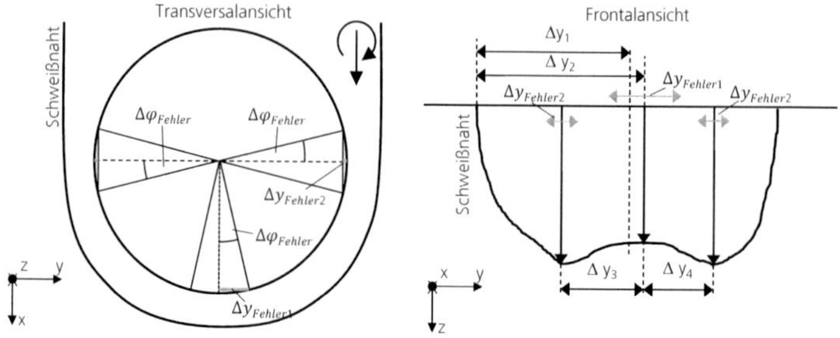

Bild 91: Geometrische Fehlerbetrachtung auf der Oszillationskreisbahn und im Schweißnahtquerschliff

Durch Berechnung der daraus abweichenden Distanz auf der Kreisbahnbewegung innerhalb eines Oszillationsumlaufs ergibt sich eine maximale Abweichung für $\Delta y_{Fehler1}$ 7,5 µm bis 12,68 µm und eine maximale Abweichung für $\Delta y_{Fehler2}$ von 0,14 µm bis 0,40 µm um die eine Positionierung in y- Richtung schwanken kann. Wird diese Abweichung unter Annahme einer idealen Kreisausprägung und Symmetrie bei einer Oszillationsamplitude von $A = \Delta y_3 = 200\ \mu m$ und einer mittleren halben Schweißnahtbreite von $\Delta y_1 = 375\ \mu m$ (gemessen) berücksichtigt, ergeben sich die Fehler für v_1 und v_2 wie in Tabelle 6 angegeben (vgl. Formel (0.3 und (0.4). Durch die Berechnung der Gesamtsymmetrie Σ (vgl. Formel (0.2) ergibt sich unter Berücksichtigung der Fehlerfortpflanzung ein systemtechnischer Gesamtfehler für die Symmetrie von 9,2% bis 15,2%.

Folgende Fehler in Tabelle 8 ergeben sich somit für die Betrachtung der überlagerten zeitlichen und örtlichen Leistungsmodulation:

Profil	Modulation	Phasenfehler (Bild 90)	y-Fehler 1	y-Fehler 2	Fehler v_1	Fehler v_2	Fehler Σ
Referenz	-	-					
Ausgleich	Sinus	2,15°	7,50 µm	0,14 µm	1,96%	7,2%	9,2%
W-Profil	Sinus	2,7°	9,42 µm	0,22 µm	2,45%	9,0%	11,5%
	Rechteck	3,4°	11,86 µm	0,35 µm	3,07%	11,2%	14,3%
	Rampe	3,64°	12,68 µm	0,40 µm	3,27%	12,0%	15,2%
V-Profil	Sinus	2,7°	9,42 µm	0,22 µm	2,45%	9,0%	11,4%
	Rechteck	3,4°	11,86 µm	0,35 µm	3,07%	11,2%	14,3%
	Rampe	3,64°	12,68 µm	0,40 µm	3,27%	12,0%	15,2%

Tabelle 8: Fehlerbestimmung für die Methodik der überlagerten zeitlichen und örtlichen Leistungsmodulation

Zur Bewertung des Einschweißtiefenfehlers wird eine Analyse der Stabilität der Laserleistung der Laserstrahlquelle durchgeführt. Die Vermessung der Laserstrahlquelle erfolgt mittels einer Photodiode, die den qualitativen Verlauf der Laserleistung über die Zeit ermittelt. Diese Messung wir parallel zur Vermessung der Phasenverschiebung durchgeführt, um identische Voraussetzungen wie im Schweißprozess zu erreichen. Die Ergebnisse der Laserleistungsmodulation sind in Bild 92 dargestellt.

Bild 92: Vermessung der Leistungskonstanz der Laserstrahlquelle SPI-400

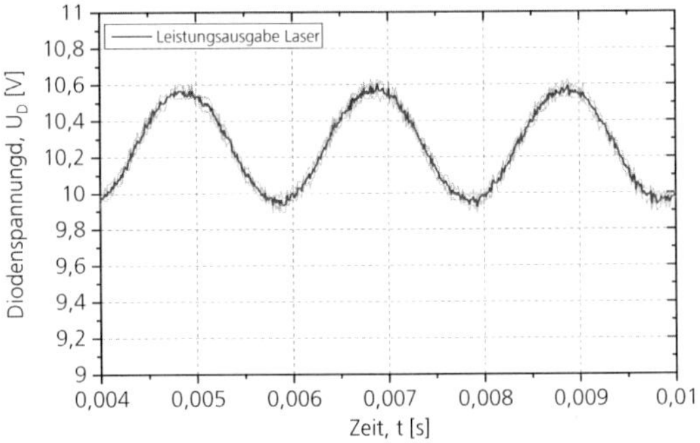

Dargestellt ist dabei der zeitliche Verlauf einer Leistungsmessung mit zeitlicher Leistungsmodulation. Die Schwankungen innerhalb von fünf unabhängigen Messungen liegt dabei im Bereich <1%. Auch die Differenz jeweils zwischen einzelnen Maxima und Minima liegt in dieser Größenordnung. Somit ist kein signifikanter Einfluss einer Performanceschwankung der Laserstrahlquelle auf die Schwankungen in der Einschweißtiefe zurückzuführen.

B.6. Verwendete Laserstrahlquellen und optische Aufbauten

Eigenschaft	Einheit	SPI-400	IPG YLR-1000	IPG YLR-2000	TD 6001	TD 8001	TD Pulse 421	TD 2021
Laserstrahlwellenlänge	[nm]	1070	1070	1070	1030	1030	515	515
Max. Laserleistung	[W]	400	1000	2000	6000	8000	4000	2000
Mittlere Laserleistung	[W]	400	1000	2000	6000	8000	400	2000
Pulsdauer	[ms]	cw	cw	cw	cw	cw	50	cw
Faserdurchmesser	[µm]	14	14	14	100	100	100	100
Brennweite Kollimator	[mm]	60	70	70	80	80	80	80
Brennweite Optik	[mm]	163	163	163/500	163/80	163/80	163/75	163/75

Tabelle 9: Eigenschaften der für diese Arbeit verwendeten Laserstrahlquellen und optischen Aufbauten

B.7. Laserstrahl-Kaustikmessungen

Nach Herstellerangabe von PRIMES haben alle gemessenen Werte mit dem Microspot Monitor MSM-35 einen Fehler von 3 %. Somit haben die beiden Laserstrahlquellen TD8001/IPG YLR-2000 und TD421/TD2021 sowie der SPI-400/IPG YLR-2000 im Rahmen der Messgenauigkeit entsprechend der Fokussieroptik den gleichen Fokusdurchmesser.

B.7.1. **1070 nm** Laserstrahlwellenlänge

Singlemode Faserlaser SPI-400:

Tabelle 10: Vermessung der Laserstrahlquelle SPI-400

Parameter	Einheit	Wert
Fokusdurchmesser	μm	~36
Rayleighlänge	μm	799
Divergenzwinkel	$mrad$	44,67
Laserstrahlwellenlänge	nm	1070 ± 5

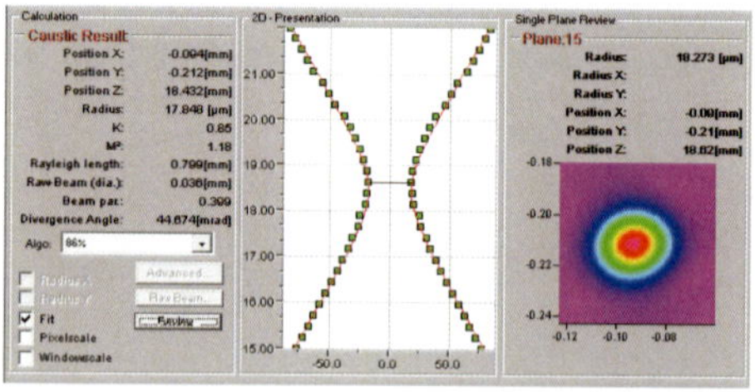

Bild 93: Kaustikmessung SPI-400

Singlemode Faserlaser IPG YLR-2000:

Tabelle 11: Vermessung der Laserstrahlquelle IPG YLR-2000

Parameter	Einheit	Optik f500	Optik f163
Fokusdurchmesser	μm	~ 107	~ 34
Rayleighlänge	μm	7850	744
Divergenzwinkel	$mrad$	13,63	46,17
Laserstrahlwellenlänge	nm	1070 ± 5	1070 ± 5

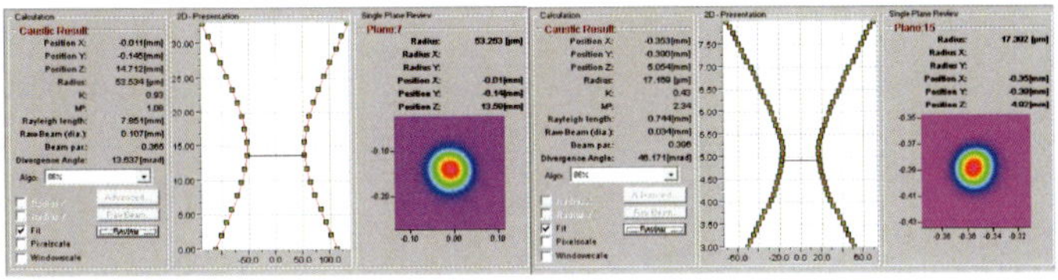

Bild 94: Kaustikmessung IPG YLR-2000

Singlemode Faserlaser IPG YLR-1000:

Tabelle 12: Vermessung der Laserstrahlquelle IPG YLR-1000

Parameter	Einheit	Optik f163
Fokusdurchmesser	μm	~ 34
Rayleighlänge	μm	794
Divergenzwinkel	$mrad$	43,19
Laserstrahlwellenlänge	nm	1070 ± 5

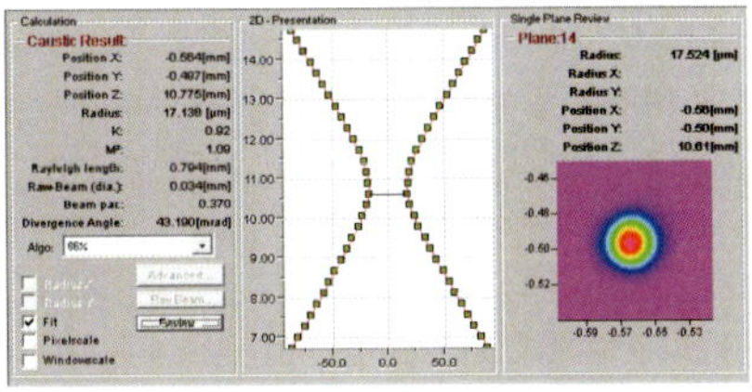

Bild 95: Kaustikmessung IPG YLR-1000

B.7.2. 1030 nm Laserstrahlwellenlänge

Multimodelaser TD 8001:

Tabelle 13: Vermessung der Laserstrahlquelle TD 8001

Parameter	Einheit	Optik f163
Fokusdurchmesser	μm	~202
Rayleighlänge	μm	2680
Divergenzwinkel	$mrad$	75
Laserstrahlwellenlänge	nm	1030 ± 5

Bild 96: Kaustikmessung TD 8001

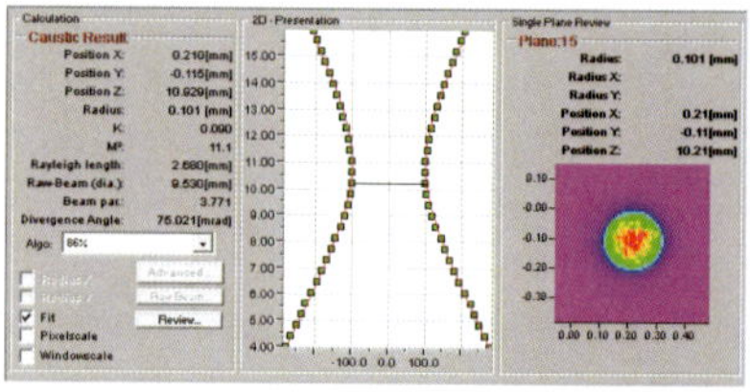

Multimodelaser TD 6001:

Tabelle 14: Vermessung der Laserstrahlquelle TD 6001

Parameter	Einheit	Optik f163
Fokusdurchmesser	μm	~206
Rayleighlänge	μm	2633
Divergenzwinkel	$mrad$	77,9
Laserstrahlwellenlänge	nm	1030 ± 5

Bild 97: Kaustikmessung TD 6001

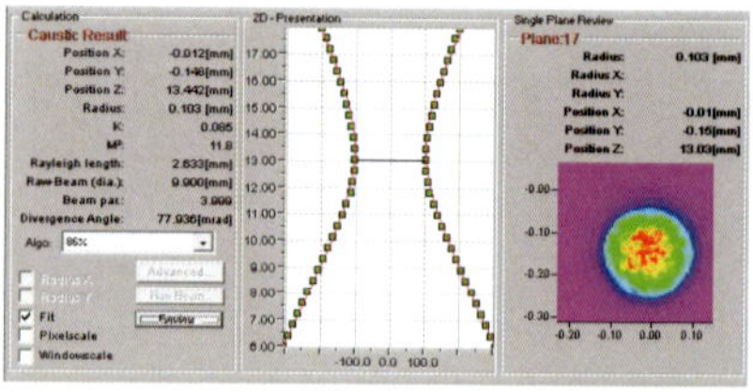

B.7.3. 515 nm Laserstrahlwellenlänge

Multimodelaser TD 421

Tabelle 15: Vermessung der Laserstrahlquelle TD 421

Parameter	Einheit	Optik f163	Optik f75
Fokusdurchmesser	μm	~212	~104
Rayleigh Länge	μm	3018	686
Divergenzwinkel	$mrad$	70	151
Laserstrahlwellenlänge	nm	515 ± 5	515 ± 5

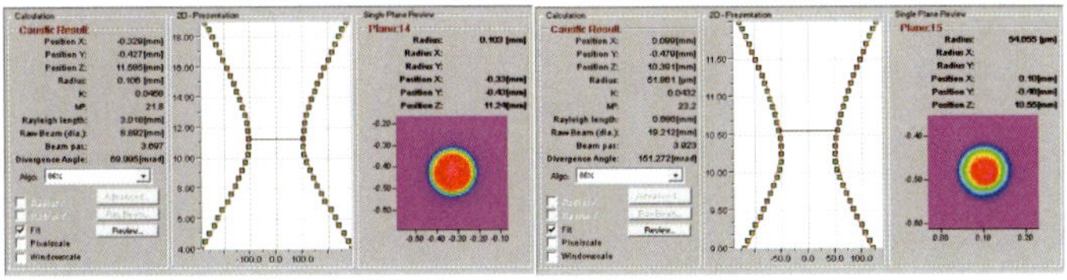

Bild 98: Kaustikmessung TD 421

Multimodelaser TD2021

Tabelle 16: Vermessung der Laserstrahlquelle TD 2021

Parameter	Einheit	Optik f163
Fokusdurchmesser	μm	~222
Rayleigh Länge	μm	2781
Divergenz Winkel	$mrad$	80
Laserstrahlwellenlänge	nm	515 ± 5

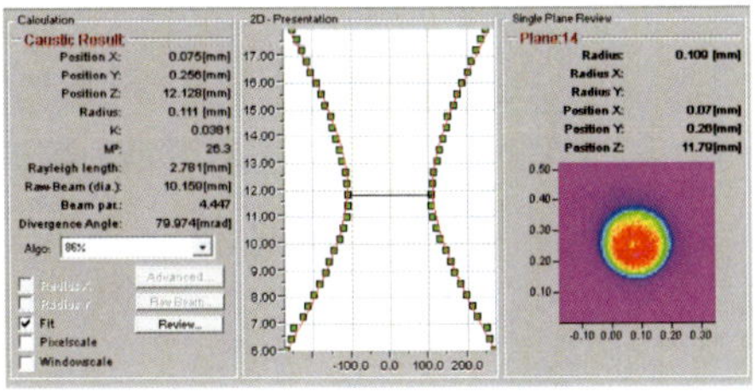

Bild 99: Kaustikmessung TD 2021

B.8. Laserstrahl-Leistungsmessungen

Nach Herstellerangabe von PRIMES haben alle gemessenen Werte mit dem Primes Cube einen Fehler von 3%. Somit sind alle Laserstrahlquellen im verwendeten Leistungsbereich als exakt kalibriert anzunehmen und Ist- und Soll-Werte stimmen überein.

Tabelle 17: Kalibrierung und Vermessung der Laserleistungen

Laserstrahlquelle	**Soll-Leistung**	**Soll-Leistung**	**Ist-Leistung**
Maßeinheit	[%]	[W]	[W]
SPI-400	20|40|60|80|100	80|160|240|320|400	64|156|245|340|423
IPG YLR-1000	20|40|60|80|100	200|400|600|800|1000	199|399|600|800|986
IPG YLR-2000	20|40|60|80|100	600|1200|1800|2400|3000	593|1193|1785|2397|2993
TD 6001	20|40|60|80|100	1200|2400|3600|4800|6000	1198|2397|3585|4798|5829
TD 8001	20|40|60|80|100	1600|3200|4800|6400|8000	1600|3194|4796|6401|7697
TD 421	20|40|60|80|100	800|1600|2400|3200|4000	797|1591|2388|3193|4004
TD 2021	20|40|60|80|100	400|800|1200|1600|2000	399|793|1187|1597|2003

B.9. Kennwerte der verwendeten Werkstoffe

Tabelle 18: Thermische Eigenschaften der untersuchten Werkstoffe

[MOE08, S.456]
[LOS00, S.167]
[BRI05, S.2214]
[MOE08, S.240]

Werkstoff	Wärmeleit-fähigkeit	Wärmekapazität	Schmelz-temperatur	Verdampfungs-temperatur
Maßeinheit	[W/mK]	[J/kgK]	[K]	[K]
Cu-ETP	>393	386	1356	2868
CuSn6	75	377	1313	
1.4301	15	500		

B.10. Parameter der Synchrotronstrahlquelle DESY und der Beamline P07 EH4

Tabelle 19: Eigenschaften des Petra 3 Beschleunigerrings und der Beamline P07

[SCH13a, S.58;DES22]

Benennung	**Abkürzung**	**Einheit**	**Wert**
Energie	E	GeV	6
Strom	I	mA	100
Umfang	U_{DESY}	m	2300
Beamline P07 EH4			
Länge IVU-21	L_U	m	4,5
Leistung IVU-21	P_U	W	5200

Periode IVU-21	λ_U	m	0,0212
Anzahl Perioden IVU-21	N_U	1	188
Abstand Undulator-Probe	L_P	m	60
Brillanz	B	$\frac{ph}{s \cdot 0{,}1\%bw \cdot mA}$	10^{18}
Photonenfluss auf Probe	Φ_γ	$1/s$	$5 \cdot 10^{12}$
Genutzte Energie	E_γ	keV	90
Leistung auf Probe	$P_P = \Phi_\gamma \cdot E_\gamma$	mW	72,1
Numerische Apertur Kollimator	A_{N_K}	1	0,25
Halber Öffnungswinkel Kollimator	α_K	°	14,5
Quellgröße	d_Q	μm	20

B.11. Materialparameter und Naturkonstanten

Tabelle 20: Materialparameter und Naturkonstanten für die durchgeführten Berechnungen

[LEI00, S.7;SEL22;NIS22;HAG75;HOB00;BRI05]

Benennung	Abkürzung	Material	Einheit	Wert
Absorptionslänge	$1/\mu(90keV)$	$CuETP$	$1/cm$	$\approx 4{,}98$
Avogadro-Konstante	N_A	–	$1/mol$	$6{,}0222 \cdot 10^{23}$
Boltzmann-Konstante	k_B	–	J/K	$1{,}38 \cdot 10^{23}$
Dichte	ρ_{Cu}	$CuETP$	g/cm^3	8,96
Elektrische Feldkonstante	ϵ_0	–	$\frac{As}{Vm}$	$8{,}854 \cdot 10^{-12}$
Elektrische Leitfähigkeit= 1/ (spezifischer Widerstand)	$\sigma_{el} = 1/\rho_{spez}$	$CuETP$	$(\Omega m)^{-1}$	$5{,}8 \cdot 10^7$
Elektronendichte		Luft	m^{-3}	10^7
Elektronendichte	n_L	$CuETP$	m^{-3}	$8{,}4 \cdot 10^{28}$
Elektronenmasse	m_e	–	kg	$9{,}109 \cdot 10^{-31}$
Elementarladung	e	–	C	$1{,}602 \cdot 10^{-19}$
Magnetische Feldkonstante	μ_o	–	N/A	$1{,}26 \cdot 10^{-6}$
Massenabschwächungskoeffizient	$\mu(90keV)/\rho_{Cu}$	$CuETP$	cm^2/g	$\approx 0{,}5$
Mittlere Elektronenzahl/ Einheitszelle	n_e	$CuETP$	1	1
Molare Masse	M_{Mol}	$CuETP$	g/mol	63,55
Plancksches Wirkungsquantum	h	–	$W/(m^2K^4)$	$5{,}67 \cdot 10^{-8}$
Schmelzenthalpie	$H_{schmelz}$	$CuETP$	kJ/kg	209,3
Siedeenthalpie	H_{Siede}	$CuETP$	J/kg	4800
Siedepunkt	T_{Siede}	$CuETP$	K	2868
Spezifische Wärme	c_L	$CuETP$	$\frac{J}{kgK}$	386

B.12. Zweidimensionale Gaußverteilung

$$G(x,y) = A \cdot e^{-a(x-x_0)^2 - 2b(x-x_0)(y-y_0) - c(y-y_0)^2} \tag{0.16}$$

Mit $$A = \frac{\sqrt{4ac-b^2}}{2\pi} \tag{0.17}$$

$$a = \frac{\cos^2(\theta)}{2\sigma_x^2} + \frac{\sin^2(\theta)}{2\sigma_y^2} \tag{0.18}$$

$$b = -\frac{\sin^2(\theta)}{4\sigma_x^2} + \frac{2\sin^2(\theta)}{4\sigma_y^2} \tag{0.19}$$

$$c = \frac{\sin^2(\theta)}{2\sigma_x^2} + \frac{\cos^2(\theta)}{2\sigma_y^2} \tag{0.20}$$

$G(x,y)$: Gauß-Verteilung $[1/m^2]$; x, y: Position auf Probe $[m]$; x_0, y_0: Mittelpunkt/ Erwartungswert der Gauß-Verteilung $[m]$; θ: Rotationswinkel [°]

Lebenslauf

Marc Daniel Hummel
M.Sc., M.Sc.Eng. (Tsinghua)

Nationalität: Deutsch/Österreichisch
Geburtstag: 02.03.1992 in Esslingen a.N.

Akademische Ausbildung

11/2018 – 12/2024	**RWTH Aachen University**, Aachen, Doktorand am Lehrstuhl für Lasertechnik LLT bei Prof. Dr. rer. nat. Constantin Häfner im Sonderforschungsbereich 1120 der Deutschen Forschungsgemeinschaft DFG
09/2016 - 10/2018	**RWTH Aachen University**, Aachen, Masterstudiengang Energietechnik Vertiefungsrichtung: Verbrennungsmotoren Abschluss: Master of Science
09/2016 - 07/2017	**Tsinghua University**, Beijing Masterstudiengang Power Engineering and Engineering Thermophysics Abschluss: Master of Science in Engineering
10/2012 - 08/2016	**RWTH Aachen University**, Aachen, Bachelorstudiengang Maschinenbau Vertiefungsrichtung: Energietechnik Abschluss: Bachelor of Science
09/2002 - 06/2011	**Theodor-Heuss-Gymnasium**, Esslingen am Neckar, Abschluss: Allgemeine Hochschulreife

Berufserfahrung

02/2024 – heute	**TRUMPF Laser- und Systemtechnik SE**, Ditzingen Industry und Business Development Manager, Mobility
01/2023 – 01/2024	**Fraunhofer-Institut für Lasertechnik ILT**, Aachen, Wissenschaftlicher Mitarbeiter Abteilung: Fügen und Trennen
11/2018 – 01/2024	**RWTH Aachen University**, Aachen, Wissenschaftlicher Mitarbeiter am Lehrstuhl für Lasertechnik LLT Abteilung: Grundlagen Schmelztechnischer Verfahren
09/2017 - 10/2018 10/2014 - 09/2015	**RWTH Aachen University,** Aachen Studentische Hilfskraft im Bereich Mikrofügen am Lehrstuhl für Lasertechnik LLT Betreuung von Versuchsaufbauten, Konstruktion, Durchführung von Messversuchen sowie deren Auswertung, Kundenbetreuung, Anlagenaufbau und -inbetriebnahme

Eigene Publikationen

Hauptautor

[HUM20a] HUMMEL, M., A. HÄUSLER, A. OLOWINSKY, A. GILLNER und R. POPRAWE, 2020. Comparing 1070 nm and 515 nm Wavelength Laser Beam Sources in Terms of Efficiency for Laser Micowelding Copper [online]. *Lasers in Engineering*, **46**(1/4), 187-202. Lasers in Engineering. Verfügbar unter: https://www.oldcitypublishing.com/journals/lie-home/lie-issue-contents/lie-volume-46-number-1-4-2020/lie-46-1-4-p-187-202/

[HUM20b] HUMMEL, M., C. SCHÖLER, A. HÄUSLER, A. GILLNER und R. POPRAWE, 2020. New approaches on laser micro welding of copper by using a laser beam source with a wavelength of 450 nm [online]. *Journal of Advanced Joining Processes*, **1**, 100012. ISSN 26663309. Verfügbar unter: DOI: 10.1016/j.jajp.2020.100012

[HUM21a] HUMMEL, M., A. HÄUSLER und A. GILLNER, 2021. High-Precision Adjustment of Welding Depth during Laser Micro Welding of Copper Using Superpositioned Spatial and Temporal Power Modulation [online]. *Journal of Manufacturing and Materials Processing*, **5**(4), 127. Journal of Manufacturing and Materials Processing. Verfügbar unter: DOI: 10.3390/jmmp5040127

[HUM21b] HUMMEL, M., A. HÄUSLER, S. HOLLATZ, C. HAGENLOCHER, J. LIND, U. HALM, C. SCHÖLER, A. OLOWINSKY und A. GILLNER, 2021. *Temporally and spatially highly resolved reconstruction of vapor capillary geometry during laser beam welding using synchrotron radiation* [online]. Verfügbar unter: https://publications.rwth-aachen.de/record/821069

[HUM21c] HUMMEL, M., C. SCHÖLER und A. GILLNER, 2021. Metallographic Comparison for Laser Welding of Cu-ETP and CuSn6 with Laser Beam Sources of 515 nm and 1030 nm Wavelength [online].Enhanced Material, Parts Optimization and Process Intensification : proceedings of the First International Joint Conference on Enhanced Material and Part Optimization and Process Intensification, EMPOrIA 2020, May 19-20, 2020, Aachen, Germany / Uwe Reisgen, Dietmar Drummer, Holger Marschall, Editors,. Verfügbar unter: DOI: 10.1007/978-3-030-70332-5_2

[HUM21d] HUMMEL, M., C. SCHÖLER und A. GILLNER, 2021. Metallographic Comparison for Laser Welding of Cu-ETP and CuSn6 with Laser Beam Sources of 515 nm and 1030 nmWavelength [online].
Verfügbar unter: DOI: 10.1007/978-3-030-70332-5_2

[HUM21e] HUMMEL, M., M. KÜLKENS, C. SCHÖLER, W. SCHULZ und A. GILLNER, 2021. In situ X-ray tomography investigations on laser welding of copper with 515 and 1030 nm laser beam sources [online]. *Journal of Manufacturing Processes*, **67**, 170-176. ISSN 15266125. Verfügbar unter: DOI: 10.1016/j.jmapro.2021.04.063

[HUM23a] HUMMEL, M., C. HAGENLOCHER, A. HAEUSLER, S. HOLLATZ, J. LIND, A. OLOWINSKY, A. GILLNER, F. BECKMANN, J. MOOSMANN, R. WEBER, T. GRAF und C. HÄFNER, 2023. Analysis on the influence of vapor capillary aspect ratio on pore formation in laser beam welding of aluminum [online]. *Journal of Materials Processing Technology*, **312**, 117862. ISSN 09240136. Verfügbar unter: DOI: 10.1016/j.jmatprotec.2023.117862

[HUM23] HUMMEL, M., C. MEIER, A. OLOWINSKY, A. GILLNER, F. BECKMANN, J. MOOSMANN und C. HÄFNER, 28. Januar 2023 - 3. Februar 2023. *In situ synchrotron observation of the vapor capillary geometry in laser welding of copper with 1030 nm and 515 nm laser beam sources* [online]. Verfügbar unter: https://www.spiedigitallibrary.org/conference-proceedings-of-spie/12414/2648946/In-situ-synchrotron-observation-of-the-vapor-capillary-geometry-in/10.1117/12.2648946.full

Co-Autor

[HOL20] HOLLATZ, S., M. HUMMEL, L. JAKLEN, W. LIPNICKI, A. OLOWINSKY und A. GILLNER, 2020. Processing of Keyhole Depth Measurement Data during Laser Beam Micro Welding [online]. *Proceedings of the Institution of Mechanical Engineers, Part L: Journal of Materials: Design and Applications*, **234**(5), 722-731. ISSN 1464-4207. Verfügbar unter: DOI: 10.1177/1464420720916759

[KÜP21] KÜPPER, M.E., M.D. HUMMEL, R.K. PANDEY und C. HÄFNER, 2021. Laser polishing of laser micro weld seams on Cu-ETP and CuSn6 with green laser radiation [online]. *Lasers in Manufacturing Conference 2021, München (Germany) 2021*, 137-146. Verfügbar unter: https://publications.rwth-aachen.de/record/821072

[LIN21] LIND, J., C. HAGENLOCHER, D. BLAZQUEZ-SANCHEZ, M. HUMMEL, A. OLOWINSKY, R. WEBER und T. GRAF, 2021. Influence of the laser cutting front geometry on the striation formation analysed with high-speed synchrotron X-ray imaging [online]. *IOP Conference Series: Materials Science and Engineering*, **1135**(1), 12009. ISSN 1757-8981. Verfügbar unter: DOI: 10.1088/1757-899X/1135/1/012009

[REI21] REINHEIMER, E., M.D. HUMMEL, A. OLOWINSKY, R. WEBER und T. GRAF, 2021. High-speed synchrotron x-ray imaging of the formation of wedge-shaped capillaries during laser-beam welding at high feed rates [online]. *Lasers in Manufacturing Conference 2021, München (Germany) 2021*, 244-250. Verfügbar unter: https://publications.rwth-aachen.de/record/821075

[WAG21b] WAGNER, J., C. HAGENLOCHER, M. HUMMEL, A. OLOWINSKY, R. WEBER und T. GRAF, 2021. Synchrotron X-ray Analysis of the Influence of the Magnesium Content on the Absorptance during Full-Penetration Laser Welding of Aluminum [online]. *Metals*, **11**(5), 797. Metals. Verfügbar unter: DOI: 10.3390/met11050797

[WAG21c] WAGNER, J., C. HAGENLOCHER, M.D. HUMMEL, A. OLOWINSKY, R. WEBER und T. GRAF, 2021. *High-speed synchrotron X-ray investigation of full penetration welding of aluminum sheets* [online]. Verfügbar unter: https://publications.rwth-aachen.de/record/821076

[CHU22] CHUNG, W.-S., A. HÄUSLER, M. HUMMEL, A. OLOWINSKY, A. GILLNER, F. BECKMANN und J. MOOSMANN, 2022. In-situ x-ray phase contrast observation of the full penetration spot welding on limited aluminum material thickness [online]. *Journal of Laser Applications*, **34**(4). ISSN 1042-346X. Verfügbar unter: DOI: 10.2351/7.0000772

[HOL22] HOLLATZ, S., M. HUMMEL, A. OLOWINSKY, A. GILLNER, F. BECKMANN und J. MOOSMANN, 2022. Pore formation and melt pool analysis of laser welded Al-Cu joints using synchrotron radiation [online]. *Journal of Materials Processing Technology*, **309**, 117738. ISSN 09240136. Verfügbar unter: DOI: 10.1016/j.jmatprotec.2022.117738

[HOL23] HOLLATZ, S., M. HUMMEL, M.-C. LACH, A. OLOWINSKY, A. GILLNER, C. HÄFNER, F. BECKMANN und J. MOOSMANN, 28. Januar 2023 - 3. Februar 2023. *Influence of ring-shaped laser beam during welding of AW-5083 and AW-6082* [online]. Verfügbar unter: https://www.spiedigitallibrary.org/conference-proceedings-of-spie/12414/2649092/Influence-of-ring-shaped-laser-beam-during-welding-of-AW/10.1117/12.2649092.full

[HEI23] HEINE, L.-M., A. HEIDER, R. GAUCH, M. SCHLETT, M. HUMMEL, C. SPURK, F. BECKMANN und J. MOOSMANN, 2023. Blue diode lasers: Evaluation of capillary and melt pool dynamics [online]. *Journal of Laser Applications*, **35**(4). ISSN 1042-346X. Verfügbar unter: DOI: 10.2351/7.0001092

In der Reihe **Ergebnisse aus der Lasertechnik** zuletzt erschienen:

Hummel, Marc Daniel:
Synchrotron-basierte in situ Analyse wellenlängenabhängiger Prozessphänomene beim Laserstrahlschweißen von Kupfer
ISBN: 978-3-98555-269-6
Erscheinungsdatum: 14.04.2025

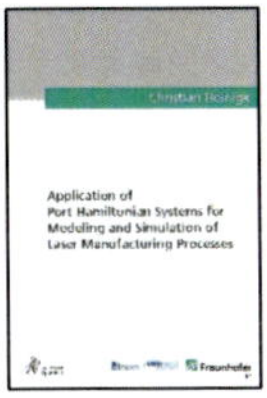

Heinigk, Christian:
Application of Port-Hamiltonian Systems for Modeling and Simulation of Laser Manufacturing Processes
ISBN: 978-3-98555-237-5
Erscheinungsdatum: 07.10.2024

Brosda, Maximilian:
Erhöhung der Selektivität und Präzision beim Schweißen von mehrschichtigen Thermoplastfolien durch den Einsatz von wellenlängenangepasster Laserbearbeitung
ISBN: 978-3-98555-229-0
Erscheinungsdatum: 02.09.2024

Fink, Samuel Moritz:
Laserbasierte Kristallisation von nasschemisch applizierten Lanthan-Nickel-Oxid-Schichten
ISBN: 978-3-98555-227-6
Erscheinungsdatum: 19.08.2024

Lantzsch, Tim:
Erhöhung der Aufbaurate beim Laser Powder Bed Fusion durch Bearbeitung mit zwei gekoppelten Laserstrahlen
ISBN: 978-3-98555-222-1
Erscheinungsdatum: 26.06.2024

Edition Wissenschaft
Apprimus

Baer, Patrick:

Erhöhung der durch nichtlineare Effekte verursachten Leistungsgrenzen von Faserlasern durch besondere Fasergeometrien

ISBN: 978-3-98555-207-8

Erscheinungsdatum: 26.03.2024

Dahmen, Marius:

Laserbasierte Funktionalisierung von partikulären Polyetheretherketon-Beschichtungen auf Aluminiumsubstraten mittels Zwei-Strahl-Ansatz

ISBN: 978-3-98555-190-3

Erscheinungsdatum: 12.12.2023

Klein, Sarah:

Faser-Bragg-Gitter für die Frequenzstabilisierung multimodiger Hochleistungslaserdioden und -faserlaser

ISBN: 978-3-98555-183-5

Erscheinungsdatum: 08.12.2023

Brucki, Matthias:

Extremes Hochgeschwindigkeits-Laserauftragschweißen – Prozesstechnologische Untersuchung der Oberflächenbeschaffenheit von Beschichtungen

ISBN: 978-3-98555-180-4

Erscheinungsdatum: 07.11.2023

Hollatz, Sören:

Funktionsorientiertes Laserstrahl-Mikroschweißen von Aluminium-Kupfer-Verbindungen mit örtlicher Leistungsmodulation

ISBN: 978-3-98555-178-1

Erscheinungsdatum: 03.11.2023

Edition Wissenschaft
Apprimus

FSC
www.fsc.org
MIX
Papier | Fördert
gute Waldnutzung
FSC® C083411

Kolibri 360 GmbH
Ferdinand-Jühlke-Straße 7
99095 Erfurt, Deutschland
produktsicherheit@kolibri360.de